菊地光嗣・中島　徹
明山　浩・小野　仁
清水扇丈　共　著

工学系の線形代数学

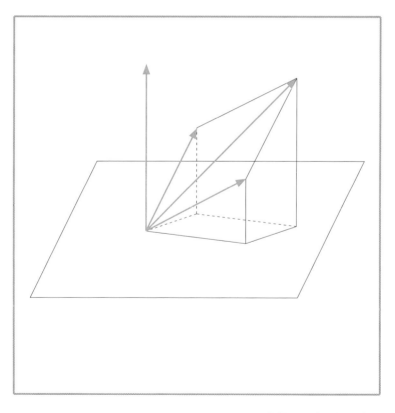

学術図書出版社

はじめに

　本書は工学部の学生が線形代数学を学ぶために執筆された教科書である．工科系の一般の入学試験においては数学 I，数学 II，数学 III，数学 A，数学 B，数学 C の範囲から出題するのが普通であろう．しかしながら，推薦入試や AO 入試など入試方法の多様化にともない，高等学校においてこれらの科目のすべてを履修していない学生も相当数入学するようになった．とはいえ工学部に必要な数学を学ぶためにはこれらの高等学校における数学の知識が必須である．本書はそのことを念頭に書かれたものであり，高等学校の単元の内容も一部カバーするように配慮されている．また近年の学生は以前の学生に比べて幾何学に関する訓練が不足しているように思われる．そのため本書では空間ベクトルなどの幾何学的な分野について，通常の線形代数学の教科書よりも多くのページを割くように心がけた．本書は 8 つの章で構成されているが，第 1 章は高等学校で平面図形（数学 A）を学ばなかった学生のため，第 2 章は高等学校でベクトル（数学 B）を学ばなかった学生のために設けた章である．ただ第 1 章では高等学校の教科書では取り上げていない公理論的な取り扱いについても触れている．公理論については以前は（といっても 30 年くらい前であるが）高等学校の教科書で取り上げられていたものでありぜひ一度は学生諸君に聞いてもらいたい教材である．同時に数学における論理の基本についても学んでもらえればと思う．また，第 1 章，第 2 章では，現在は高等学校の教科書で取り上げられなくなった平面上の変換についても述べておいた．第 3 章では空間ベクトルおよび空間図形を，第 4 章では平面上の 1 次変換を取り扱った．なお第 4 章 4.2 節では 2 次正方行列について，4.6 節では 2 次曲線について触れているが，これらの部分も高等学校でこれらの項目を学んでこなかった学生に配慮して記述してある．第 5 章は掃き出し法を中心に連立 1 次方程式について解説した．この部分は，論理的に考えれば行列式，基本変形，掃き出し法という順番に配列するのが適切であると思われるが，本書では厳密な論理よりも学生が内容を理解しやすくなることを優先させた．そのため，学生諸君の直観に期待して記述している箇所もある．第 6 章は数ベクトルおよびそれらに対する 1

次変換について述べた．行列の固有値や対角化などもこの章で取り上げた．第7章と第8章は重要ではあるがやや難解と思われる項目を補足したものである．第7章は行列式に特化し，行列式の諸性質の導出および行列式の応用について取り上げた．第8章は少し進んだ内容をオムニバス方式でまとめたものである．これらの項目も時間に余裕のある場合には適宜授業で取り上げるのがよいであろう．しかしながら固有値が重複する場合の行列の対角化の理論的な部分や複素行列（エルミート行列，ユニタリ行列）などについては割愛せざるを得なかった．これらについてはより進んだ線形代数学の教科書を参考にしてほしい．本書は，高校において数学の科目をすべて履修した学生に対するコースでは，前期の授業において第3章，第4章（および第1章，第2章の一部）を，後期において第5章と第6章を取り上げることを想定している．

　最後に，本書を出版するにあたりいろいろとお世話になった学術図書出版社の高橋秀治氏をはじめ関係の方々にお礼申し上げます．

　　2010年12月

著　者

　学習指導要領が改定され2015年3月以降に高等学校を卒業する生徒は新しい学習指導要領のもとで学ぶことになった．この学習指導要領の大きな変更点は数学Cが廃止されその数学Cで扱っていた行列が新設された数学活用という科目で少しだけ取り上げられるようになったことであろう．ただ，大学に入学してくる学生で数学活用を履修した学生は少ないようであり，したがって，大学に入学する学生の多くに対しては行列の知識はほとんど期待できなくなった．しかしながら本書は，推薦入試やAO入試など入試の多様化に伴いさまざまな学習履歴をもった学生が入学するようになったことを背景に，もともと行列を履修していなくても理解できるように編集されている．したがって，新しい学習指導要領で学んだ学生に対しても本書で十分対応可能であると考えている．

　　2016年1月

著　者

　本書『工学系の線形代数学』も第 1 版の出版からはや 10 年余りが経過した．その間も随時誤植などの修正は行なってきたが，そろそろ大幅な見直しをする時期にきていると思われ，全面的に改訂をすることとなった．大きな変更点は以下のとおりである：

　(1) 第 1 章 1.3 節の定理 1.3 のあとに定理を追加し，優角の導入をそのあとにした

　(2) 改訂前は第 7 章に記していた 4 次の行列式に関する考察を第 5 章 5.3 節に移した

　(3) 第 5 章 5.4 節のあとに方程式と未知数の個数が一致しない場合についての 1 節を設けた

　(4) 第 7 章 7.1 節において定義 7.1 で導入した条件 [1] とそのあとに導入した条件 [5] が同値であることを証明した

　(5) 第 8 章 8.2 節に (5.13), (5.14) の証明をつけた

これらのほかにも誤植も含め微小な変更を随所で行なっているが，全体的な構成には大きな変更はない．また，改訂を機会に 2 色刷りとすることにした．2 色刷りとすることで図版や定理，定義などが見やすくなったものと期待している．

　2020 年 3 月

著　者

目　　次

1

平面図形と論理

　この章では平面図形について学ぶ．平面図形の研究（平面幾何学とよぶ）は古代のエジプトやバビロニアにおいて土地の測量から始まったといわれている．そして研究が進むにつれて三角形の内角の和は常に 180° であるといったさまざまな法則が見いだされていった．時代が進むと，図形の性質はすべていくつかの自明な基本法則から論理的に導き出せるのではないかという考え方が芽生え，その考え方に沿って平面幾何学を集大成したのがユークリッドである．ユークリッドは著書『原論』において「自明な」事実を述べた 9 個の公理と成立することを前提とする 5 個の公準を設定し平面図形のさまざまな性質をその公理と公準から導き出した．現在では公理と公準は区別されずそれらをすべてまとめて公理系とよんでいるが，その後 2000 年以上の間ユークリッドの原論は平面幾何学の教科書のように扱われてきた．しかしながら，その間にユークリッドの公理系に対する批判がなかったわけではなく，公理系そのものに対する考察も進んできた．現在ではユークリッドの公理系をより洗練させた完成度の高い公理系がいくつも提唱されている．そのなかで最も優れているとされているのは 19 世紀末にヒルベルトが著書『幾何学基礎論』において提唱した公理系である．

　残念ながらユークリッドやヒルベルトの公理系をそのまま再現することは本書の水準を超えると思われるが，本章ではいくつかの基本的性質を述べ，その後，できるだけ論理的な手続きによって平面図形に関するさまざまな性質を導き出していきたい．

　上に述べたように平面図形の研究は土地の測量という実学から発達してお

り，現代の「応用数学」のさきがけともいえる側面をもっていることにも注意していただきたい．

■ 1.1 平面図形の基本的性質

まずは平面図形の諸性質のうち基本的と思われるものを列挙する．以下，これらの基本的性質は①, ②, ⋯ などで表す．

■ 直線と角 ■ ユークリッドもヒルベルトも 1 番目に掲げている公理（公準）は次の性質である：

① 平面内の異なる 2 点 A, B を通る直線はただ 1 つ存在する

2 点 A, B を通る直線を**直線 AB** という．直線 AB 上の点で A, B および A と B の間にある点の全体を**線分 AB** という．

（このようにある用語をすでに意味のわかっている用語を用いて説明した文を**定義**という．しかし点とか直線といった基本的な用語はあらためて定義はしない．このような用語を**無定義用語**という．）

② 平面は直線 l により（l 上の点以外の部分は）2 つの部分に分けられる

詳しくいえば，線分 AB が l と共有点をもたないとき 2 点 A, B は同じ部分に属し，線分 AB が l と共有点をもつとき 2 点 A, B は異なる部分に属する，ということである．

2 点 A, B が直線 l により分けられた 2 つの部分のうちの同じ部分に属しているとき「2 点 A, B は l に関して同じ側にある」といい，そうでないとき「2 点 A, B は l に関して反対の側にある」という．

③ 直線 l 上の任意の点 P に対し P を間にはさむ l 上の 2 点 A, B が存在する

すでにわかっている事実から論理的考察により導き出された事実を**定理**という．上に述べた事実だけからも次のような事実が定理として導きだせる．

定理 1.1. 平面内の直線 l は l 上の点 P により（点 P 以外の部分は）2 つの部分に分けられる．

証明 ③より P をはさむ l 上の 2 点 A, B が存在する. また P を通り l と異なる直線を m とする. 線分 AB は点 P を含んでおり, したがって, P は線分 AB と m の共有点であるので②より A, B は m に関して反対の側にある. l 上の点で m に関して A と同じ側にある点の全体を l', B と同じ側にある点の全体を l'' とすると l は P により l' と l'' に分けられる.   Q.E.D.

　直線 l 上の 2 点 A, B が点 P により分けられた 2 つの部分のうちの同じ部分に属しているとき「2 点 A, B は P に関して同じ側にある」といい, そうでないとき「2 点 A, B は P に関して反対の側にある」という. 2 点 A, B が P に関して反対の側にあるとき, 定理 1.1 の証明より A, B は点 P を通る直線 l と異なる直線に関して反対の側にある. したがって, ②より線分 AB は必ず P を通る.

　直線 l が点 P により 2 つの部分に分けられているときその一方の部分を **P を端点とする半直線**という. その部分に点 A が含まれているとき**半直線 PA** という.

　同じ点 P を端点とする 2 つの半直線 PA, PB が作る図形を角といい ∠APB と表す. 混乱がないときは単に ∠P と表す.

　3 点 P, A, B が同一直線上にあり A, B が P に関して反対の側にあるとき ∠APB を平角という.

④ ∠APB = ∠APC であり 2 点 B, C がともに直線 PA に関して同じ側にあるとき 半直線 PB = 半直線 PC である

■ 三角形の合同 ■　△ABC と △DEF について

$$AB = DE, \ BC = EF, \ CA = FD,$$
$$∠BAC = ∠EDF, \ ∠ABC = ∠DEF, \ ∠ACB = ∠DFE$$

が成り立つとき △ABC と △DEF は合同であるといい, △ABC ≡ △DEF と表す.

⑤ (三角形の合同条件)

(1) 2 組の辺とその間の角がそれぞれ等しければ 2 つの三角形は合同である（**2**

辺夾角相等）

(2) 1 組の辺とその両端の角がそれぞれ等しければ 2 つの三角形は合同である
（**1 辺両端角相等**）

(3) 3 組の辺がそれぞれ等しければ 2 つの三角形は合同である（**3 辺相等**）

■ 平行線公理 ■　まず次の簡単な定理を示しておく.

> **定理 1.2.** 平面内の相異なる 2 直線 l, m に対して次のいずれかが成立する:
> (1) l と m は 1 点で交わる
> (2) l と m は共有点をもたない

証明　l と m は共有点をもつかもたないかのいずれかである. 2 点以上を共有する直線は①により同一直線の場合しかありえないので相異なる直線が共有点をもつときは 1 点のみである.　　　　　　　　　　　　Q.E.D.

　l と m が共有点をもたないとき「l と m は平行である」という. 記号では $l /\!/ m$ と表す.

　ユークリッドの公理系のうち 5 番目の公準にあげられている条件は大変複雑で, 本当は他の公理から証明できる定理ではないかという憶測もなされ, 実際に証明しようという数々の試みがなされた. 結果的にはこの条件は証明できないということがわかったが, 今日ではより簡単な条件に置き換えられている. ここで述べる平行線公理もそのひとつである. もちろん最終的には証明できなかったのであるがこの第 5 公準証明の試みが平面幾何学の発展の原動力となっていったのはいうまでもない.

⑥　（平行線公理）直線 l と l 上にない点 P が与えられているとき, P を通って l に平行な直線がただ 1 つ存在する

■ 1.2　命題と証明

　次節以降では, 前節で述べた平面図形の基本的性質から論理的な考察で平面図形に関するさまざまな性質を調べていく. そこで得られた結果が定理であり定理を導く論理的な手続きが定理の証明である. この節では定理を証明する方

法について簡単にまとめておく.

■ 命題 ■ 　定理は常に何らかの事柄を主張する文および式で述べられる. 一般に, 文や式で述べられた事柄で正しいか正しくないかが明確に決まるものを命題という. 命題が正しいとき「命題は真である」といい, 正しくないとき「命題は偽である」という. 本節では命題を P, Q などの英文字で表すことにする.

　数学では「・・・ならば・・・」という形の命題が多く現れる. このとき, 前の「・・・」も後ろの「・・・」も命題であるので, これらをそれぞれ P, Q と表すとこの命題は「P ならば Q」と表される. P をこの命題の仮定, Q をこの命題の結論という.

　命題「P ならば Q」が真であるとき「Q は P であるための必要条件である」,「P は Q であるための十分条件である」という. また, このとき「$P \Rightarrow Q$」とあらわす. 命題「P ならば Q」および命題「Q ならば P」がともに真であるときは, P は Q であるための十分条件であるとともに必要条件でもある. このとき簡単に「P は Q であるための必要十分条件である」という. また, このとき「P と Q は互いに同値である」ともいう. また, このときは「$P \Leftrightarrow Q$」とあらわす.

■ 証明方法について ■ 　定理を証明する方法は大きく分けると直接証明法と間接証明法の 2 つに分けられる.

1. 直接証明法

　積極的根拠を示して題意が真であることを明らかにしていく証明方法.

2. 間接証明法

(1) 背理法

　結論を否定し矛盾を導き出すことにより, もとの命題が真であることを示す証明方法.

(2) 対偶を示す

　「P ならば Q」という命題に対し「Q でないならば P でない」を対偶という. 対偶が真であればもとの命題も真である.

　そこでもとの命題のかわりに対偶を示す方法.

(3) 転換法

$A \Rightarrow a$, $B \Rightarrow b$, $C \Rightarrow c$, $\cdots$ と一群の事実があり，仮定 A, B, C, $\cdots$ は起こりうるすべての場合を尽くし，結論 a, b, c, $\cdots$ はどの 2 つも互いに両立しないときこれらの逆 $a \Rightarrow A$, $b \Rightarrow B$, $c \Rightarrow C$, $\cdots$ がすべて真であるということとを使う証明方法.

数学では，定理の他に，補題，系，命題といった用語も用いられる．補題とは定理を証明するための準備として導き出された事実をいう（補助定理，予備定理ともいう）．系とは定理から派生的に導き出される事実をいう．また，前述のように命題は本来は真偽を判定することのできる文という意味であるが数学では軽い定理という意味合いで用いられることが多い．もちろん補題，系，命題も論理的考察により導き出された事実であるのですべて定理なのであるが数学では状況に応じてこれらの用語を使い分けている.

■ 1.3 平行線と角

■角■ ∠APB が平角でないとき，通常は，直線 PA について B と同じ側にあり，かつ，直線 PB について A と同じ側にある点の全体を ∠APB の内部という．そして，半直線 PA，半直線 PB，および ∠APB の内部に属さない点の全体を ∠APB の外部という．平角の場合には直線 AB によって分けられた 2 つの部分のうちのどちらか一方を ∠APB の内部という.

2 つの角 ∠APB，∠APC について点 C が ∠APB の内部にあるとき「∠APB は ∠APC よりも大きい」という．記号では ∠APB > ∠APC と表す.

3 点 P, A, B が同一直線上にあり A, B が P に関して互いに反対の側にあるとする．この直線上にない点 C が与えられたとき 2 つの角 ∠APC，∠BPC が得られる．このようなときこれらの 2 つの角は互いに補角を成すという.

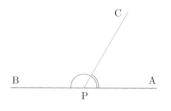

次の定理から特に同じ大きさの角の補角は互いに等しいことがわかる.

定理 1.3. 大きさの等しい 2 つの角 ∠APB, ∠A′P′B′ があり，∠APB の内部に点 C が，∠A′P′B′ の内部に点 C′ があり ∠APC = ∠A′P′C′ であるとする．このとき ∠BPC = ∠B′P′C′ が成り立つ．

証明

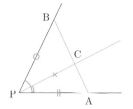 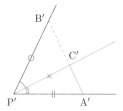

∠APB が平角よりも小さい場合 P および P′ を端点とする半直線上で A′, B′, C, C′ の位置を変えることにより C は AB と半直線 PC の交点であり，PA = P′A′, PB = P′B′, PC = P′C′ であるとしてよい．すると仮定より

$$PA = P′A′, \quad PB = P′B′, \quad ∠APB = ∠A′P′B′$$

であるので △APB ≡ △A′P′B′ となり ∠PAB = ∠P′A′B′ を得る．また

$$PA = P′A′, \quad PC = P′C′, \quad ∠APC = ∠A′P′C′$$

より △APC ≡ △A′P′C′ となり ∠PAC = ∠P′A′C′ を得るが，∠PAB = ∠PAC であるので④より点 C′ は線分 A′B′ 上にある．すると AB = A′B′, AC = A′C′ より BC = B′C′ となる．したがって，PB = P′B′, PC = P′C′ なので △PBC ≡ △P′B′C′ となり，∠BPC = ∠B′P′C′ を得る．

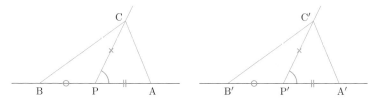

∠APB が平角の場合 P′ を端点とする半直線上で A′, B′, C′ の位置を変えることにより PA = P′A′, PB = P′B′, PC = P′C′ であるとしてよい．すると仮定より

$$PA = P′A′, \quad PC = P′C′, \quad ∠APC = ∠A′P′C′$$

であるので △APC ≡ △A′P′C′ となり ∠PAC = ∠P′A′C′ および AC = A′C′ を得る．PA = P′A′, PB = P′B′ より AB = A′B′ となるのでこれらから △ABC ≡ △A′B′C′ を得る．したがって，BC = B′C′ となり PB = P′B′, PC = P′C′ とあわせて △PBC ≡ △P′B′C′ となり，∠BPC = ∠B′P′C′ を得る．

Q.E.D.

定理 1.3 において ∠APB が平角のときは点 C がある側を ∠APB の内部と考えればよいが，∠APB が平角より小さいときには点 C が ∠APB の外部にある場合もある．このような場合でも定理 1.3 と同じことが成立する．

定理 1.4. 平角より小さな大きさの等しい 2 つの角 ∠APB, ∠A′P′B′ があり，∠APB の外部に点 C が，∠A′P′B′ の外部に点 C′ があり ∠APC = ∠A′P′C′ であるとする．このとき ∠BPC = ∠B′P′C′ が成り立つ．

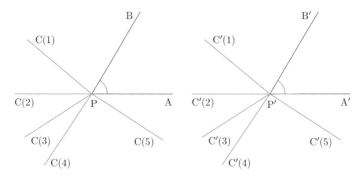

証明 (1) 点 C が直線 AP に関して B と同じ側にある場合　定理 1.3 の ∠APB が平角よりも小さい場合と同様にして ∠BPC = ∠B′P′C′ を得る．
(2) 点 C が直線 AP 上にある場合　定理 1.3 の ∠APB が平角の場合と同様にして ∠BPC = ∠B′P′C′ を得る．

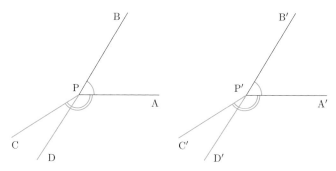

(3) 点 C が直線 AP に関して B と反対の側にあり直線 BP に関して A と
反対の側にある場合　直線 PB 上に P に関して B と反対の側に点 D を，直
線 P′B′ 上に P′ に関して B′ と反対の側に点 D′ をとる．このとき点 D は
∠APC の内部にある．∠APB = ∠A′P′B′ より定理 1.3 の平角の場合の結果
を ∠BPD, ∠B′P′D′ に適用すると ∠APD = ∠A′P′D′ となる．すると定理
1.3 の平角より小さい場合の結果より ∠CPD = ∠C′P′D′ を得る．再び定理
1.3 の平角の場合の結果より ∠BPC = ∠B′P′C′ を得る．

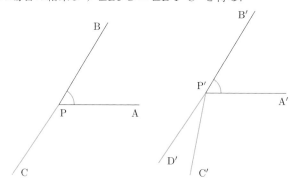

(4) 点 C が直線 BP 上にある場合　このときは ∠BPC は平角であるので
∠B′P′C′ も平角であることをいえばよい．直線 B′P′ 上に P′ に関して B′
と反対の側に点 D′ をとる．このとき ∠A′P′D′ は ∠A′P′B′ の補角であるの
で仮定と定理 1.3 の平角の場合の結果より ∠APC = ∠A′P′D′ を得る．一方，
∠APC = ∠A′P′C′ であるので，結局 ∠A′P′D′ = ∠A′P′C′ となる．したがっ
て④より半直線 P′C′ = 半直線 P′D′ を得る．　したがって，C′ は直線 B′P′ 上
の点，すなわち，∠B′P′C′ は平角である．

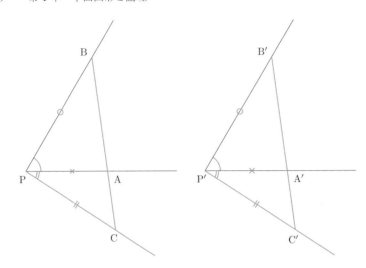

(5) 点 C が直線 BP に関して A と同じ側にある場合 P および P′ を端点とする半直線上で A, A′, B′, C′ の位置を変えることにより A は BC と半直線 PA の交点であり，PA = P′A′, PB = P′B′, PC = P′C′ であるとしてよい．すると仮定より

$$PA = P'A', \quad PB = P'B', \quad \angle APB = \angle A'P'B'$$

であるので △APB ≡ △A′P′B′ となり ∠PAB = ∠P′A′B′ を得る．また

$$PA = P'A', \quad PC = P'C', \quad \angle APC = \angle A'P'C'$$

より △APC ≡ △A′P′C′ となり ∠PAC = ∠P′A′C′ を得る．ここで 3 点 A, B, C が同一直線上にあることに注意すると (4)（点 C が直線 BP 上にある場合）の結果より 3 点 A′, B′, C′ も同一直線上にある．すると，△APB ≡ △A′P′B′ より AB = A′B′, △APC ≡ △A′P′C′ より AC = A′C′ が得られるので，BC = B′C′ となる．したがって，PB = P′B′, PC = P′C′ なので △PBC ≡ △P′B′C′ となり，∠BPC = ∠B′P′C′ を得る． Q.E.D.

点 C が ∠APB の内部にあるとき

$$\angle APB = \angle APC + \angle BPC \tag{1.1}$$

と表す．ところで，点 C が ∠APB の外部にあるときも ∠APC + ∠BPC を考えることがある．このときも (1.1) が成立するように内部と外部を逆にする

ことがある．このような角を優角という（また優角に対し通常の角を劣角という
ことがある）．優角は平角よりも大きい角である．優角が等しいのはもとの
角（劣角）が等しいことであると定義しておくと定理 1.3，定理 1.4 の結果は
∠APB が優角の場合でも成立する．

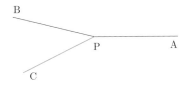

∠APC がその補角 ∠BPC に等しいとき ∠APC は直角であるという．次
の事実はユークリッドが 4 番目の公準に挙げたものであるが，ヒルベルトは著
書『幾何学基礎論』において証明を示した上で，「ユークリッドは誤って公理
の中に入れてしまったのではないか」という考えを述べている．この定理の証
明は省略するがそれほど難解ではない．関心のある読者は直接ヒルベルトの著
書（和訳あり）を参照していただきたい．

定理 1.5. すべての直角は互いに等しい

∠APC が直角であるとき ∠APC = ∠R と表す．このことをふまえて平
角のことを 2 直角ともいう．記号では 2∠R と表す（したがって，∠APC と
∠BPC が互いに補角を成すとき ∠APC + ∠BPC = ∠APB = 2∠R となる）．
また，定理 1.4 の ∠C が直線 BP 上にある場合の結果はこの逆が成り立つこ
とを示している．

2 直線 l, m が 1 点で交わってで
きる 4 つの角を図のように $\alpha, \beta, \gamma,$
δ とするとき，α と γ，β と δ を対
頂角という．

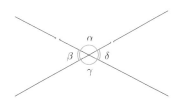

定理 1.6. 対頂角は互いに等しい．

証明 α, γ はともに β の補角なので定理 1.3 よりただちに結論を得る．

Q.E.D.

■ 平行線の同位角，錯角 ■ 2直線 l，m に別の直線 n が交わってできる 8つの角を図のようにするとき α と α'，β と β'，γ と γ'，δ と δ' を同位角，γ と α'，δ' と β を錯角という．

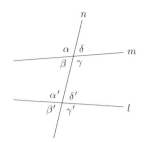

定理 1.7. 2直線 l, m に直線 n が交わっている．

(1) 1組の同位角が等しければ l と m は平行である

(2) 1組の錯角が等しければ l と m は平行である

(3) l と m が平行ならば同位角は等しい

(4) l と m が平行ならば錯角は等しい

さて，定理 **1.7** の証明であるが，対頂角は等しいので定理の (1) と (2)，(3) と (4) はそれぞれ同値である．したがって，(2) および (4) を示せばよい．(2) は対偶「平行でなければ錯角は等しくならない」を示すことにより，(4) は背理法により証明する．(2) の証明には次の補題を用いる．

△ABC に対し BC を C の側へ延長し点 D をとる．このとき ∠ACD を △ABC の ∠C の外角という．

∠C の外角 ∠ACD に対し ∠A, ∠B を内対角という．

補題 1.1. 外角は内対角のいずれよりも大きい．

証明 E を AC の中点とし BE の延長線上に点 F を BE = EF なるようにとる．このとき AE = EC，BE = EF，∠AEB = ∠CEF なので

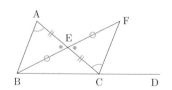

$$\triangle ABE \equiv \triangle CFE$$

これより ∠A = ∠ECF < ∠ECD である．

∠B については AC の延長線を考えればよい． Q.E.D.

定理 1.7 の証明 上述のように (2) および (4) を示せばよい.

(2) 対偶「平行でなければ錯角は等しくならない」を示す.

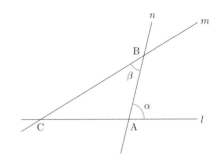

l, m に直線 n がそれぞれ点 A, B で交わっているとする. $l \not\parallel m$ なのでこれらはある点 C で交わる. 図のように α, β を定める. すると △ABC に対して補題 1.1 を適用すると $\beta < \alpha$ となる. したがって, 錯角は等しくない.

(4) $l // m$ であるとし, 直線 n が l, m にそれぞれ点 A, B で交わっているとする. α, β を 1 組の錯角とする. ここで $\alpha \neq \beta$ であると仮定する. $\beta > \alpha$ であるとして一般性を失わない. $\angle$B の内側において n と α の角度で交わる直線を m' とする. すると l, m', n について 1 組の錯角が等しいことになり, (2) より l と m' は平行である. すると l 上にない点 B を通り l に平行な直線が m と m' の 2 つ存在することになり, ⑥に矛盾する. Q.E.D.

系 1.1. 三角形の内角の和は 2 直角である.

系 1.2. 三角形の外角は内対角の和に等しい.

1.4 三角形

■ **三角形の相似** ■ m, n を正の数とする.

点 P が線分 AB 上にあって

$$AP : PB = m : n$$

であるとき,「点 P は線分 AB を $m : n$ に内分する」といい, 点 P を内分点という.

点 Q が線分 AB の延長上にあって

$$AQ : QB = m : n$$

であるとき,「点 Q は線分 AB を $m : n$ に外分する」といい,点 Q を外分点という.

定理 1.8. △ABC において P を辺 AB の内分点,Q を辺 AC の内分点とする.

(1) PQ // BC ならば

$$\Lambda P : PB = AQ : QC, \quad AP : AB = AQ : AC = PQ : BC$$

(2) AP : PB = AQ : QC ならば PQ // BC

(3) AP : AB = AQ : AC ならば PQ // BC

この定理は P が辺 AB の中点の場合には中点連結定理とよばれる.この場合の証明は比較的容易であるので読者の演習問題とする(一般の場合の証明は第 8 章 8.8 節で述べる).

△ABC と △DEF について

$$AB : DE = BC : EF = CA : FD,$$

$$\angle BAC = \angle EDF, \ \angle ABC = \angle DEF, \ \angle ACB = \angle DFE$$

が成り立つとき △ABC と △DEF は相似であるといい,△ABC ∽ △DEF と表す.

系 1.3. △ABC において P を辺 AB の内分点,Q を辺 AC の内分点とする.このとき PQ // BC ならば △ABC ∽ △APQ である.

証明 定理 1.8 (1) より AP : AB = AQ : AC = PQ : BC.また PQ // BC であることより ∠APQ = ∠ABC,∠AQP = ∠ACB.また ∠BAC = ∠PAQ(共通)であるので結論を得る. Q.E.D.

次の命題はほぼ明らかであると思われるので証明は省略する.

命題 1.1. △ABC ∽ △DEF, △DEF ≡ △D′E′F′
⇒ △ABC ∽ △D′E′F′

以上より,次の事実を得る.

定理 1.9. (三角形の相似条件)
(1) 対応する 2 組の辺の比とその間の角がそれぞれ等しければ 2 つの三角形は相似である.
(2) 2 つの角が等しければ 2 つの三角形は相似である.
(3) 対応する 3 組の辺の比がすべて等しければ 2 つの三角形は相似である.

証明   △ABC と △DEF について考える.AB > DE であるとして一般性を失わない.
(1) ∠BAC = ∠EDF, AB : DE = AC : DF であると仮定する.辺 AB, AC 上に AP = DE, AQ = DF なる点 P, Q をとる.このとき仮定より ∠EDF = ∠PAQ なので △APQ ≡ △DEF.仮定と P, Q のとり方より AB : AP = AC : AQ なので定理 1.8 (3) より PQ ∥ BC となり,したがって,系 1.3 より △ABC ∽ △APQ,さらに命題 1.1 より △ABC ∽ △DEF を得る.

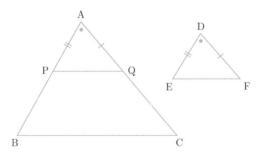

(2) ∠BAC = ∠EDF, ∠ABC = ∠DEF であると仮定する.辺 AB 上に AP = DE なる点 P をとり,次に P から BC に平行な直線を引き,それと AC の交点を Q とする.仮定より ∠EDF = ∠BAC = ∠PAQ, ∠DEF = ∠ABC = ∠APQ.したがって,AP = DE より △DEF ≡ △APQ となる.

PQ // BC より (1) と同様にして △ABC ∽ △DEF を得る.

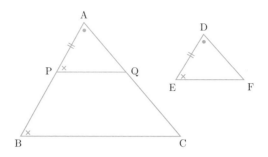

(3) AB : DE = BC : EF = AC : DF であると仮定する. 辺 AB, AC 上に AP = DE, AQ = DF なる点 P, Q をとる. このとき仮定より AP : AB = AQ : AC となり定理 1.8 (3) より PQ // BC, 定理 1.8 (1) より PQ : BC = AP : AB を得る. したがって

$$PQ : BC = AP : AB = DE : AB = EF : BC.$$

ゆえに PQ = EF となり 3 組の辺がそれぞれ等しいので △APQ ≡ △DEF. したがって, (1) と同様にして △ABC ∽ △DEF を得る.

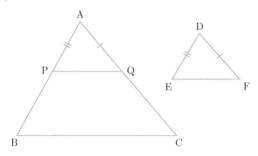

Q.E.D.

■ 三角形の辺と角 ■ △ABC において辺 BC, CA, AB をそれぞれ ∠A, ∠B, ∠C の対辺という. $a = BC, b = CA, c = AB$ と表すことにする.

定理 1.10. △ABC において

(1) $a > b \Longrightarrow \angle A > \angle B$

(2) $a = b \Longrightarrow \angle A = \angle B$

(3) $a < b \Longrightarrow \angle A < \angle B$

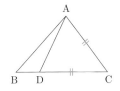

証明 (1) BC $(= a) >$ AC $(= b)$ なので辺 BC 上に点 D を AC = DC となるようにとることができる．△ADC は角 C を頂点とする二等辺三角形であるので $\angle CAD = \angle CDA$．したがって

$$\angle A = \angle CAD + \angle DAB > \angle CAD = \angle CDA \tag{1.2}$$

であるが，$\angle CDA$ は △ADB の頂点 D における外角であるから補題 1.1 より

$$\angle CDA > \angle B. \tag{1.3}$$

(1.2), (1.3) より $\angle A > \angle B$．

(2) この場合 △ABC は二等辺三角形であるので結論はよく知られている（詳細は省略）．

(3) (1) の証明において A と B の役割を入れ換えればよい． Q.E.D.

定理 1.11. △ABC において

(1) $\angle A > \angle B \Longrightarrow a > b$

(2) $\angle A = \angle B \Longrightarrow a = b$

(3) $\angle A < \angle B \Longrightarrow a < b$

証明 定理 1.10 の (1)～(3) の各仮定はすべての場合を尽くしており，また，各結論はどの 2 つも互いに両立しない．したがって，転換法によりこれらの逆が成立する． Q.E.D.

定理 1.11 から以下の事実がすぐに得られる．

系 1.4. 直角三角形では，斜辺が 3 辺の中で最も大きい．鈍角三角形では，鈍角の対辺が 3 辺の中で最も大きい．

系 **1.5.** 直線 l 上にない点 P がある．H および A を l 上の点とし ∠PHA は直角であるとする．このとき線分 PH を P から l に引いた垂線という．

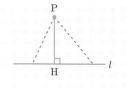

　直線 l 上にない点 P から l 上にいたる線分の中では，P から引いた垂線 PH の長さが最も短い．

　上の系における垂線 PH の長さを**点 P と直線 l の距離**という．また，点 H を P から直線 l に下ろした**垂線の足**という．

　次の事実も定理 1.11 の系として得られる．

系 **1.6.** 三角形の 2 辺の長さの和は，他の 1 辺の長さより大きい．

証明　△ABC において $b+c>a$ となることを示す．他の場合も同様である．

　辺 AB を A の側に延長しその延長線上に AD $= b$ となるように点 D をとる．△ACD は二等辺三角形であるので ∠ADC $=$ ∠ACD $<$ ∠BCD．したがって，△BCD に定理 1.11 を適用すると $a <$ BD $=$ BA $+$ AD $= c+b$.

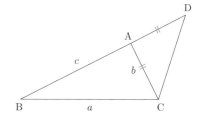

Q.E.D.

　次は系 1.6 の言い換えである．

系 **1.7.** 三角形の 2 辺の長さの差は，他の 1 辺の長さより小さい．

■ **三角形の五心** ■ 　三角形の五心とは 1 つの三角形に対して定まる次の 5 種類の点の総称である．

定理 **1.12.** 三角形の各辺の垂直二等分線は 1 点で交わる．またこの点は三角形の 3 つの頂点から等距離にある．

証明　三角形 ABC の辺 AB, AC それぞれの垂直二等分線の交点を O とおく. このとき △AOB, △AOC はともに二等辺三角形となり, したがって, OA = OB = OC を得る. これより △BOC も二等辺三角形となり O から BC に下ろした垂線は BC の二等分線となる.　　　　　　　　　　Q.E.D.

　この点を三角形の外心という. またこの定理により外心を中心とする円で三角形の 3 点すべてを通るものを描くことができる. この円を三角形の外接円という[1].

定理 1.13. 三角形の 3 つの角の二等分線は 1 点で交わる. またこの点は三角形の 3 辺から等距離にある.

　この点を三角形の内心という. またこの定理により内心を中心とする円で三角形の 3 辺すべてに接するものを描くことができる. この円を三角形の内接円という.

定理 1.14. 三角形の 3 頂点から対辺に下ろした垂線は 1 点で交わる.

　この点を三角形の垂心という.

定理 1.15. 三角形の各頂点と対辺の中点を結ぶ 3 線分は 1 点で交わる.

　この点を三角形の重心という.

定理 1.16. 三角形 ABC の ∠A の二等分線と ∠B, ∠C の外角の二等分線は 1 点で交わる. またこの点は直線 AB, 直線 BC, 直線 AC から等距離にある.

　この点を三角形の傍心という. この定理により傍心を中心とする円で定理の三直線すべてに接するものが存在する. この円を三角形の傍接円という. なお外心, 内心, 垂心, 重心は 1 つの三角形に対してそれぞれただ 1 つに定まるが, 傍心は 1 つの三角形に対して 3 つ存在する.

---

[1] 円の定義および関連する諸性質については次節を参照のこと.

1.5　円

■ 円 ■　点 O を中心とする円とは，O から等距離にあるような点の全体のことである．その距離を円の半径という．点 O からの距離が半径よりも小さいような点の全体を円の内部といい，点 O からの距離が半径よりも大きいような点の全体を円の外部という．

点 O を中心とする円のことを単に**円 O** という．

■ 円周角 ■　点 O を中心とする円の円周上の 3 点 A, B, C に対し，∠BAC を弧 BC に対する**円周角**という．なお，∠BOC を弧 BC に対する**中心角**という．よく知っているように円周角に対して次の定理が成立する．

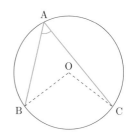

定理 1.17. 1 つの弧に対する円周角の大きさはその弧に対する中心角の 1/2 である．

特にこの定理から同じ弧に対する円周角の大きさは一定であることがわかる．

定理 1.18. 円 O と円周上の 3 点 A, B, C が与えられている．直線 BC に関して A と同じ側に点 D がある．このとき以下のことが成立する．

(1) 点 D は円 O の内側にある $\Longleftrightarrow$ ∠BAC < ∠BDC
(2) 点 D は円 O の円周上にある $\Longleftrightarrow$ ∠BAC = ∠BDC
(3) 点 D は円 O の外側にある $\Longleftrightarrow$ ∠BAC > ∠BDC

証明　まず $\Longrightarrow$ を示す．
(1) BD の延長と円周との交点を E とする．ともに弧 BC に対する円周角であるので ∠BAC = ∠BEC．∠BDC は △CDE の ∠D の外角であるので補題 1.1 より ∠BEC < ∠BDC．したがっ

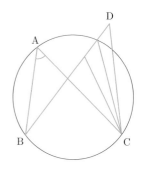

て，結論を得る.

(2) ともに弧 BC に対する円周角であるので ∠BAC = ∠BDC.

(3) の証明は (1) と同様である.

　次に ⟸ の証明であるが，上で証明をした (1)〜(3) の仮定はすべての場合をつくしており，結論はどの 2 つも互いに両立しない. したがって，転換法により逆が成立する.　　　　　　　　　　　　　　　　　　　Q.E.D.

　同一直線上にない任意の 3 点 A, B, C に対しては必ずこの 3 点を通る円が存在する（△ABC の外接円を描けばよい）が，4 点 A, B, C, D に対しては一般には同一円周上にある保証はない. しかし定理 1.18 を用いると次のことがわかる.

系 1.8. 4 点 A, B, C, D について，A と D が直線 BC に関して同じ側にあり，∠BAC = ∠BDC が成り立つならば，4 点 A, B, C, D は同一円周上にある.

■ 円に内接する四角形 ■　一般に，多角形のすべての頂点が 1 つの円の円周上にあるとき，その多角形は円に内接するという. またその円を多角形の外接円という. また，四角形において 1 つの角と向かいあう角をその角の対角という.

　定理 1.19. 四角形が円に内接するとき

(1) 向かい合う 2 つの角の和は 180° である.

(2) この四角形の外角は，それと隣りあう内角の対角に等しい.

証明　外角とそれに隣り合う内角とは互いに補角を成すので，(1) と (2) は同値な条件である. したがって，(1) だけを示せばよい.

　四角形 ABCD が円 O に内接しているとし，∠BAD = α, ∠BCD = β とす

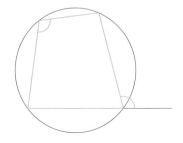

る．定理 1.17 より弧 BAD に対する中心角は 2α，弧 BCD に対する中心角は 2β である．$2\alpha + 2\beta = 360°$ より $\alpha + \beta = 180°$．   Q.E.D.

定理 1.19 の逆も成立する．

定理 1.20. ある四角形について

(1) 1 組の向かい合う 2 つの角の和が 180° であれば，この四角形は円に内接する．

(2) 1 つの外角が，それと隣りあう内角の対角に等しければ，この四角形は円に内接する．

証明　定理 1.19 と同様に (1) だけを示せばよい．

　四角形 ABCD について $\angle ABC + \angle ADC = 180°$ であるとする．3 点 A, B, C を通る円 O の B を含まない弧 AC 上に点 D′ をとる．四角形 ABCD′ は円 O に内接するので定理 1.19 より $\angle ABC + \angle AD'C = 180°$．よって $\angle ADC = \angle AD'C$．系 1.8 より 4 点 A, C, D′, D は同一円周上にある．3 点 A, C, D′ は円 O 上にあるので点 D も円 O 上にある．   Q.E.D.

■ 円と接線 ■　円 O と直線 l について次の 3 種類の場合がある．

(1) 円 O と直線 l は共有点をもたない．

(2) 円 O と直線 l の共有点は 1 点のみである．

(3) 円 O と直線 l の共有点は複数個ある．

このうち (2) の場合には「直線 l は円 O に接する」といい，l を円 O の接線という．また (3) の場合には実際には共有点の個数は 2 個である．

定理 1.21. 円 O と円周上の点 A がある．A を通る直線 l が円 O に接するための必要十分条件は，l が線分 OA に垂直となることである．

証明　まず十分であることを示す．$OA \perp l$ であるとする．このとき A と異なる l 上の任意の点 P に対し，系 1.5 より $OA < OP$．したがって，点 P は

円 O の外部にある．すなわち円周上の点は A のみである．

　次に必要性の証明であるが，対偶「OA $\not\perp$ l ならば 2 点で交わる」を示す．

　O から l への垂線の足を H とおく．系 1.5 より OA > OH．したがって，H は円の内部にある．l 上 H に関して A と反対の側に AH = HB なる点 B をとる．このとき ∠OHA = ∠OHB = ∠R, AH = HB, OH は共通，より △OHA ≡ △OHB．これより OA = OB = (半径) となり B は円周上の点である．A ≠ B なので円 O は 2 点 A, B で交わっている．　　　　　　　　　Q.E.D.

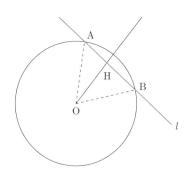

定理 1.22. 円 O の弦 AB と A を通る円 O の接線 AT が作る角は，その角の内部に含まれる弧 AB に対する円周角に等しい．

証明　∠BAT が鋭角であるとする．直線 AO と円 O の点 A 以外の交点を D とする．AD は円 O の直径となるので ∠ABD = ∠R である．ゆえに ∠ADB + ∠DAB = 90°．一方，定理 1.21 より ∠DAT = 90° なので ∠BAT + ∠DAB = 90°．よって ∠BAT = ∠ADB．また，∠ADB は弧 AB 上の円周角であるので定理を得る．

　∠BAT が直角のときは弦 AB は直径であるので弧 AB に対する円周角も直角となる．

　∠BAT が鈍角のときは ∠BAT の補角を考えれば鋭角の場合に帰着される．あとは定理 1.19 を用いればよい．　　　　　　　　　　　　　　Q.E.D.

1.6 平面上の変換

　平面上の各点がある規則に従って平面上の点に移されるとき，その規則を変換という．ある変換により平面上の点 P が点 P′ に移されるとき，点 P′ をその変換による点 P の像という．

例 1 平行移動

ある半直線 OX の方向に距離 d だけ移動させる変換を平行移動という.

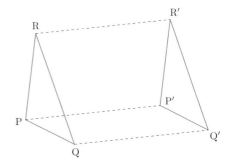

この変換による P の像が P′, Q の像が Q′ であるとすると PP′ // QQ′ かつ PP′ = QQ′ $(= d)$ である. 特にこの 4 点が同一直線上にないときは四角形 PP′Q′Q は平行四辺形である.

例 2 回転移動

ある点 O のまわりに一定の角 α だけまわす変換を回転移動という. この場合 $\alpha > 0$ のときは反時計回り, $\alpha < 0$ のときは時計回りと約束する.

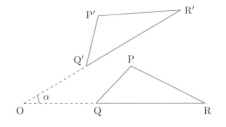

この変換による点 P の像が P′ であるとすると OP = OP′, $\angle POP' = |\alpha|$ である.

例 3 折り返し

ある直線 l をとる. 点 P から l に下ろした垂線の足を A とする. さらにその垂線 PA 上の l に関して P の反対側に PA = P′A なる点 P′ をとる. P に P′ を対応させる変換を l に関する折り返しという.

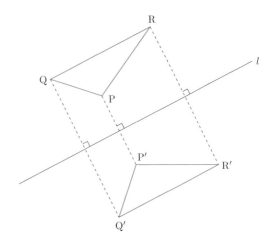

例 4   恒等変換

点 P に点 P 自身を対応させる変換を**恒等変換**という.

例 5   相似変換

ある点 O と正の数 k をとる. 平面上の点 P に対して半直線 OP 上で $OP' = kOP$ となる点 P' を対応させる変換を O を中心とする k 倍の**相似変換**という.

相似変換は $k > 1$ のときは拡大であり, $k < 1$ のときは縮小である. また $k = 1$ のときは恒等変換となる.

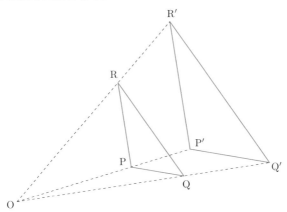

注意   2 点間の距離を変えない変換を**合同変換**という. 例 1〜例 4 の変換はどれも合同変換である.

演習問題 1

1-1. 2 組の向かい合った辺がそれぞれ平行であるような四角形のことを平行四辺形とよぶ. 同一直線上にない 3 点 O, A, B が与えられたとき, OA, OB を 2 辺とする平行四辺形が存在することを証明せよ.

1-2. 平行四辺形の 2 組の向かい合った辺はともに長さが等しいことを示せ.

1-3. 平行四辺形の対角線はそれぞれの中点で交わることを示せ.

1-4. 問題 **1-2** とは逆に 2 組の向かい合った辺の長さがそれぞれ等しい四角形

は平行四辺形であることを示せ.

1-5. 1 組の向かい合った辺が平行でかつ長さが等しいときこの四角形は平行四辺形であることを示せ.

1-6. 1 組の向かい合った辺が平行で他の向かい合った辺の長さが等しい. この四角形は平行四辺形となるか？

1-7. △ABC において P を辺 AB の中点, Q を辺 AC の内分点とする.

(1) PQ // BC ならば Q は AC の中点であり, PQ : BC = 1 : 2 であることを示せ.

(2) Q が AC の中点ならば PQ // BC であることを示せ.

(3) AP : AB = AQ : AC ならば PQ // BC であることを示せ.

（中点連結定理）

1-8. 系 1.4 を証明せよ.

1-9. 系 1.5 を証明せよ.

1-10. 系 1.7 を証明せよ.

1-11. 定理 1.13 を証明せよ.

1-12. 定理 1.16 を証明せよ.

1-13. 点 P と円 O が与えられている. 点 P を通る 2 直線が円 O とそれぞれ点 A, B および点 C, D で交わっている. このとき PA · PB = PC · PD が成り立つことを示せ（方べきの定理）.

1-14. 円 O と円周上の 2 点 A, B が与えられている. 弦 AB の延長上の点 P から円 O に引いた接線の接点を T とする. このとき $PT^2 = PA \cdot PB$ が成り立つことを示せ（方べきの定理）.

2

ベクトル

2.1 ベクトル

体積や質量といった量は決められた単位で測った数値で表される。それに対し力や速度といった量を表すには大きさの他に向きも必要となる。このように向きと大きさの両方を用いて表される量をベクトルという。ベクトルは数学ではその大きさに等しい長さの同じ向きをもつ線分で表される。このような線分を有向線分というが、数学においてはベクトルの理論は有向線分に関する幾何学と考えてよいであろう。考えているベクトルが平面内に限定されているときは平面のベクトル、そうでないときは空間のベクトルという。

この節ではベクトル全般に関する基本的事項について学ぶ。考えるベクトルは平面には限定せずに考えることにするので、空間図形についてもいくつかの基本的性質をおさえておきたい。これらの性質は①, ②, ・・・などで表す。

■ 空間図形の基本的性質 ■ 空間図形について最も基本的な性質は次の性質であろう。

①　空間内の異なる3点 A, B, C を通る平面が存在する。さらにこの3点が同一直線上にないときはこの3点を通る平面は1つだけである

直線と平面の関係、あるいは、2つの平面の関係について次のような事実が成り立つ。

②　空間内の直線 l と平面 π に対して次のいずれかが成立する：
　(1) π と l は1点で交わる
　(2) π と l は共有点をもたない

(3) l は π に含まれる

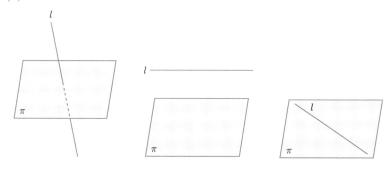

　上の (2) のとき「π と l は平行である」という．また (3) のとき「l は π 上の直線である」という．

3 空間内の異なる 2 平面に対して次のいずれかが成立する：

　(1) 2 平面の共有点は直線を成す

　(2) 2 平面は共有点をもたない

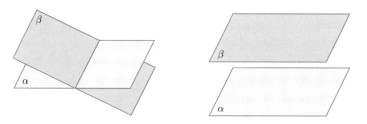

　空間内の 2 平面 α, β が共有点をもたないとき「α と β は平行である」という．

　前章において平面図形の性質について学んだがもちろん次の事実も成り立つ．

4 空間内の平面上においては平面図形の諸性質が成立する

　したがって，空間図形の多くの性質はすでに平面図形の性質として学んでいると考えてよい．たとえば

「空間内の異なる 2 点 A, B を通る直線がただ 1 つ存在する」

といった事実も A, B と異なる点 C をとると 1 よりこの 3 点を含む平面が存在するのでその平面上で平面図形の基本性質①を用いれば得られる．ただ，この

平面上にはない別の直線が存在するかもしれないが，2 より直線と平面が 2 点を共有しているときはその直線はその平面に含まれなければならないので，空間内においても 2 点を通る直線は 1 つだけであることがわかる.

空間内においては異なる 2 直線 l, m が平行であるとは，l, m が同一平面上にありかつ共有点をもたない場合をいう．2 直線 l, m が同一平面上にないときは「l, m はねじれの位置にある」という.

注意 異なる 2 直線 l, m が共有点をもつときは必ずこの 2 直線はある同一平面上にある（理由は各自で考えてみよ）.

したがって，定理 1.2 よりただちに次の定理を得る.

定理 2.1. 空間内の異なる 2 直線 l, m に対して次のいずれかが成立する：

(1) l と m は 1 点で交わる

(2) l と m は平行である

(3) l と m はねじれの位置にある

  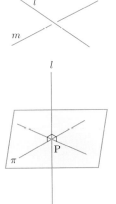

空間内の直線 l が平面 π と 1 点 P で交わっているとする．このとき「l と π が直交する」とは π 上の P を通るすべての直線と l が直交していることである.

（実際には 2 つの異なるものと直交していればよい.）

注意 π 上の P を通る直線 1 つと l が直交していても l と π が直交しているとは限らない.

■有向線分■　線分 PQ に P から Q または Q から P への向きが付けられてい
るとき有向線分という．P から Q への向きが付けられている有向線分 PQ に
対し P をその**始点**，Q をその**終点**という．始点と終点が一致する場合も有向線
分のひとつと考える．

　有向線分で平行移動により重なるものは同一視する．これを（空間の）ベク
トルまたは（空間の）幾何ベクトルという．

　有向線分 PQ に対し空間のベクトルが 1 つ対応する．これを $\overrightarrow{\mathrm{PQ}}$ と表す．ベ
クトルはこのように有向線分を用いて表す他に $\vec{a}, \vec{x}, \cdots$ などと小文字の英文
字の上に矢印を付けて表したり，$\boldsymbol{a}, \boldsymbol{x}, \cdots$ と小文字の英文字の太字で表した
りもする[1]．もちろんベクトル $\vec{a}$ といったときは，空間内のある 2 点 P, Q を
用いて $\vec{a} = \overrightarrow{\mathrm{PQ}}$ と表されることを意味する．

　4 点 P, Q, R, S が同一直線上にない
とする．$\overrightarrow{\mathrm{PQ}} = \overrightarrow{\mathrm{RS}}$ であるとは有向線
分 PQ を平行移動すると有向線分 RS に
なるということであるので PR = QS,
PR // QS が成立する．したがって，四
角形 PQSR は平行四辺形である．逆に

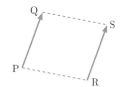

四角形 PQSR が平行四辺形であれば有向線分 RS は有向線分 PQ を平行移動
したものである．4 点 P, Q, R, S が同一直線上にあるときは PR = QS の他
PQ = RS が成り立っていればよい（ただし Q = R, P = S の場合を除く）．ま
とめると

$$\overrightarrow{\mathrm{PQ}} = \overrightarrow{\mathrm{RS}} \Longleftrightarrow \begin{cases} \text{(i)P, Q, R, S が同一直線上にないとき} \\ \quad \text{四角形 PQSR は平行四辺形である} \\ \text{(ii)P, Q, R, S が同一直線上にあるとき} \\ \quad \text{PR = QS かつ PQ = RS} \\ \quad \text{(Q = R, P = S の場合を除く)} \end{cases} \tag{2.1}$$

である．

---

[1] 線形代数学をはじめ多くの大学の教科書ではベクトルは太字で表すのが主流である．しかし
ながら，太字はうまく書かないと板書したときの印象が教科書と変わってしまう．また，高
等学校との記号の継続性も考慮して本書ではベクトルは矢印を用いて表すことにする．

直線 PQ と直線 *l* が平行であるとき PQ と平行な任意の直線と *l* も平行とな
る（演習問題 **2-4**）．したがって，直線 PQ と直線 *l* が平行であるとき「ベク
トル $\overrightarrow{PQ}$ と直線 *l* は平行である」ということができる．垂直についても同様
である．

空間内の点 P とベクトル $\vec{a}$ が与えられているとする．上に述べたことから
$\vec{a} = \overrightarrow{RS}$ なる 2 点 R, S が存在する．このとき PR, RS を 2 辺とする平行四辺形
PRSQ が存在する（演習問題 **1-1**）[2]．平行四辺形であることより $\overrightarrow{RS} = \overrightarrow{PQ}$,
すなわち $\overrightarrow{PQ} = \vec{a}$ である．ゆえに，任意のベクトル $\vec{a}$ と任意の点 P に対し
$\overrightarrow{PQ} = \vec{a}$ を満たす点 Q が存在する．

始点と終点が一致する有向線分に対応するベクトルを零ベクトルといい $\vec{0}$ と
表す（すなわち $\vec{0} = \overrightarrow{PP}$）．

空間のベクトル $\vec{a}$ に対して $\vec{a} = \overrightarrow{PQ}$ なる点 P, Q をとったとき，PQ を $\vec{a}$
の大きさ（または長さ）という．これを $|\vec{a}|$ と表す．すなわち $|\vec{a}| = PQ$．大
きさが 1 であるベクトルを単位ベクトルという．また大きさが 0 であること
と零ベクトルであることは同値である．

2.2　ベクトルの和・スカラー倍

ベクトルの応用範囲が非常に幅広くなっている理由はベクトルに対して実数
などと同様に演算が定義できることにある．ベクトルの演算には和，スカラー
倍，内積，外積がある．このうち和，スカラー倍，内積は平面でも空間でも
定義されるが，外積は空間ベクトルに対してしか定義されない．そこで本章で
は和，スカラー倍，内積を取り上げ，外積については次章で取り上げることに
する．

■ ベクトルの和 ■　2 つのベクトル $\vec{a}, \vec{b}$ に対
して $\vec{a} = \overrightarrow{PQ}, \vec{b} = \overrightarrow{QR}$ なる 3 点 P, Q, R を
とったとき

$$\vec{a} + \vec{b} = \overrightarrow{PR}$$

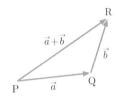

---

[2] 正確にはこの論法は 3 点 P, R, S が同一直線上にない場合しか適用できない．同一直線上
にある場合には別途考察が必要である（各自考えてみよ）．

と定める.

$\vec{a} = \overrightarrow{PQ}$ とする. $\overrightarrow{PP} = \overrightarrow{QQ} = \vec{0}$ であることに注意すると和の定義から

$$\vec{a} + \vec{0} = \vec{a}, \quad \vec{0} + \vec{a} = \vec{a} \tag{2.2}$$

であることがただちにわかる.

$\vec{a}, \vec{b}, \vec{c}$ が与えられている. 今, $\vec{a} = \overrightarrow{PQ}$, $\vec{b} = \overrightarrow{QR}, \vec{c} = \overrightarrow{RS}$ となるように4点P, Q, R, Sをとると和の定義から, $\vec{a} + \vec{b} = \overrightarrow{PR}$, したがって, $(\vec{a} + \vec{b}) + \vec{c} = \overrightarrow{PR} + \overrightarrow{RS} = \overrightarrow{PS}$ である. 一方, $\vec{b} + \vec{c} = \overrightarrow{QS}$ であるので $\vec{a} + (\vec{b} + \vec{c}) = \overrightarrow{PQ} + \overrightarrow{QS} = \overrightarrow{PS}$ となる. 以上より任意のベクトル $\vec{a}, \vec{b}, \vec{c}$ に対し

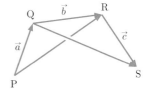

$$(\vec{a} + \vec{b}) + \vec{c} = \vec{a} + (\vec{b} + \vec{c}) \tag{2.3}$$

が成立することがわかる.

ベクトル $\vec{a}, \vec{b}$ が与えられたとき, $\vec{a} = \overrightarrow{PQ}$, $\vec{b} = \overrightarrow{QR}$ とすると $\vec{a} + \vec{b} = \overrightarrow{PR}$ であるが, 演習問題 **1-1** より PQ, QR を2辺とする平行四辺形 PQRS が存在する[3]. すると平行四辺形の性質 (演習問題 **1-2**) と (2.1) より $\overrightarrow{SR} = \vec{a}$, $\overrightarrow{PS} = \vec{b}$ となり $\vec{b} + \vec{a} = \overrightarrow{PS} + \overrightarrow{SR} = \overrightarrow{PR}$, すなわち

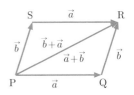

$$\vec{a} + \vec{b} = \vec{b} + \vec{a} \tag{2.4}$$

が成立する.

■ ベクトルのスカラー倍 ■　$\vec{0}$ でないベクトル $\vec{a}$ と実数 k に対して $\vec{a}$ の k 倍 $k\vec{a}$ を以下のように定める:

(i) $k > 0$ のとき

$\vec{a} = \overrightarrow{PQ}$ なる点 P, Q をとり, 直線 PQ 上 P に関して Q と同じ側に $PR = kPQ$ なる点 R をとって $k\vec{a} = \overrightarrow{PR}$ と定める.

---

[3] ここでも3点 P, Q, R が同一直線上にない場合を考えている. 同一直線上にある場合も同様にできることは問題ないであろう.

(ii) $k < 0$ のとき

$\vec{a} = \overrightarrow{PQ}$ なる点 P, Q をとり，直線 PQ 上 P に関して Q と反対の側に PR = $|k|$PQ なる点 R をとって $k\vec{a} = \overrightarrow{PR}$ と定める．

(iii) $k = 0$ のとき $k\vec{a} = \vec{0}$ と定める．

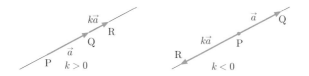

スカラー倍の定義より $|k\vec{a}| = \mathrm{PR} = |k|\mathrm{PQ} = |k||\vec{a}|$ である．そこで $\vec{a} = \vec{0}$ のときは

$$k \cdot \vec{0} = \vec{0} \tag{2.5}$$

と定める．

$k = 1$ のときは上の (i) において R = Q となるので $1 \cdot \overrightarrow{PQ} = \overrightarrow{PQ}$，すなわち

$$1 \cdot \vec{a} = \vec{a} \tag{2.6}$$

である．

直線 PQ 上に P に関して Q と反対の側に PR = PQ なる点 R をとる．このときスカラー倍の定義から $\overrightarrow{PR} = (-1) \cdot \overrightarrow{PQ}$ であるが，PR = QP であることに注意すると (2.1) より $\overrightarrow{PR} = \overrightarrow{QP}$ であるので $(-1) \cdot \overrightarrow{PQ} = \overrightarrow{QP}$ が従う．このことをふまえ $\vec{a} = \overrightarrow{PQ}$ のとき $\overrightarrow{QP} = -\vec{a}$ と表す．このことより

$$\vec{a} + (-\vec{a}) = \vec{0} \tag{2.7}$$

$$(-1) \cdot \vec{a} = -\vec{a} \tag{2.8}$$

が従う．

ある直線上に異なる 2 点 P, Q がある．このとき直線上の P と異なる任意の点 R に対し $k = \dfrac{\mathrm{PR}}{\mathrm{PQ}}$ とおくと，R が P に関して Q と同じ側にあるときは $\overrightarrow{PR} = k\overrightarrow{PQ}$，反対の側にあるときは $\overrightarrow{PR} = -k\overrightarrow{PQ}$ である．

直線 AB と直線 CD は平行であるとする．今，直線 CD 上に CE = AB なる点 E をとると四角形 ABEC または四角形 ABCE は平行四辺形となり

$\overrightarrow{\mathrm{AB}} = \overrightarrow{\mathrm{CE}}$ または $\overrightarrow{\mathrm{AB}} = \overrightarrow{\mathrm{EC}}$ が成立する．したがって，上に述べたことより $\overrightarrow{\mathrm{AB}} = k\overrightarrow{\mathrm{CD}}$ と表される．このことをふまえ $\vec{a} \neq \vec{0}, \vec{b} \neq \vec{0}$ に対して $\vec{a} = k\vec{b}$ が成り立つとき「$\vec{a}$ と $\vec{b}$ は平行である」といい，記号では $\vec{a} /\!/ \vec{b}$ と表す．

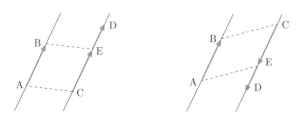

ベクトル $\vec{a}, \vec{b}$ とスカラー k が与えられている．$\vec{a} = \overrightarrow{\mathrm{PQ}}, \vec{b} = \overrightarrow{\mathrm{QR}}$ なる 3 点 P, Q, R を考える．簡単のためこの 3 点は同一直線上にないとし，$k > 0$ であるとする．直線 PQ 上に点 P に関して Q と同じ側に $\mathrm{PS} = k\mathrm{PQ}$ なる点 S をとる．そして S を通り直線 QR に平行な直線を引き，その直線と直線 PR の交点を T とする．このとき $\overrightarrow{\mathrm{PT}} = \overrightarrow{\mathrm{PS}} + \overrightarrow{\mathrm{ST}}$ である．また $\triangle\mathrm{PST}$ に定理 1.8 (1) を適用すると

$$\mathrm{QR} : \mathrm{ST} = \mathrm{PR} : \mathrm{PT} = \mathrm{PQ} : \mathrm{PS} = 1 : k$$

となり，$\overrightarrow{\mathrm{ST}} = k\overrightarrow{\mathrm{QR}}, \overrightarrow{\mathrm{PT}} = k\overrightarrow{\mathrm{PR}}$ を得る．以上より

$$k(\vec{a} + \vec{b}) = k\vec{a} + k\vec{b} \qquad (2.9)$$

が成立する．$k = 0$ のときに (2.9) が成立するのは明らかであろう．$k < 0$ のときや 3 点 P, Q, R が同一直線上にあるときも同様の考察で (2.9) が成り立つことがわかる．

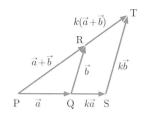

この他，和とスカラー倍に関しては

$$(k + l)\vec{a} = k\vec{a} + l\vec{a} \qquad (2.10)$$

$$(kl)\vec{a} = k(l\vec{a}) \qquad (2.11)$$

が成立する．これらはほぼ明らかであると思われるので詳細は省略する．

和とスカラー倍の性質をまとめると以下のようになる．

定理 2.2.（加法とスカラー倍に関する基本的性質）$\vec{a}, \vec{b}, \vec{c}$ をベクトル，k, l を実数とする．このとき以下のことが成立する．

$$\vec{a} + \vec{0} = \vec{a}, \qquad \vec{0} + \vec{a} = \vec{a} \tag{2.2}$$

$$(\vec{a} + \vec{b}) + \vec{c} = \vec{a} + (\vec{b} + \vec{c}) \tag{2.3}$$

$$\vec{a} + \vec{b} = \vec{b} + \vec{a} \tag{2.4}$$

$$k \cdot \vec{0} = \vec{0} \tag{2.5}$$

$$1 \cdot \vec{a} = \vec{a} \tag{2.6}$$

$$\vec{a} + (-\vec{a}) = \vec{0} \tag{2.7}$$

$$(-1) \cdot \vec{a} = -\vec{a} \tag{2.8}$$

$$k(\vec{a} + \vec{b}) = k\vec{a} + k\vec{b} \tag{2.9}$$

$$(k + l)\vec{a} = k\vec{a} + l\vec{a} \tag{2.10}$$

$$(kl)\vec{a} = k(l\vec{a}) \tag{2.11}$$

$\vec{a} + (-\vec{b}) = \vec{a} - \vec{b}$ と表す．これを $\vec{a}, \vec{b}$ の差という．$\vec{a} = \overrightarrow{\mathrm{PQ}}, \vec{b} = \overrightarrow{\mathrm{PR}}$ なる 3 点 P, Q, R をとったとき

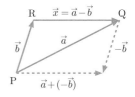

$$\vec{a} - \vec{b} = \overrightarrow{\mathrm{RQ}}$$

である．また $\vec{b} + \vec{x} = \vec{a}$ のとき $\vec{x} = \vec{a} - \vec{b}$ である．

2.3 和・スカラー倍の応用

■ 内分点・外分点 ■　異なる 2 点 A, B を $m : n$ に内分する点を P とする．点 O が与えられているとき $\overrightarrow{\mathrm{OP}}$ を $\vec{a} = \overrightarrow{\mathrm{OA}}$ および $\vec{b} = \overrightarrow{\mathrm{OB}}$ を用いて表してみよう．$\mathrm{AP} : \mathrm{PB} = m : n$ であるので

$$\frac{\mathrm{AP}}{\mathrm{AB}} = \frac{\mathrm{AP}}{\mathrm{AP} + \mathrm{PB}} = \frac{m}{m + n}$$

となり，したがって

$$\overrightarrow{\mathrm{AP}} = \frac{m}{m + n}\overrightarrow{\mathrm{AB}}$$

である. $\overrightarrow{AB} = \vec{b} - \vec{a}$ であることに注意すると

$$\overrightarrow{OP} = \overrightarrow{OA} + \overrightarrow{AP} = \vec{a} + \frac{m}{m+n}(\vec{b} - \vec{a}) = \frac{n\vec{a} + m\vec{b}}{m+n} \qquad (2.12)$$

を得る.

注意　点 P が線分 AB の内分点であるとき $AP : PB = m : n$ とおくと, $\overrightarrow{OP}$ は (2.12) と表されるが, $t = \dfrac{m}{m+n}$ とおくと $0 \leqq t \leqq 1$ および $AP : PB = t : 1-t$ となり, さらに (2.12) にあてはめると $\overrightarrow{OP} = (1-t)\vec{a} + t\vec{b}$ が成立する. つまり, 線分 AB の任意の内分点は

$$\overrightarrow{OP} = (1-t)\vec{a} + t\vec{b}, \qquad 0 \leqq t \leqq 1 \qquad (2.13)$$

と表される.

　異なる 2 点 A, B を $m : n$ に外分する点 Q についても同様のことを考えてみよう. 外分の場合, $m > n$ ならば外分点 Q は直線 AB 上 A に関して B と同じ側にあり, $m < n$ ならば反対の側にある. このことに注意してまず $m > n$ の場合から考える. この場合 $AQ = AB + BQ$ で $AQ : BQ = m : n$ であるので

$$\frac{AQ}{AB} = \frac{AQ}{AQ - BQ} = \frac{m}{m-n}$$

となり, したがって

$$\overrightarrow{AQ} = \frac{m}{m-n}\overrightarrow{AB}$$

である. $\overrightarrow{AB} = \vec{b} - \vec{a}$ より

$$\overrightarrow{OQ} = \overrightarrow{OA} + \overrightarrow{AQ} = \vec{a} + \frac{m}{m-n}(\vec{b} - \vec{a}) = \frac{-n\vec{a} + m\vec{b}}{m-n} \qquad (2.14)$$

を得る. $m < n$ の場合は $BQ = AQ + AB$ で $AQ : BQ = m : n$ であるので

$$\frac{AQ}{AB} = \frac{AQ}{BQ - AQ} = \frac{m}{n-m}$$

となるが, 今の場合 $\overrightarrow{AB}$ と $\overrightarrow{AQ}$ は反対の向きであることに注意すると

$$\overrightarrow{AQ} = -\frac{m}{n-m}\overrightarrow{AB}$$

である．したがって，$\overrightarrow{AB} = \vec{b} - \vec{a}$ より

$$\overrightarrow{OQ} = \overrightarrow{OA} + \overrightarrow{AQ} = \vec{a} - \frac{m}{n-m}(\vec{b} - \vec{a}) = \frac{-n\vec{a} + m\vec{b}}{m-n}$$

となり $m > n$ の場合と同じ結論を得る．

■ 直線のベクトル方程式 ■　点 P_0 を通り $\vec{0}$ でないベクトル $\vec{d}\,(\neq \vec{0})$ に平行な直線 l を考える．P_0 と異なる l 上の任意の点 P に対し $\overrightarrow{P_0 P}/\!/\vec{d}$ であるので

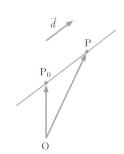

$$\overrightarrow{P_0 P} = t\vec{d}$$

と表される．点 O が与えられているとき $\overrightarrow{P_0 P} = \overrightarrow{OP} - \overrightarrow{OP_0}$ であるので

$$\overrightarrow{OP} = \overrightarrow{OP_0} + t\vec{d} \tag{2.15}$$

となる．これを直線 l のベクトル方程式（またはベクトル表示）という．

なお，直線 l に対し l と平行なベクトル $\vec{d}$ を l の方向ベクトルという．さらに方向ベクトル $\vec{d}$ が単位ベクトルであるとき（すなわち $|\vec{d}| = 1$ であるとき）$\vec{d}$ を l の単位方向ベクトルという．

■ 点の存在範囲（線分）■　すでに述べたように線分 AB 上の任意の点 P に対し (2.13) が成立するが，ここで $s = 1 - t$ と表せば

$$\overrightarrow{OP} = s\vec{a} + t\vec{b}, \qquad s + t = 1, \;\; s \geqq 0, \;\; t \geqq 0 \tag{2.16}$$

が成り立つ．

逆に，点 P が (2.16) を満たすとき

$$\overrightarrow{PB} = \overrightarrow{OB} - \overrightarrow{OP} = \vec{b} - (s\vec{a} + t\vec{b}) = (1-t)\vec{b} - s\vec{a} = s(\vec{b} - \vec{a}) = s\overrightarrow{AB}$$
$$\overrightarrow{PA} = \overrightarrow{OA} - \overrightarrow{OP} = \vec{a} - (s\vec{a} + t\vec{b}) = -t\vec{b} - (1-s)\vec{a} = -t(\vec{b} - \vec{a}) = -t\overrightarrow{AB}$$

となる．ここで，$s \geqq 0,\, t \geqq 0$ なので P が A, B に一致しないときは $\overrightarrow{PB}$ と $\overrightarrow{PA}$ は反対の向きである．したがって，点 P は A と B の間，すなわち，線分 AB 上にある．

以上より，(2.16) を満たす P の全体が線分 AB である．

■ 点の存在範囲（三角形）■ 三角形
OAB 上の（すなわち三角形 OAB の周
上または内部の）任意の点 P に対し，
P を通り辺 AB に平行な直線を引き，
それと辺 OA, OB との交点をそれぞ
れ A′, B′ とする．すると点 P は線分
A′B′ 上にあるので上で述べたことより

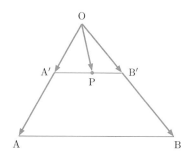

$\overrightarrow{\mathrm{OP}} = s'\vec{a}' + t'\vec{b}'$, $s' + t' = 1$ が成り

立つ．ただし $\vec{a}' = \overrightarrow{\mathrm{OA}'}, \vec{b}' = \overrightarrow{\mathrm{OB}'}$ である．ところで A′B′∥AB なので定
理 1.8 (1) より OA′ : OA = OB′ : OB となる．そこで，この比を $k : 1$ とす
ると $0 \leqq k \leqq 1$, $\vec{a}' = k\vec{a}, \vec{b}' = k\vec{b}$ が成立する．したがって

$$\overrightarrow{\mathrm{OP}} = ks'\vec{a} + kt'\vec{b}, \qquad s' + t' = 1$$

となる．そこで $s = ks', t = kt'$ とおくと $s + t = k$ となるので $0 \leqq s + t \leqq 1$
が成り立つ．以上より

$$\overrightarrow{\mathrm{OP}} = s\vec{a} + t\vec{b}, \qquad 0 \leqq s + t \leqq 1, \ \ s \geqq 0, \ \ t \geqq 0 \tag{2.17}$$

が成り立つ．

　逆に，点 P が (2.17) を満たすとき，上の議論を逆にたどれば P が三角形
OAB 上の点であることがわかる．

　以上より，(2.17) を満たす P の全体が三角形 OAB である．

■ 点の存在範囲（平行四辺形）■
OA, OB を 2 辺とする平行四辺形
OACB を考える．この平行四辺形上
の（すなわち平行四辺形 OACB の周上
または内部の）任意の点 P に対し，P を
通り辺 OA に平行な直線を引き，それ

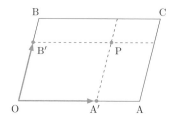

と辺 OB との交点を B′ とする．同様に P を通り辺 OB に平行な直線を引き，
それと辺 OA との交点を A′ とする．このとき四角形 OA′PB′ は平行四辺形

となるので

$$\overrightarrow{\mathrm{OP}} = \overrightarrow{\mathrm{OA'}} + \overrightarrow{\mathrm{OB'}}$$

が成立する．ここで，A′, B′ はそれぞれ線分 OA, OB 上にあるので $\overrightarrow{\mathrm{OA'}} = s\overrightarrow{\mathrm{OA}}, 0 \le s \le 1$ および $\overrightarrow{\mathrm{OB'}} = t\overrightarrow{\mathrm{OB}}, 0 \le t \le 1$ が成立する．以上より

$$\overrightarrow{\mathrm{OP}} = s\vec{a} + t\vec{b}, \qquad 0 \le s \le 1, \ \ 0 \le t \le 1 \tag{2.18}$$

が成り立つ．

逆に，点 P が (2.18) を満たすとする．$\vec{a} + \vec{b} = \overrightarrow{\mathrm{OC}}$ であることに注意すると，$s \ge t$ のとき

$$s\vec{a} + t\vec{b} = (s-t)\vec{a} + t(\vec{a} + \vec{b}) = (s-t)\overrightarrow{\mathrm{OA}} + t\overrightarrow{\mathrm{OC}}$$

となるが，$s - t \ge 0,\ t \ge 0,\ (s-t) + t = s$ であり $0 \le s \le 1$ より P は三角形 OAC 上の点であることがわかる．同様にして，$s \le t$ のときは P は三角形 OBC 上の点である．いずれにしても P は平行四辺形 OACB 上の点であることがわかる．

以上より，(2.18) を満たす P の全体が平行四辺形 OACB である．

▮ 2.4 ベクトルの内積

■ 内積（スカラー積）■ 零ベクトルでない 2 つのベクトル $\vec{a}, \vec{b}$ に対して $\vec{a} = \overrightarrow{\mathrm{PQ}}, \vec{b} = \overrightarrow{\mathrm{PR}}$ なる 3 点 P, Q, R をとったとき

$$(\vec{a}, \vec{b}) = \mathrm{PQ} \cdot \mathrm{PR} \cos \angle \mathrm{QPR}$$

で定まる実数（スカラー）$(\vec{a}, \vec{b})$ を $\vec{a}$ と $\vec{b}$ の内積（またはスカラー積）という．$\angle \mathrm{QPR} = \theta$ とおけば

$$(\vec{a}, \vec{b}) = |\vec{a}||\vec{b}| \cos \theta$$

と表される（θ を $\vec{a}$ と $\vec{b}$ の間の角または $\vec{a}$ と $\vec{b}$ の成す角という）．

$\vec{a} = \vec{0}$ または $\vec{b} = \vec{0}$ のときは $(\vec{a}, \vec{b}) = 0$ と定める．

R から直線 PQ に下ろした垂線の足を R′ とすると，$0 \le \theta < \frac{\pi}{2}$ のとき $(\vec{a}, \vec{b}) = \mathrm{PQ} \cdot \mathrm{PR'}$，$\frac{\pi}{2} < \theta \le \pi$ のとき $(\vec{a}, \vec{b}) = -\mathrm{PQ} \cdot \mathrm{PR'}$ である．同様

に Q から直線 PR に下ろした垂線の足を Q′ とすると, $0 \leqq \theta < \dfrac{\pi}{2}$ のとき $(\vec{a}, \vec{b}) = \mathrm{PR} \cdot \mathrm{PQ}'$, $\dfrac{\pi}{2} < \theta \leqq \pi$ のとき $(\vec{a}, \vec{b}) = -\mathrm{PR} \cdot \mathrm{PQ}'$ である.

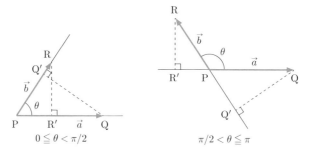

上で $\theta = \dfrac{\pi}{2}$ の場合が除外されている. 一般に

$$(\vec{a}, \vec{b}) = 0 \Leftrightarrow \vec{a} = 0 \ \text{ or } \ \vec{b} = 0 \ \text{ or } \ \theta = \dfrac{\pi}{2}$$

である.

$\vec{a} \neq \vec{0}, \vec{b} \neq \vec{0}$ とする. $(\vec{a}, \vec{b}) = 0$ のとき $\vec{a} \perp \vec{b}$ と書き「$\vec{a}$ と $\vec{b}$ は垂直である」または「$\vec{a}$ と $\vec{b}$ は直交する」という.

内積の定義から明らかに

$$(\vec{a}, \vec{b}) = (\vec{b}, \vec{a}) \tag{2.19}$$

が成り立つ. また, $\vec{a} = \vec{b}$ のときは $\vec{a}$ と $\vec{b}$ の間の角は 0 であるので

$$(\vec{a}, \vec{a}) = |\vec{a}|^2 \geqq 0 \tag{2.20}$$

である. なお $|\vec{a}| = 0$ であることと $\vec{a} = \vec{0}$ であることは同値なので

$$(\vec{a}, \vec{a}) = 0 \Longleftrightarrow \vec{a} = \vec{0} \tag{2.21}$$

が成り立つ.

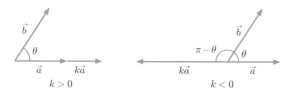

$\vec{a}$ と $\vec{b}$ の間の角を θ とすると $k > 0$ のときは $k\vec{a}$ と $\vec{b}$ の間の角も θ, $k < 0$ のときは $k\vec{a}$ と $\vec{b}$ の間の角は $\pi - \theta$ である．$|k\vec{a}| = |k||\vec{a}|$ であることに注意すると

$$(k\vec{a}, \vec{b}) = k(\vec{a}, \vec{b}) \tag{2.22}$$

を得る（この等式は $k = 0$ のときも成立することに注意せよ）．

さらに内積は

$$(\vec{a} + \vec{b}, \vec{c}) = (\vec{a}, \vec{c}) + (\vec{b}, \vec{c}) \tag{2.23}$$

を満たす．これは演習問題とする（演習問題 **2-3**）．

内積の性質をまとめると以下のようになる．

定理 2.3. （内積に関する基本的性質）$\vec{a}, \vec{b}, \vec{c}$ をベクトル，k を実数とする．このとき以下のことが成立する．

$$(\vec{a}, \vec{b}) = (\vec{b}, \vec{a}) \tag{2.19}$$

$$(\vec{a}, \vec{a}) = |\vec{a}|^2 \geqq 0 \tag{2.20}$$

$$(\vec{a}, \vec{a}) = 0 \Leftrightarrow \vec{a} = \vec{0} \tag{2.21}$$

$$(k\vec{a}, \vec{b}) = k(\vec{a}, \vec{b}) \tag{2.22}$$

$$(\vec{a} + \vec{b}, \vec{c}) = (\vec{a}, \vec{c}) + (\vec{b}, \vec{c}) \tag{2.23}$$

この定理の (2.19) と (2.22), (2.23) より

$$(\vec{a}, \vec{b} + \vec{c}) = (\vec{a}, \vec{b}) + (\vec{a}, \vec{c})$$

$$(\vec{a}, k\vec{b}) = k(\vec{a}, \vec{b})$$

も成立する．

さらにこれらの結果よりベクトル $\vec{a}, \vec{b}, \vec{c}$, 実数 k, l に対して

$$(k\vec{a} + l\vec{b}, \vec{c}) = k(\vec{a}, \vec{c}) + l(\vec{b}, \vec{c})$$

$$(\vec{a}, k\vec{b} + l\vec{c}) = k(\vec{a}, \vec{b}) + l(\vec{a}, \vec{c})$$

が成立することがわかる．

■ **内積の平面図形への応用** ■　$\vec{n}$ を平面[4]上の $\vec{0}$ でないベクトルとする. 平面上の点 P_0 を通り $\vec{n}$ に垂直な直線 l を求めよう. l 上の任意の点 P に対し $\overrightarrow{P_0P} \perp \vec{n}$ であるので

$$(\overrightarrow{P_0P}, \vec{n}) = 0$$

が成り立つ. 点 O が与えられているとき $\overrightarrow{P_0P} = \overrightarrow{OP} - \overrightarrow{OP_0}$ であるので

$$(\overrightarrow{OP} - \overrightarrow{OP_0}, \vec{n}) = 0 \tag{2.24}$$

となる. これも直線 l のベクトル方程式である. 直線 l に対し l と垂直なベクトル $\vec{n}$ を l の法線ベクトルという. さらに法線ベクトル $\vec{n}$ が単位ベクトルであるとき (すなわち $|\vec{n}| = 1$ であるとき) $\vec{n}$ を l の単位法線ベクトルという.

　平面上の点 C を中心とする半径 r の円を考える. 円周上の任意の点 P に対し $CP = r$ である. したがって, C および P の位置ベクトルをそれぞれ $\vec{c}, \vec{p}$ とすると $\overrightarrow{CP} = \overrightarrow{OP} - \overrightarrow{OC}$ であるので

$$|\overrightarrow{OP} - \overrightarrow{OC}| = r \tag{2.25}$$

となる. これが円 C のベクトル方程式である. 内積の性質 (2.20) を用いると

$$(\overrightarrow{OP} - \overrightarrow{OC}, \overrightarrow{OP} - \overrightarrow{OC}) = r^2$$

を得る.

■ 2.5　平面のベクトルの 1 次独立・1 次従属

　$\vec{a}, \vec{b}$ を平面上のベクトルとする. O を平面上の 1 点とし, $\vec{a}, \vec{b}$ を O を始点とする有向線分で表したとき $\vec{a} = \overrightarrow{OA}, \vec{b} = \overrightarrow{OB}$ であるとする. このとき

定義 2.1. (1) O, A, B が同一直線上にないとき「ベクトルの組 $\{\vec{a}, \vec{b}\}$ は 1 次独立である」という.

(2) O, A, B が同一直線上にあるとき「ベクトルの組 $\{\vec{a}, \vec{b}\}$ は 1 次従属である」という.

注意　1 次独立と 1 次従属は反対語である.

---

[4] 厳密な意味では空間内のある平面なのであるが, もちろん, 通常はどの平面であるかを特定せずに論じている.

「O, A, B が同一直線上にある」というのは O = A または O = B または $\overrightarrow{OA} = k\overrightarrow{OB}$ であることを意味する. すなわち

$$\{\vec{a}, \vec{b}\} \text{ が 1 次従属である} \iff \vec{a} = \vec{0} \text{ または } \vec{b} = \vec{0} \text{ または } \vec{a} /\!/ \vec{b} \quad (2.26)$$

対偶をとると

$$\{\vec{a}, \vec{b}\} \text{ が 1 次独立である} \iff \vec{a} \neq \vec{0} \text{ かつ } \vec{b} \neq \vec{0} \text{ かつ } \vec{a} \not/\!/ \vec{b} \quad (2.27)$$

を得る.

3 点 O, A, B が同一直線上にないとする. 平面上の任意の点 P に対し, 点 P を通り直線 OB に平行な直線を引き直線 OA との交点を Q とする. また, P を通り直線 OA に平行な直線を引き直線 OB との交点を R とする. こ のとき四角形 OQPR は平行四辺形であるの 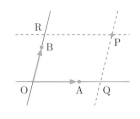 で $\overrightarrow{OP} = \overrightarrow{OQ} + \overrightarrow{OR}$ である. Q は直線 OA 上の点, R は直線 OB 上の点で あるので, $\overrightarrow{OQ} = k\overrightarrow{OA}$, $\overrightarrow{OR} = l\overrightarrow{OB}$ なる実数 k, l が定まる. したがって, $\overrightarrow{OP} = k\overrightarrow{OA} + l\overrightarrow{OB}$ なる k, l が定まる. なお, O, A, B および P が与えられた とき 2 点 Q, R は一意的に定まるので, 定数 k, l も一意的であることがわかる.

以上のことを言い換えると次の定理を得る.

定理 2.4. ベクトルの組 $\{\vec{a}, \vec{b}\}$ が 1 次独立であるとき, 平面上の任意のベ クトル $\vec{x}$ に対し

$$\vec{x} = k\vec{a} + l\vec{b}$$

なる k, l が定まる. またこの表し方は一意的である.

ベクトルの組 $\{\vec{a}, \vec{b}\}$ に対して $k\vec{a} + l\vec{b}$ (k, l はスカラー) の形で表されるベ クトルを $\vec{a}, \vec{b}$ の 1 次結合という. 定理 2.4 は, ベクトルの組 $\{\vec{a}, \vec{b}\}$ が 1 次独 立であれば平面上の任意のベクトルは $\vec{a}, \vec{b}$ の 1 次結合で表されるということ を意味している.

定理より順序対[5] (k, l) は一意的に定まる．すなわち，ベクトルの組 $\{\vec{a}, \vec{b}\}$ が1次独立であるとき

$$k\vec{a} + l\vec{b} = k'\vec{a} + l'\vec{b} \Longrightarrow (k, l) = (k', l') \tag{2.28}$$

が成立する．

例題 2.1. 同一直線上にない3点 O, A, B が与えられている．線分 OB の B の側の延長線上に OB = BC なる点 C をとり，線分 AB を 3 : 2 に内分する点を D，線分 OD の D の側の延長線と線分 AC の交点を E とする． $\vec{a} = \overrightarrow{OA}, \vec{b} = \overrightarrow{OB}$ とするとき $\overrightarrow{OE}$ を $\vec{a}$ と $\vec{b}$ を用いて表せ．

解答 点 E は線分 AC の内分点であるので AE : EC = l : $(1 - l)$ であるとすると $\overrightarrow{OE} = (1 - l)\overrightarrow{OA} + l\overrightarrow{OC}$ である．ここで点 C のとり方から OC = 2OB なので $\overrightarrow{OC} = 2\vec{b}$ であるので

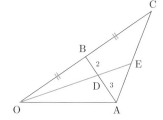

$$\overrightarrow{OE} = (1 - l)\vec{a} + 2l\vec{b} \qquad \cdots ①$$

一方，点 D は線分 AB を 3 : 2 に内分するので $\overrightarrow{OD} = \dfrac{2}{5}\overrightarrow{OA} + \dfrac{3}{5}\overrightarrow{OB} = \dfrac{2}{5}\vec{a} + \dfrac{3}{5}\vec{b}$ である．点 E は線分 OD の延長線上にあるのである実数 k を用いて

$$\overrightarrow{OE} = \dfrac{2}{5}k\vec{a} + \dfrac{3}{5}k\vec{b} \qquad \cdots ②$$

と表される．ここで3点 O, A, B が同一直線上にないことから $\{\vec{a}, \vec{b}\}$ は1次独立であるので①，②と (2.28) から

$$1 - l = \dfrac{2}{5}k, \quad 2l = \dfrac{3}{5}k$$

を得る．これらを解くと $k = \dfrac{10}{7}, l = \dfrac{3}{7}$ となり，①（または②）に代入すると

$$\overrightarrow{OE} = \dfrac{4}{7}\vec{a} + \dfrac{6}{7}\vec{b}$$

である． (終)

---

[5] 章末の補足を参照のこと．

注意　上の例題では $\{\vec{a}, \vec{b}\}$ が 1 次独立であることが本質的に用いられていることに注意せよ．

■ 2.6　平面の座標系，平面上のベクトルの成分表示

平面内に 3 点 O, E_1, E_2 が

$$\mathrm{OE}_1 = \mathrm{OE}_2 = 1, \quad \angle \mathrm{E}_1 \mathrm{OE}_2 = \frac{\pi}{2}$$

なるように与えられているとする．任意の点 P に対し P から直線 OE_1, 直線 OE_2 に下ろした垂線の足をそれぞれ P_1, P_2 としたとき，O と P_1, P_2 との距離をそれぞれ P の x 座標，y 座標と定める．ただし，P_1, P_2 が点 O に関して E_1, E_2 と同じ側にあるときは正の値，反対の側にあるときは負の値とする．このようにして点 O を原点，直線 OE_1 を x 軸，直線 OE_2 を y 軸とする座標系が定まる．

■ ベクトルの成分表示 ■　$\vec{e}_1 = \overrightarrow{\mathrm{OE}_1}$, $\vec{e}_2 = \overrightarrow{\mathrm{OE}_2}$ とおくと O, E_1, E_2 のとり方より $\{\vec{e}_1, \vec{e}_2\}$ は 1 次独立である．また，$(\vec{e}_1, \vec{e}_1) = (\vec{e}_2, \vec{e}_2) = 1$, $(\vec{e}_1, \vec{e}_2) = 0$ であることにも注意しよう．

さて，$\{\vec{e}_1, \vec{e}_2\}$ は 1 次独立であるので定理 2.4 より平面上の任意のベクトル $\vec{a}$ は

$$\vec{a} = a_1 \vec{e}_1 + a_2 \vec{e}_2$$

と一意的に表される．このとき

$$\vec{a} = \begin{pmatrix} a_1 \\ a_2 \end{pmatrix}$$

と表す．これを平面上のベクトル $\vec{a}$ の成分表示という．

注意　ベクトル $\vec{e}_1$, $\vec{e}_2$ を成分表示すると

$$\vec{e}_1 = \begin{pmatrix} 1 \\ 0 \end{pmatrix}, \quad \vec{e}_2 = \begin{pmatrix} 0 \\ 1 \end{pmatrix}$$

となる．

点 P に対し $\overrightarrow{\mathrm{OP}}$ を点 P の位置ベクトルという．P の座標とベクトル $\overrightarrow{\mathrm{OP}}$ の成分は一致する．

以後，座標系 O-xy を 1 つ固定して考える．

定理 2.5. (ベクトルの諸演算の成分表示) $\vec{a}, \vec{b}$ を平面のベクトル，k を実数とし，$\vec{a}, \vec{b}$ の成分表示が $\vec{a} = \begin{pmatrix} a_1 \\ a_2 \end{pmatrix}, \vec{b} = \begin{pmatrix} b_1 \\ b_2 \end{pmatrix}$ であるとする．このとき

(1) (大きさの成分による表示) $|\vec{a}| = \sqrt{a_1{}^2 + a_2{}^2}$

(2) (和の成分による表示) $\vec{a} + \vec{b} = \begin{pmatrix} a_1 + b_1 \\ a_2 + b_2 \end{pmatrix}$

(3) (スカラー倍の成分による表示) $k\vec{a} = \begin{pmatrix} ka_1 \\ ka_2 \end{pmatrix}$

(4) (内積の成分による表示) $(\vec{a}, \vec{b}) = a_1 b_1 + a_2 b_2$

証明 (1) $\vec{a} = \overrightarrow{\mathrm{OA}}$ とし，A から x 軸へ下ろした垂線の足を A_1，A から y 軸へ下ろした垂線の足を A_2 とする．このとき三平方の定理より $\mathrm{OA}^2 = \mathrm{OA}_1{}^2 + \mathrm{A}_1\mathrm{A}^2$ となるが，$|a_1| = \mathrm{OA}_1$，$|a_2| = \mathrm{OA}_2$ であり $\mathrm{OA}_2 = \mathrm{A}_1\mathrm{A}$ なので

$$|\vec{a}|^2 = \mathrm{OA}^2 = a_1{}^2 + a_2{}^2.$$

(2) $\vec{a} = a_1\vec{e}_1 + a_2\vec{e}_2, \vec{b} = b_1\vec{e}_1 + b_2\vec{e}_2$ であるので (2.10) より

$$\vec{a} + \vec{b} = a_1\vec{e}_1 + a_2\vec{e}_2 + b_1\vec{e}_1 + b_2\vec{e}_2 = (a_1 + b_1)\vec{e}_1 + (a_2 + b_2)\vec{e}_2 = \begin{pmatrix} a_1 + b_1 \\ a_2 + b_2 \end{pmatrix}.$$

(3) $\vec{a} = a_1\vec{e}_1 + a_2\vec{e}_2$ であるので (2.9), (2.11) より

$$k\vec{a} = k(a_1\vec{e}_1 + a_2\vec{e}_2) = k(a_1\vec{e}_1) + k(a_2\vec{e}_2) = (ka_1)\vec{e}_1 + (ka_2)\vec{e}_2 = \begin{pmatrix} ka_1 \\ ka_2 \end{pmatrix}.$$

(4) 定理 2.3 のあとに述べたことを用いると

$$(\vec{a}, \vec{b}) = (a_1\vec{e}_1 + a_2\vec{e}_2, \vec{b}) = a_1(\vec{e}_1, \vec{b}) + a_2(\vec{e}_2, \vec{b})$$

$$= a_1(\vec{e}_1, b_1\vec{e}_1 + b_2\vec{e}_2) + a_2(\vec{e}_2, b_1\vec{e}_1 + b_2\vec{e}_2)$$

$$= a_1\{b_1(\vec{e}_1, \vec{e}_1) + b_2(\vec{e}_1, \vec{e}_2)\} + a_2\{b_1(\vec{e}_2, \vec{e}_1) + b_2(\vec{e}_2, \vec{e}_2)\}$$

$$= a_1b_1(\vec{e}_1, \vec{e}_1) + a_1b_2(\vec{e}_1, \vec{e}_2) + a_2b_1(\vec{e}_2, \vec{e}_1) + a_2b_2(\vec{e}_2, \vec{e}_2)$$

$$= a_1b_1 \cdot 1 + a_1b_2 \cdot 0 + a_2b_1 \cdot 0 + a_2b_2 \cdot 1$$

$$= a_1b_1 + a_2b_2$$

Q.E.D.

■ 平行四辺形の面積 ■ O, A, B を平面内の 3 点とし，$\vec{a} = \overrightarrow{OA}$, $\vec{b} = \overrightarrow{OB}$ とおく．さらに $\vec{a} = \begin{pmatrix} a_1 \\ a_2 \end{pmatrix}$, $\vec{b} = \begin{pmatrix} b_1 \\ b_2 \end{pmatrix}$ と成分表示されているとする．OA, OB を 2 辺とする平行四辺形のことを $\vec{a}, \vec{b}$ を 2 辺とする平行四辺形という．なお O, A, B が同一直線上にある場合には，実際には平行四辺形にならない．このようなとき「$\vec{a}, \vec{b}$ を 2 辺とする平行四辺形はつぶれる」ということにする．$\vec{a}, \vec{b}$ を 2 辺とする平行四辺形の面積を S とすると

(o) 3 点 O, A, B が同一直線上にあるとき $S - a_1b_2 - a_2b_1 = 0$

(i) 3 点 O, A, B が反時計回りのとき $S = a_1b_2 - a_2b_1$

(ii) 3 点 O, A, B が時計回りのとき $S = -(a_1b_2 - a_2b_1)$

この証明は演習問題とする（演習問題 **2-10**）．

一般に $a_1b_2 - a_2b_1 = \begin{vmatrix} a_1 & b_1 \\ a_2 & b_2 \end{vmatrix}$ と表す．これを 2 次の行列式という．

■ 成分表示と 1 次独立・1 次従属 ■ 上に述べたことと (2.27) より次の命題を得る．これは，与えられたベクトルの組 $\{\vec{a}, \vec{b}\}$ が 1 次独立であるかどうかを成分表示を用いて判定する方法を示している．

命題 2.1. 次の各条件は同値である：

(a) ベクトルの組 $\{\vec{a}, \vec{b}\}$ は 1 次独立である

(b) $\vec{a} \neq \vec{0}$ かつ $\vec{b} \neq \vec{0}$ かつ $\vec{a} \not\!/\!/ \vec{b}$

(c) $\vec{a}, \vec{b}$ を 2 辺とする平行四辺形はつぶれない ($\vec{a}, \vec{b}$ を 2 辺とする平行四辺形の面積は 0 ではない)

(d) $\vec{a} = \begin{pmatrix} a_1 \\ a_2 \end{pmatrix}, \vec{b} = \begin{pmatrix} b_1 \\ b_2 \end{pmatrix}$ のとき $\begin{vmatrix} a_1 & b_1 \\ a_2 & b_2 \end{vmatrix} \neq 0$

■ 平面上の直線の方程式 ■ 平面上の点 P_0 を通り $\vec{0}$ でないベクトル $\vec{n}$ $(\neq \vec{0})$ に垂直な直線 l のベクトル方程式は (2.24) で与えられた．ここで O を原点とすると $\overrightarrow{OP}, \overrightarrow{OP_0}$ はそれぞれ P, P_0 の位置ベクトルとなるのでそれらをそれぞれ $\vec{p_0}, \vec{p}$ と表すと

$$(\vec{p} - \vec{p_0}, \vec{n}) = 0 \tag{2.29}$$

となる．ここで P_0, P の座標をそれぞれ $(x_0, y_0), (x, y)$ とすると $\vec{p} = \begin{pmatrix} x \\ y \end{pmatrix}$,

$\vec{p_0} = \begin{pmatrix} x_0 \\ y_0 \end{pmatrix}, \vec{n} = \begin{pmatrix} a \\ b \end{pmatrix}$ と成分表示されるので (2.29) は $a(x - x_0) +$ $b(y - y_0) = 0$ となる．$c = -ax_0 - by_0$ とおくとこの式は

$$ax + by + c = 0 \tag{2.30}$$

となる．これが平面における直線の方程式の標準形である．

逆に，$ax + by + c = 0$ で表される直線 l が与えられたとき l 上の定点 $P_0(x_0, y_0)$ をとる．このとき l 上の任意の点 $P(x, y)$ に対し，$\overrightarrow{P_0P} = \begin{pmatrix} x - x_0 \\ y - y_0 \end{pmatrix}$ であることと $ax_0 + by_0 + c = 0$ であることに注意すると，$\vec{n} = \begin{pmatrix} a \\ b \end{pmatrix}$ に対して

$$(\vec{n}, \overrightarrow{P_0P}) = a(x - x_0) + b(y - y_0)$$
$$= ax + by - (ax_0 + by_0) = ax + by + c = 0$$

が成立する．したがって，$\vec{n}$ は直線 l と垂直であることがわかる．

ところで 2.3 節において点 P_0 を通り $\vec{0}$ でないベクトル $\vec{d}$ ($\neq \vec{0}$) に平行な直線 l のベクトル方程式 (2.15) を求めた．ここで O を原点とし，P_0, P の位置ベクトルをそれぞれ $\vec{p_0}$, $\vec{p}$ とすると (2.15) は

$$\vec{p} = \vec{p_0} + t\vec{d} \tag{2.31}$$

となる．ここで P_0, P の座標をそれぞれ (x_0, y_0), (x, y) とすると $\vec{p} = \begin{pmatrix} x \\ y \end{pmatrix}$,

$\vec{p_0} = \begin{pmatrix} x_0 \\ y_0 \end{pmatrix}$, $\vec{d} = \begin{pmatrix} a \\ b \end{pmatrix}$ と成分表示され (2.31) は

$$\begin{cases} x = x_0 + ta \\ y = y_0 + tb \end{cases} \tag{2.32}$$

となる．すると

(i) $a \neq 0$, $b \neq 0$ のとき (2.32) を用いて t を消去すると，

$$\frac{x - x_0}{a} = \frac{y - y_0}{b}$$

を得る．

(ii) $a = 0$, $b \neq 0$ のときは (2.32) の第 1 式より $x = x_0$ を得る．この場合にはこれがこの直線の方程式である．

(iii) $a \neq 0$, $b = 0$ のときも同様にして $y = y_0$ を得る．

いずれの場合も整理すると直線の方程式の標準形 (2.30) の形になる．

■ 平面上の円の方程式 ■　平面上の点 C を中心とする半径 r のベクトル方程式は (2.25) で与えられた．ここでも O を原点とし C および P の位置ベクトルをそれぞれ $\vec{c}$, $\vec{p}$ とすると $\overrightarrow{CP} = \vec{p} - \vec{c}$ であるので (2.25) は $|\vec{p} - \vec{c}| = r$ となり (2.20) より

$$(\vec{p} - \vec{c}, \vec{p} - \vec{c}) = r^2 \tag{2.33}$$

を得る．ここで P, C の座標をそれぞれ (x, y), (a, b) とすると（位置ベクトル

の成分は座標と一致するので）(2.33) は

$$(x-a)^2 + (y-b)^2 = r^2$$

となる．これが円の方程式である．

2.7　座標系と平面上の変換

　ある平面上の変換により点 P が点 P′ に移されるとする．この変換を f と表すと

$$P' = f(P) \tag{2.34}$$

と表される．

　平面に直交座標系 O-xy が定められているとする．このとき P, P′ の座標がそれぞれ (x, y), (x', y') であるとすると (2.34) は

$$(x', y') = f(x, y)$$

とも表される．

　平面上の点 P に対し P の位置ベクトル $\overrightarrow{OP}$ が 1 対 1 に対応する．P と $\overrightarrow{OP}$ を同一視すると平面上の変換はベクトルの変換ともみなせる．すると (2.34) は

$$\overrightarrow{OP'} = f(\overrightarrow{OP}).$$

とも表される．これらのベクトルを成分表示すると

$$\begin{pmatrix} x' \\ y' \end{pmatrix} = f \begin{pmatrix} x \\ y \end{pmatrix}$$

となる．また $\overrightarrow{OP} = \vec{x}$, $\overrightarrow{OP'} = \vec{x}'$ と表すと (2.34) は

$$\vec{x}' = f(\vec{x})$$

とも表される．

例 1　平行移動

　指定された方向に距離 α だけ移動する変換を考える．この方向を向いた大きさ α のベクトルを $\vec{d}$ とする．すると $\overrightarrow{OP'} = \overrightarrow{OP} + \vec{d}$. すなわち，

$$f(\vec{x}) = \vec{x} + \vec{d}$$

である.

例 2 相似変換

点 P に対し直線 OP 上で O に関して P と同じ側に $OP' = kOP$ なる点 P′ を対応させる変換を考える. このとき $\overrightarrow{OP'} = k\overrightarrow{OP}$ であるので

$$f(\vec{x}) = k\vec{x}$$

となる.

2 点 P, Q の距離はベクトルを用いて表すと $|\overrightarrow{PQ}| = |\overrightarrow{OQ} - \overrightarrow{OP}|$ となる. 平面上の変換 f が合同変換であるとする. 2 点間の距離を変えないので $|\overrightarrow{P'Q'}| = |\overrightarrow{PQ}|$ である. そこで $\overrightarrow{OP} = \vec{x}, \overrightarrow{OQ} = \vec{y}, \overrightarrow{OP'} = \vec{x}', \overrightarrow{OQ'} = \vec{y}'$ と表すと $|\vec{y}' - \vec{x}'| = |\vec{y} - \vec{x}|$ となる. $\vec{x}' = f(\vec{x}), \vec{y}' = f(\vec{y})$ なので

$$|f(\vec{y}) - f(\vec{x})| = |\vec{y} - \vec{x}|$$

が成立する.

定理 2.6. 平面上の変換 f が原点を動かさない合同変換であるとき,次が成立する:

(1) ベクトル $\vec{x}, \vec{y}$ に対し $f(\vec{x} + \vec{y}) = f(\vec{x}) + f(\vec{y})$

(2) ベクトル $\vec{x}$,実数 k に対し $f(k\vec{x}) = kf(\vec{x})$

証明 定理の仮定から

$$f(\vec{0}) = \vec{0} \tag{2.35}$$

および

$$|f(\vec{y}) - f(\vec{x})| = |\vec{y} - \vec{x}| \tag{2.36}$$

が成立する.

(2.36) において $\vec{y} = \vec{0}$ とすると (2.35) より任意のベクトル $\vec{x}$ に対し

$$|f(\vec{x})| = |\vec{x}| \tag{2.37}$$

となる. 一方,(2.23) を用いると

$$|\vec{y} - \vec{x}|^2 = |\vec{y}|^2 - 2(\vec{x}, \vec{y}) + |\vec{x}|^2$$

$$|f(\vec{y}) - f(\vec{x})|^2 = |f(\vec{y})|^2 - 2(f(\vec{x}), f(\vec{y})) + |f(\vec{x})|^2$$

となり，したがって，(2.36), (2.37) より

$$(f(\vec{x}), f(\vec{y})) = (\vec{x}, \vec{y}) \tag{2.38}$$

を得る．

定理の (1) は $|f(\vec{x} + \vec{y}) - f(\vec{x}) - f(\vec{y})| = 0$ を示すことで，(2) は $|f(k\vec{x}) - kf(\vec{x})| = 0$ を示すことで導き出される．

<u>(1) の証明</u>   まず (2.23) を用いると

$$|f(\vec{x} + \vec{y}) - f(\vec{x}) - f(\vec{y})|^2$$
$$= |f(\vec{x} + \vec{y})|^2 + |f(\vec{x})|^2 + |f(\vec{y})|^2 - 2(f(\vec{x} + \vec{y}), f(\vec{x}))$$
$$- 2(f(\vec{x} + \vec{y}), f(\vec{y})) + 2(f(\vec{x}), f(\vec{y})) \tag{2.39}$$

となる．(2.37) を $\vec{x} + \vec{y}, \vec{x}, \vec{y}$ に適用すると

$$|f(\vec{x} + \vec{y})| = |\vec{x} + \vec{y}|, \quad |f(\vec{x})| = |\vec{x}|, \quad |f(\vec{y})| = |\vec{y}|$$

が得られ，(2.38) を $\vec{x} + \vec{y}$ と $\vec{x}$，$\vec{x} + \vec{y}$ と $\vec{y}$ に適用すると

$$(f(\vec{x} + \vec{y}), f(\vec{x})) = (\vec{x} + \vec{y}, \vec{x}), \quad (f(\vec{x} + \vec{y}), f(\vec{y})) = (\vec{x} + \vec{y}, \vec{y})$$

が得られる．したがって，(2.39) より

$$|f(\vec{x} + \vec{y}) - f(\vec{x}) - f(\vec{y})|^2$$
$$= |\vec{x} + \vec{y}|^2 + |\vec{x}|^2 + |\vec{y}|^2 - 2(\vec{x} + \vec{y}, \vec{x}) - 2(\vec{x} + \vec{y}, \vec{y}) + 2(\vec{x}, \vec{y}) \tag{2.40}$$

となるが (2.23) より $|\vec{x} + \vec{y}|^2 = |\vec{x}|^2 + 2(\vec{x}, \vec{y}) + |\vec{y}|^2$, $(\vec{x} + \vec{y}, \vec{x}) = |\vec{x}|^2 + (\vec{x}, \vec{y})$, $(\vec{x} + \vec{y}, \vec{y}) = (\vec{x}, \vec{y}) + |\vec{y}|^2$ が得られるので (2.40) より

$$|f(\vec{x} + \vec{y}) - f(\vec{x}) - f(\vec{y})|^2$$
$$= |\vec{x}|^2 + 2(\vec{x}, \vec{y}) + |\vec{y}|^2 + |\vec{x}|^2 + |\vec{y}|^2$$
$$- 2|\vec{x}|^2 - 2(\vec{x}, \vec{y}) - 2(\vec{x}, \vec{y}) - 2|\vec{y}|^2 + 2(\vec{x}, \vec{y})$$
$$= 0$$

すなわち定理の (1) を得る．

<u>(2) の証明</u>   (2.22), (2.23) より

$$|f(k\vec{x}) - kf(\vec{x})|^2 = |f(k\vec{x})|^2 - 2k(f(k\vec{x}), f(\vec{x})) + k^2|f(\vec{x})|^2 \tag{2.41}$$

となるが，(2.37) および (2.38) より $|f(k\vec{x})| = |k\vec{x}| = |k||\vec{x}|$, $(f(k\vec{x}), f(\vec{x})) = (k\vec{x}, \vec{x}) = k|\vec{x}|^2$ が得られるので (2.41) より

$$|f(k\vec{x}) - kf(\vec{x})|^2 = k^2|\vec{x}|^2 - 2k^2|\vec{x}|^2 + k^2|\vec{x}|^2 = 0$$

すなわち定理の (2) を得る．　　　　　　　　　　　　　　　　　　Q.E.D.

定義 2.2. 定理 2.6 の (1), (2) の条件を満たす平面上の変換を **1 次変換**という．

定理より原点を中心とする回転移動，原点を通る直線に関する折り返し，恒等変換はどれも 1 次変換である．しかし平行移動は原点を動かすので 1 次変換ではない．

また原点を中心とする相似変換は合同変換ではないが定理 2.6 の (1), (2) を満たしている．したがって，これも 1 次変換である．

演習問題 2

2-1. 空間内に 4 点 A, B, C, D がある．線分 BC 上に点 E をとり，BE : CE $= k : 1 - k$ とすると

$$(1 - k)\mathrm{AB}^2 + k\mathrm{AC}^2 - \mathrm{AE}^2 = (1 - k)\mathrm{DB}^2 + k\mathrm{DC}^2 - \mathrm{DE}^2$$

が成り立つことを示せ．

2-2. 空間内に平面 π と直線 l があり 1 点 P で交わっている．さらに π 上の異なる 2 直線 m_1, m_2 が l と P で直交している．このとき P を通る π 上の任意の直線 n は l と直交することを示せ．（したがって，π は l に垂直である．）

（Hint : m_1 上に点 Q_1, m_2 上に点 Q_2 を n を間にはさむようにとり，線分 Q_1Q_2 と n との交点を R とする．また l 上に点 S をとり，4 点 P, Q_1, Q_2, S に前問を適用する．）

2-3. $(\vec{a} + \vec{b}, \vec{c}) = (\vec{a}, \vec{c}) + (\vec{b}, \vec{c})$ が成り立つことを示せ．

（Hint : $\vec{a} = \overrightarrow{\mathrm{OA}}, \vec{b} = \overrightarrow{\mathrm{OB}}, \vec{c} = \overrightarrow{\mathrm{OC}}$ とし E を線分 AB の中点として 4 点 O, A, B, C に問題 **2-1** を適用する．）

2-4. 空間内の相異なる 3 直線 l, m, n について $l//m, m//n$ であるならば $l//n$ であることを示せ.

2-5. 相異なる 3 点 O, A, B に対し $\vec{a} = \overrightarrow{OA}, \vec{b} = \overrightarrow{OB}$ とおく.

(1) 線分 AB の中点を M とするとき, ベクトル $\overrightarrow{OM}$ を $\vec{a}, \vec{b}$ を用いて表せ.

(2) 線分 AB を $3 : 2$ に内分する点を C とするとき, ベクトル $\overrightarrow{OC}$ を $\vec{a}, \vec{b}$ を用いて表せ.

2-6. 相異なる 3 点 O, A, B に対し $\vec{a} = \overrightarrow{OA}, \vec{b} = \overrightarrow{OB}$ とおく.

(1) 線分 AB を $3 : 1$ に外分する点を C とするとき, ベクトル $\overrightarrow{OC}$ を $\vec{a}, \vec{b}$ を用いて表せ.

(2) 線分 AB を $2 : 3$ に外分する点を D とするとき, ベクトル $\overrightarrow{OD}$ を $\vec{a}, \vec{b}$ を用いて表せ.

2-7. l を空間内の直線, $\vec{a}$ を空間のベクトルとし, P を l 上の点とする. $\vec{a} = \overrightarrow{PQ}$ としたとき, Q から l へ下ろした垂線の足を R とする. このときベクトル $\overrightarrow{PR}$ を $\vec{a} = \overrightarrow{PQ}$ の直線 l への正射影という. $\vec{d}$ を l の単位方向ベクトルとするとき, ベクトル $\vec{a} = \overrightarrow{PQ}$ の l への正射影を $\vec{a}, \vec{d}$ を用いて表せ.

2-8. 定理 1.14 を証明せよ.

2-9. 定理 1.15 を証明せよ.

2-10. O, A, B を平面内の 3 点とし, $\vec{a} = \overrightarrow{OA}, \vec{b} = \overrightarrow{OB}$ とおく. さらに $\vec{a} = \begin{pmatrix} a_1 \\ a_2 \end{pmatrix}, \vec{b} = \begin{pmatrix} b_1 \\ b_2 \end{pmatrix}$ と成分表示されているとする. $\vec{a}, \vec{b}$ を 2 辺とする平行四辺形の面積を S とすると

(o) 3 点 O, A, B が同一直線上にあるとき $S = a_1 b_2 - a_2 b_1 = 0$

(i) 3 点 O, A, B が反時計回りのとき $S = a_1 b_2 - a_2 b_1$

(ii) 3 点 O, A, B が時計回りのとき $S = -(a_1 b_2 - a_2 b_1)$

であることを示せ.

2-11. 次のおのおのの場合についてベクトルの組 $\{\vec{a}, \vec{b}\}$ は 1 次独立であることを確かめよ. またベクトル $\vec{p} = \begin{pmatrix} 11 \\ 9 \end{pmatrix}$ をこれらの 1 次結合で表せ.

(1) $\vec{a} = \begin{pmatrix} 1 \\ 0 \end{pmatrix}, \vec{b} = \begin{pmatrix} 0 \\ 1 \end{pmatrix}$ (2) $\vec{a} = \begin{pmatrix} 2 \\ 1 \end{pmatrix}, \vec{b} = \begin{pmatrix} 1 \\ 1 \end{pmatrix}$

(3) $\vec{a} = \begin{pmatrix} -1 \\ 1 \end{pmatrix}, \vec{b} = \begin{pmatrix} 2 \\ 3 \end{pmatrix}$

補足　順序対

2つの実数 a, b が与えられたときこれらを順番に並べたもの (a, b) を順序対という．通常「対」（ペア）というときは順番は関係ない．1 と 2 の対は $\{1, 2\}$ と書いても $\{2, 1\}$ と書いても同じものである．しかし順序対の場合は並べる順番も考慮される．つまり $(1, 2)$ と $(2, 1)$ は異なるものである．

順序対は連立 1 次方程式の解を表すときなどに用いられる．たとえば，2 元連立 1 次方程式

$$\begin{cases} 3x + y = 5 \\ -x + 4y = -6 \end{cases}$$

の解は $x = 2, y = -1$ であるが，これを順序対を用いて $(x, y) = (2, -1)$ と表すことがある．

順序対は 3 つ以上の実数に対しても用いられる．たとえば，3 つであれば，$(-1, 1, 3)$ などと表す．この場合 $(x, y, z) = (-1, 1, 3)$ と書けば $x = -1$, $y = 1, z = 3$ を意味する．

③

空間のベクトルと空間図形

■ 3.1 ベクトルの外積

■ **外積（ベクトル積）** ■ 零ベクトルではない 2 つの空間ベクトル $\vec{a}, \vec{b}$ に対して次のように定まるベクトル $\vec{c}$ を $\vec{a}$ と $\vec{b}$ の外積（またはベクトル積）といい $\vec{c} = \vec{a} \times \vec{b}$ と表す.

i) $\vec{c}$ の大きさ $\cdots$ $\vec{a}, \vec{b}$ を 2 辺とする平行四辺形の面積

ii) $\vec{c}$ の向き $\cdots$ $\vec{a}$ から $\vec{b}$ へ（180° 以内の回転で）右ねじを巻いたときその右ねじの進む方向

なお，「$\vec{a}, \vec{b}$ を 2 辺とする平行四辺形」の意味は平面の場合と同じである（2.6 節参照）. $\vec{a} = \vec{0}$ または $\vec{b} = \vec{0}$ のときは $\vec{a} \times \vec{b} = \vec{0}$ と定める.

$\vec{a} \neq \vec{0}$ かつ $\vec{b} \neq \vec{0}$ のとき θ を $\vec{a}$ と $\vec{b}$ の成す角とすると，大きさの定義から $|\vec{a} \times \vec{b}| = |\vec{a}||\vec{b}| \sin\theta$ となり，$|\vec{a} \times \vec{b}| = 0$ となるのは $\sin\theta = 0$, すなわち，$\theta = 0$ または $\theta = \pi$ のときである. したがって

$$\vec{a} \times \vec{b} = \vec{0} \Leftrightarrow \vec{a} = \vec{0} \quad \text{または} \quad \vec{b} = \vec{0} \quad \text{または} \quad \vec{a} /\!/ \vec{b}. \tag{3.1}$$

特に

$$\vec{a} \times \vec{a} = \vec{0}$$

である.

以下では $\vec{a} \neq \vec{0}$ かつ $\vec{b} \neq \vec{0}$ かつ $\vec{a} \not/\!/ \vec{b}$ であるとする. $\vec{a} \times \vec{b}$ の定義から $\vec{a} \times \vec{b}$ は $\vec{a}, \vec{b}$ の双方に垂直である. すなわち

$$\vec{a} \times \vec{b} \perp \vec{a}, \quad \vec{a} \times \vec{b} \perp \vec{b}. \tag{3.2}$$

また，$\vec{b}$ から $\vec{a}$ へ右ねじを巻くと，逆向きに巻くことになるので，その右ねじ

は正反対の方向に進む．したがって

$$\vec{a} \times \vec{b} = -\vec{b} \times \vec{a} \tag{3.3}$$

外積の性質をまとめると以下のようになる．

定理 3.1. （外積に関する基本的性質）$\vec{a}, \vec{b}$ を空間のベクトルとする．このとき以下のことが成立する．

$$\vec{a} \times \vec{b} = \vec{0} \Leftrightarrow \vec{a} = \vec{0} \ \text{または} \ \vec{b} = \vec{0} \ \text{または} \ \vec{a} \,/\!/\, \vec{b} \tag{3.1}$$

$$\vec{a} \times \vec{b} \perp \vec{a}, \quad \vec{a} \times \vec{b} \perp \vec{b} \tag{3.2}$$

$$\vec{a} \times \vec{b} = -\vec{b} \times \vec{a} \tag{3.3}$$

$$(k\vec{a}) \times \vec{b} = k(\vec{a} \times \vec{b}), \quad \vec{a} \times (k\vec{b}) = k(\vec{a} \times \vec{b}) \tag{3.4}$$

$$(\vec{a} + \vec{b}) \times \vec{c} = \vec{a} \times \vec{c} + \vec{b} \times \vec{c}, \quad \vec{a} \times (\vec{b} + \vec{c}) = \vec{a} \times \vec{b} + \vec{a} \times \vec{c} \tag{3.5}$$

この定理のうち (3.4), (3.5) はまだ証明していないのでこれらを証明しよう．

(3.4) の証明   2 番目の式は最初の式と (3.3) から導かれるので，最初の式だけを示せばよい．

$k = 0$ のときは明らかに（両辺）$= \vec{0}$ なので成立する．$\vec{a} = \vec{0}$ のときは $k\vec{a} = \vec{0}$ なので $k\vec{a} \times \vec{b} = \vec{0} \times \vec{b} = \vec{0}$ となり成立する．$\vec{b} = \vec{0}$ のときも同様．$\vec{a} \,/\!/\, \vec{b}$ のときは $k\vec{a} \,/\!/\, \vec{b}$ なのでやはり $k\vec{a} \times \vec{b} = \vec{a} \times \vec{b} = \vec{0}$ となり成立する．

そこで $k \neq 0, \vec{a} \neq \vec{0}, \vec{b} \neq \vec{0}, \vec{a} \,\not/\!/\, \vec{b}$ であるとし，$\vec{a}$ と $\vec{b}$ の間の角を θ とする．$k > 0$ のときは $k\vec{a}$ と $\vec{b}$ の間の角も θ であるので $k\vec{a}$ と $\vec{b}$ を 2 辺とする平行四辺形の面積は $k|\vec{a}||\vec{b}| \sin\theta = k|\vec{a} \times \vec{b}|$ である．また，$k\vec{a}$ と $\vec{a}$ は同じ向きなので $k\vec{a}$ から $\vec{b}$ へ右ねじを巻いたときその右ねじの進む方向は $\vec{a}$ から $\vec{b}$ へ右ねじを巻いたときその右ねじの進む方向と同じである．したがって，大きさが k 倍の同じ方向のベクトルなので $(k\vec{a}) \times \vec{b} = k(\vec{a} \times \vec{b})$. $k < 0$ のときは $k\vec{a}$ と $\vec{b}$ の間の角は $\pi - \theta$ であるので $k\vec{a}$ と $\vec{b}$ を 2 辺とする平行四辺形の面積は $|k||\vec{a}||\vec{b}| \sin(\pi - \theta) = |k||\vec{a} \times \vec{b}|$ である．また，$k\vec{a}$ と $\vec{a}$ は正反対の向きなので $k\vec{a}$ から $\vec{b}$ へ右ねじを巻いたときその右ねじの進む方向は $\vec{a}$ から $\vec{b}$ へ右ねじを巻いたときその右ねじの進む方向と正反対の方向である．したがって，大きさが $|k|$ 倍の正反対の向きのベクトルなので $(k\vec{a}) \times \vec{b} = -|k|(\vec{a} \times \vec{b}) = k(\vec{a} \times \vec{b})$.

$$\text{Q.E.D.}$$

(3.5) の証明　2 番目の式は最初の式と (3.3) から導かれるので，最初の式だけを示せばよい．そこでまず $\vec{a} = \overrightarrow{OA}, \vec{b} = \overrightarrow{OB}, \vec{c} = \overrightarrow{OC}, \vec{a} + \vec{b} = \overrightarrow{OD}$ とする．簡単のため，ここでは O, A, B, C が同一平面上にない場合に限って説明する．

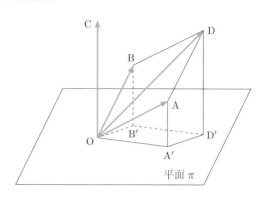

点 O を通り直線 OC に垂直な平面を π とし，$\vec{a} \times \vec{c} = \overrightarrow{OP}, \vec{b} \times \vec{c} = \overrightarrow{OQ}, (\vec{a} + \vec{b}) \times \vec{c} = \overrightarrow{OR}$ とおく．(3.2) よりこれらはすべて $\vec{c}$ と垂直であるので，P, Q, R はどれも π 上の点である．A, B, D から π に下ろした垂線の足をそれぞれ A′, B′, D′ とする．このとき $\overrightarrow{OD'} = \overrightarrow{OA'} + \overrightarrow{OB'}$ である（演習問題 **3-2**）．これより特に四角形 OA′D′B′ は平行四辺形である．

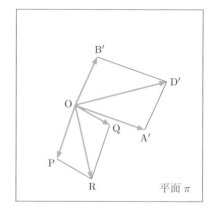

また $|\vec{a} \times \vec{c}| = OA' \cdot OC, |\vec{b} \times \vec{c}| = OB' \cdot OC, |(\vec{a} + \vec{b}) \times \vec{c}| = OD' \cdot OC$ が成り立つ．すなわち $OP = OA' \cdot OC, OQ = OB' \cdot OC, OR = OD' \cdot OC$. また外積の向きの定義より $\angle A'OP = \angle B'OQ = \angle D'OR = \dfrac{\pi}{2}$ であり 4 点 O, P, R, Q はこの順番で四角形 OPRQ を成している（上図参照）．したがって，演習問題 **3-3** より四角形 OPRQ は平行四辺形となり，$\overrightarrow{OR} = \overrightarrow{OP} + \overrightarrow{OQ}$. すなわち $(\vec{a} + \vec{b}) \times \vec{c} = \vec{a} \times \vec{c} + \vec{b} \times \vec{c}$ を得る．　　　　Q.E.D.

3.2　1 次独立・1 次従属

■ 2 つのベクトルの場合 ■　$\vec{a}, \vec{b}$ を空間内の 2 つのベクトルとする．O を空間内の 1 点とし，$\vec{a}, \vec{b}$ を O を始点とする有向線分で表すと $\vec{a} = \overrightarrow{OA}, \vec{b} = \overrightarrow{OB}$ で

あるとする．このとき

定義 3.1. (1) O, A, B が同一直線上にないとき「ベクトルの組 $\{\vec{a}, \vec{b}\}$ は 1 次独立である」という．

(2) O, A, B が同一直線上にあるとき「ベクトルの組 $\{\vec{a}, \vec{b}\}$ は 1 次従属である」という．

注意　1次独立と 1 次従属は反対語である．また (2.26), (2.27) は空間内の 2 つのベクトルの組においても成り立つ．

　π を空間内の平面とする．ベクトル $\vec{a}$ が π 上の 2 点 A, B を用いて $\vec{a} = \overrightarrow{AB}$ と表されているとき「$\vec{a}$ は π 上のベクトルである」とよぶことにする．

　$\vec{n}$ を π の単位法線ベクトル[1]とする．このとき $(\vec{n}, \vec{a}) = 0$ を満たすベクトル $\vec{a}$ は π 上のベクトルである．

　3 点 O, A, B が同一直線上にないときこれら 3 点を含む平面が 1 つ決まる．2.5 節と同様にして，この平面上の任意の点 P に対し $\overrightarrow{OP} = k\overrightarrow{OA} + l\overrightarrow{OB}$ なる k, l が一意的に定まることがわかる．言い換えると

定理 3.2. π を空間内の平面とし，ベクトル $\vec{a}, \vec{b}$ を π 上のベクトルとする．ベクトルの組 $\{\vec{a}, \vec{b}\}$ が 1 次独立であるならば π 上のすべてのベクトル $\vec{x}$ は

$$\vec{x} = k\vec{a} + l\vec{b}$$

(k, l は実数) と表される．またこの表し方は一意的である．

■ 3 つのベクトルの場合 ■　$\vec{a}, \vec{b}, \vec{c}$ を空間内の 3 つのベクトルとする．O を空間内の 1 点とし，$\vec{a}, \vec{b}, \vec{c}$ を O を始点とする有向線分で表すと $\vec{a} = \overrightarrow{OA}, \vec{b} = \overrightarrow{OB}, \vec{c} = \overrightarrow{OC}$ であるとする．このとき

---

[1] 平面 π に対し π に垂直なベクトル $\vec{n}$ を π の法線ベクトル（または法ベクトル）という．さらに法線ベクトル $\vec{n}$ が単位ベクトルであるとき（すなわち $|\vec{n}| = 1$ であるとき）$\vec{n}$ を π の単位法線ベクトル（または単位法ベクトル）という．

定義 3.2. (1) O, A, B, C が同一平面上にないとき「ベクトルの組 $\{\vec{a},\,\vec{b},\,\vec{c}\}$ は 1 次独立である」という.

(2) O, A, B, C が同一平面上にあるとき「ベクトルの組 $\{\vec{a},\,\vec{b},\,\vec{c}\}$ は 1 次従属である」という.

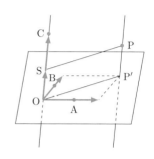

4 点 O, A, B, C が同一平面上にないとする. 今, 3 点 O, A, B を通る平面を π とする. 空間内の任意の点 P に対し, 点 P を通り直線 OC に平行な直線を引き π との交点を P′ とする. 2.5 節と同様にして $\overrightarrow{\mathrm{OP'}} = k\overrightarrow{\mathrm{OA}} + l\overrightarrow{\mathrm{OB}}$ なる k, l が定まる. また, PP′, OP′ を 2 辺とする平行四辺形を OP′PS とする. このとき直線 PP′ と直線 OS は平行であるが, 一方で直線 OC も直線 PP′ に平行である. したがって, 平面図形の基本性質⑥より, 直線 OC と直線 OS は一致する. すなわち, S は直線 OC 上にあり, ゆえに $\overrightarrow{\mathrm{OS}} = m\overrightarrow{\mathrm{OC}}$ なる実数 m が定まる. 以上より, $\overrightarrow{\mathrm{OP}} = k\overrightarrow{\mathrm{OA}} + l\overrightarrow{\mathrm{OB}} + m\overrightarrow{\mathrm{OC}}$ なる k, l, m が定まることがわかる. なお, O, A, B, C および P が与えられたとき 2.5 節における点 Q, R の選び方および本節における点 S の選び方は一意的である. したがって, $\overrightarrow{\mathrm{OQ}} = k\overrightarrow{\mathrm{OA}}$, $\overrightarrow{\mathrm{OR}} = l\overrightarrow{\mathrm{OB}}$, $\overrightarrow{\mathrm{OS}} = m\overrightarrow{\mathrm{OC}}$ であることに注意すれば定数 k, l, m も一意的であることがわかる.

以上のことを言い換えると

定理 3.3. 空間ベクトルの組 $\{\vec{a},\vec{b},\vec{c}\}$ が 1 次独立であるならばすべてのベクトル $\vec{x}$ は

$$\vec{x} = k\vec{a} + l\vec{b} + m\vec{c}$$

(k, l, m は実数) と表される. またこの表し方は一意的である.

ベクトルの組 $\{\vec{a},\vec{b},\vec{c}\}$ に対して $k\vec{a} + l\vec{b} + m\vec{c}$ (k, l, m はスカラー) の形で表されるベクトルを $\vec{a}$, $\vec{b}$, $\vec{c}$ の 1 次結合という. 定理 3.3 は, ベクトルの組 $\{\vec{a},\vec{b},\vec{c}\}$ が 1 次独立であれば任意のベクトルは $\{\vec{a},\vec{b},\vec{c}\}$ の 1 次結合で表され

るということを意味している.

定理より順序対[2] (k,l,m) は一意的に定まる. すなわち, ベクトルの組 $\{\vec{a},\vec{b},\vec{c}\}$ が1次独立であるとき

$$k\vec{a} + l\vec{b} + m\vec{c} = k'\vec{a} + l'\vec{b} + m'\vec{c} \Longrightarrow (k,l,m) = (k',l',m')$$

が成立する.

■ 基底 ■   定理 3.3 をふまえて, 空間内の3つのベクトルの組 $\{\vec{a},\vec{b},\vec{c}\}$ が1次独立であるとき, 「$\{\vec{a},\vec{b},\vec{c}\}$ は空間ベクトルの基底である」という.

定理 3.4. 互いに直交する $\vec{0}$ でないベクトルの組は1次独立である.

証明 $\{\vec{a},\vec{b},\vec{c}\}$ を互いに直交する $\vec{0}$ でないベクトルの組とする. O を空間内の1点とし, $\vec{a}$, $\vec{b}$, $\vec{c}$ を O を始点とする有向線分で表すと $\vec{a} = \overrightarrow{OA}$, $\vec{b} = \overrightarrow{OB}$, $\vec{c} = \overrightarrow{OC}$ であるとする.

4点 O, A, B, C が同一平面上にあるとする. 仮定より $\angle AOB = \angle BOC = \angle AOC = \angle R$. 特に2点 A, C はどちらも直線 OB 上にはない. したがって, 2点 A, C はこの平面上において直線 OB に関して同じ側にあるか, または, 反対の側にあるかである. 点 C が直線 OB に関して A と同じ側にある場合 ④（および ④）により 半直線 OA = 半直線 OC. このときは $\angle AOC = 0$. 点 C が直線 OB に関して A と反対の側にある場合は定理 1.4 の点 C が直線 BP 上にある場合の結果よりより3点 O, A, C は同一直線上にある. すなわち $\angle AOC = \pi$. これらはどちらも仮定に反する. したがって, 4点 O, A, B, C は同一平面上にない.   Q.E.D.

定義 3.3. (1) 互いに直交する $\vec{0}$ でないベクトルの組を直交系という.

(2) 互いに直交する単位ベクトルの組を正規直交系という.

(3) 3つのベクトルからなる正規直交系を正規直交基底という.

---

[2] 前章末の補足を参照のこと.

■ **3.3 空間の座標系，空間ベクトルの成分表示**

空間内に 4 点 O, E_1, E_2, E_3 が

$$OE_1 = OE_2 = OE_3 = 1, \quad \angle E_1 O E_2 = \angle E_2 O E_3 = \angle E_3 O E_1 = \frac{\pi}{2}$$

となるように与えられているとする．任意の点 P に対し P から直線 OE_1, 直線 OE_2, 直線 OE_3 に下ろした垂線の足をそれぞれ P_1, P_2, P_3 としたとき，O と P_1, P_2, P_3 との距離をそれぞれ P の x 座標，y 座標，z 座標と定める．ただし，P_1, P_2, P_3 が点 O に関して E_1, E_2, E_3 と同じ側にあるときは正の値，反対の側にあるときは負の値とする．このようにして点 O を原点，直線 OE_1 を x 軸，直線 OE_2 を y 軸，直線 OE_3 を z 軸とする座標系が定まる．

注意　$\vec{e_1} = \overrightarrow{OE_1}, \vec{e_2} = \overrightarrow{OE_2}, \vec{e_3} = \overrightarrow{OE_3}$ とおくと $\{\vec{e_1}, \vec{e_2}, \vec{e_3}\}$ は正規直交基底となる．この基底のことを標準基底という．また，この 3 つのベクトルを基本ベクトルという．

三角形 $E_1 E_2 E_3$ を原点の反対側からみたときに 3 点 E_1, E_2, E_3 がこの順で

(i) 反時計回りに並んでいるとき「座標系 O-xyz は右手系である」

(ii) 時計回りに並んでいるとき「座標系 O-xyz は左手系である」

という．

（今後，特に断らない限り座標系は右手系であるとする．）

注意　座標系 O-xyz が右手系であるとき外積の定め方から

$$\vec{e_1} \times \vec{e_2} = \vec{e_3}, \quad \vec{e_2} \times \vec{e_3} = \vec{e_1}, \quad \vec{e_3} \times \vec{e_1} = \vec{e_2}$$

である．

定理 3.3 により任意のベクトル $\vec{a}$ は標準基底を用いて

$$\vec{a} = a_1 \vec{e_1} + a_2 \vec{e_2} + a_3 \vec{e_3}$$

と一意的に表される．このとき

$$\vec{a} = \begin{pmatrix} a_1 \\ a_2 \\ a_3 \end{pmatrix}$$

と表す. これを $\vec{a}$ の成分表示という.

注意 ベクトル $\vec{e}_1, \vec{e}_2, \vec{e}_3$ を成分表示すると

$$\vec{e}_1 = \begin{pmatrix} 1 \\ 0 \\ 0 \end{pmatrix}, \quad \vec{e}_2 = \begin{pmatrix} 0 \\ 1 \\ 0 \end{pmatrix}, \quad \vec{e}_3 = \begin{pmatrix} 0 \\ 0 \\ 1 \end{pmatrix}$$

となる.

点 P に対し $\overrightarrow{OP}$ を点 P の位置ベクトルという. P の座標とベクトル $\overrightarrow{OP}$ の成分は一致する.

以後, 座標系 O-xyz を 1 つ固定して考える.

定理 3.5. (ベクトルの諸演算の成分表示) $\vec{a}, \vec{b}$ を空間ベクトル, k を実数とし, $\vec{a}, \vec{b}$ の成分表示が $\vec{a} = \begin{pmatrix} a_1 \\ a_2 \\ a_3 \end{pmatrix}, \vec{b} = \begin{pmatrix} b_1 \\ b_2 \\ b_3 \end{pmatrix}$ であるとする. このとき

(1) (大きさの成分による表示) $|\vec{a}| = \sqrt{a_1{}^2 + a_2{}^2 + a_3{}^2}$

(2) (和の成分による表示) $\vec{a} + \vec{b} = \begin{pmatrix} a_1 + b_1 \\ a_2 + b_2 \\ a_3 + b_3 \end{pmatrix}$

(3) (スカラー倍の成分による表示) $k\vec{a} = \begin{pmatrix} ka_1 \\ ka_2 \\ ka_3 \end{pmatrix}$

(4)　（内積の成分による表示）$(\vec{a}, \vec{b}) = a_1 b_1 + a_2 b_2 + a_3 b_3$

(5)　（外積の成分による表示）$\vec{a} \times \vec{b} = \begin{pmatrix} a_2 b_3 - a_3 b_2 \\ a_3 b_1 - a_1 b_3 \\ a_1 b_2 - a_2 b_1 \end{pmatrix}$

証明　(1) $\vec{a} = \overrightarrow{OA}$ とし，A から x 軸へ下ろした垂線の足を A_1，A から y 軸へ下ろした垂線の足を A_2，A から z 軸へ下ろした垂線の足を A_3 とする．このとき三平方の定理を用いると $OA^2 = OA_1{}^2 + OA_2{}^2 + OA_3{}^2$ となることがわかる．$|a_1| = OA_1, |a_2| = OA_2, |a_3| = OA_3$ であるので

$$|\vec{a}|^2 = OA^2 = a_1{}^2 + a_2{}^2 + a_3{}^2.$$

(2) $\vec{a} = a_1 \vec{e}_1 + a_2 \vec{e}_2 + a_3 \vec{e}_3, \vec{b} = b_1 \vec{e}_1 + b_2 \vec{e}_2 + b_3 \vec{e}_3$ であるので (2.10) より

$$\vec{a} + \vec{b} = a_1 \vec{e}_1 + a_2 \vec{e}_2 + a_3 \vec{e}_3 + b_1 \vec{e}_1 + b_2 \vec{e}_2 + b_3 \vec{e}_3$$

$$= (a_1 + b_1)\vec{e}_1 + (a_2 + b_2)\vec{e}_2 + (a_3 + b_3)\vec{e}_3 = \begin{pmatrix} a_1 + b_1 \\ a_2 + b_2 \\ a_3 + b_3 \end{pmatrix}.$$

(3) $\vec{a} = a_1 \vec{e}_1 + a_2 \vec{e}_2 + a_3 \vec{e}_3$ であるので (2.9), (2.11) より

$$k\vec{a} = k(a_1 \vec{e}_1 + a_2 \vec{e}_2 + a_3 \vec{e}_3) = (ka_1)\vec{e}_1 + (ka_2)\vec{e}_2 + (ka_3)\vec{e}_3 = \begin{pmatrix} ka_1 \\ ka_2 \\ ka_3 \end{pmatrix}.$$

(4) 定理 2.3 のあとに述べたことを用いると

$$(\vec{a}, \vec{b}) = (a_1 \vec{e}_1 + a_2 \vec{e}_2 + a_3 \vec{e}_3, \vec{b}) = a_1(\vec{e}_1, \vec{b}) + a_2(\vec{e}_2, \vec{b}) + a_3(\vec{e}_3, \vec{b})$$

$$= a_1(\vec{e}_1, b_1 \vec{e}_1 + b_2 \vec{e}_2 + b_3 \vec{e}_3) + a_2(\vec{e}_2, b_1 \vec{e}_1 + b_2 \vec{e}_2 + b_3 \vec{e}_3)$$

$$+ a_3(\vec{e}_3, b_1 \vec{e}_1 + b_2 \vec{e}_2 + b_3 \vec{e}_3)$$

$$= a_1\{b_1(\vec{e}_1, \vec{e}_1) + b_2(\vec{e}_1, \vec{e}_2) + b_3(\vec{e}_1, \vec{e}_3)\}$$

$$+ a_2\{b_1(\vec{e}_2, \vec{e}_1) + b_2(\vec{e}_2, \vec{e}_2) + b_3(\vec{e}_2, \vec{e}_3)\}$$

$$+ a_3\{b_1(\vec{e}_3, \vec{e}_1) + b_2(\vec{e}_3, \vec{e}_2) + b_3(\vec{e}_3, \vec{e}_3)\}$$

$$= a_1b_1(\vec{e_1}, \vec{e_1}) + a_1b_2(\vec{e_1}, \vec{e_2}) + a_1b_3(\vec{e_1}, \vec{e_3})$$

$$+ a_2b_1(\vec{e_2}, \vec{e_1}) + a_2b_2(\vec{e_2}, \vec{e_2}) + a_2b_3(\vec{e_2}, \vec{e_3})$$

$$+ a_3b_1(\vec{e_3}, \vec{e_1}) + a_3b_2(\vec{e_3}, \vec{e_2}) + a_3b_3(\vec{e_3}, \vec{e_3})$$

$$= a_1b_1 \cdot 1 + a_1b_2 \cdot 0 + a_1b_3 \cdot 0 + a_2b_1 \cdot 0 + a_2b_2 \cdot 1 + a_2b_3 \cdot 0$$

$$+ a_3b_1 \cdot 0 + a_3b_2 \cdot 0 + a_3b_3 \cdot 1$$

$$= a_1b_1 + a_2b_2 + a_3b_3$$

(5) 定理 3.1 より

$$\vec{a} \times \vec{b} = (a_1\vec{e_1} + a_2\vec{e_2} + a_3\vec{e_3}) \times \vec{b}$$

$$= a_1(\vec{e_1} \times \vec{b}) + a_2(\vec{e_2} \times \vec{b}) + a_3(\vec{e_3} \times \vec{b})$$

$$= a_1\{\vec{e_1} \times (b_1\vec{e_1} + b_2\vec{e_2} + b_3\vec{e_3})\}$$

$$+ a_2\{\vec{e_2} \times (b_1\vec{e_1} + b_2\vec{e_2} + b_3\vec{e_3})\}$$

$$+ a_3\{\vec{e_3} \times (b_1\vec{e_1} + b_2\vec{e_2} + b_3\vec{e_3})\}$$

$$= a_1\{b_1(\vec{e_1} \times \vec{e_1}) + b_2(\vec{e_1} \times \vec{e_2}) + b_3(\vec{e_1} \times \vec{e_3})\}$$

$$+ a_2\{b_1(\vec{e_2} \times \vec{e_1}) + b_2(\vec{e_2} \times \vec{e_2}) + b_3(\vec{e_2} \times \vec{e_3})\}$$

$$+ a_3\{b_1(\vec{e_3} \times \vec{e_1}) + b_2(\vec{e_3} \times \vec{e_2}) + b_3(\vec{e_3} \times \vec{e_3})\}$$

$$= a_1b_1(\vec{e_1} \times \vec{e_1}) + a_1b_2(\vec{e_1} \times \vec{e_2}) + a_1b_3(\vec{e_1} \times \vec{e_3})$$

$$+ a_2b_1(\vec{e_2} \times \vec{e_1}) + a_2b_2(\vec{e_2} \times \vec{e_2}) + a_2b_3(\vec{e_2} \times \vec{e_3})$$

$$+ a_3b_1(\vec{e_3} \times \vec{e_1}) + a_3b_2(\vec{e_3} \times \vec{e_2}) + a_3b_3(\vec{e_3} \times \vec{e_3})$$

$$= a_1b_1\vec{0} + a_1b_2\vec{e_3} + a_1b_3(-\vec{e_2}) + a_2b_1(-\vec{e_3}) + a_2b_2\vec{0} + a_2b_3\vec{e_1}$$

$$+ a_3b_1\vec{e_2} + a_3b_2(-\vec{e_1}) + a_3b_3\vec{0}$$

$$= (a_2b_3 - a_3b_2)\vec{e_1} + (a_3b_1 - a_1b_3)\vec{e_2} + (a_1b_2 - a_2b_1)\vec{e_3}$$

$$= \begin{pmatrix} a_2b_3 - a_3b_2 \\ a_3b_1 - a_1b_3 \\ a_1b_2 - a_2b_1 \end{pmatrix}$$

Q.E.D.

■ 3.4 面積・体積

■ 平行四辺形の面積 ■　O, A, B を空間内の 3 点とし，$\vec{a} = \overrightarrow{OA}$, $\vec{b} = \overrightarrow{OB}$ とお

く．さらに $\vec{a} = \begin{pmatrix} a_1 \\ a_2 \\ a_3 \end{pmatrix}$, $\vec{b} = \begin{pmatrix} b_1 \\ b_2 \\ b_3 \end{pmatrix}$ と成分表示されているとする．OA,

OB を 2 辺とする平行四辺形の面積を S とすると外積の定義から

$$S = |\vec{a} \times \vec{b}|$$

である．特に外積の成分表示を用いると

$$S = \sqrt{(a_2 b_3 - a_3 b_2)^2 + (a_3 b_1 - a_1 b_3)^2 + (a_1 b_2 - a_2 b_1)^2}$$

となる．

■ 平行六面体の体積 ■　O, A, B, C を空間内の 4 点とし，$\vec{a} = \overrightarrow{OA}$, $\vec{b} = \overrightarrow{OB}$,
$\vec{c} = \overrightarrow{OC}$ とおく．OA, OB, OC を 3 辺とする平行六面体のことを $\vec{a}, \vec{b}, \vec{c}$ を 3
辺とする平行六面体という．なお O, A, B, C が同一平面上にある場合には，
実際には平行六面体にならない．このようなとき「$\vec{a}, \vec{b}, \vec{c}$ を 3 辺とする平行六
面体はつぶれる」ということにする．$\vec{a}, \vec{b}, \vec{c}$ を 3 辺とする平行六面体の体積を
V とすると

(o) 4 点 O, A, B, C が同一平面上にあるとき $V = (\vec{a} \times \vec{b}, \vec{c}) = 0$

(i) O の反対側からみて A, B, C が反時計回りのとき $V = (\vec{a} \times \vec{b}, \vec{c})$

(ii) O の反対側からみて A, B, C が時計回りのとき $V = -(\vec{a} \times \vec{b}, \vec{c})$

この証明は演習問題とする（演習問題 **3-4**）．

一般に，$\vec{a} = \begin{pmatrix} a_1 \\ a_2 \\ a_3 \end{pmatrix}$, $\vec{b} = \begin{pmatrix} b_1 \\ b_2 \\ b_3 \end{pmatrix}$, $\vec{c} = \begin{pmatrix} c_1 \\ c_2 \\ c_3 \end{pmatrix}$ と成分表示されている

とき

$$(\vec{a} \times \vec{b}, \vec{c}) = \begin{vmatrix} a_1 & b_1 & c_1 \\ a_2 & b_2 & c_2 \\ a_3 & b_3 & c_3 \end{vmatrix}$$

と表す．これを **3 次の行列式**という．

3.5 成分表示と 1 次独立・1 次従属

この節では与えられたベクトルの組が 1 次独立であるかどうかを成分表示を用いて判定する方法について考える.

■ 2 つのベクトルの場合 ■　(2.27) と (3.1) と前節の結果より次の命題を得る.

命題 3.1. 次の各条件は同値である:

(a) ベクトルの組 $\{\vec{a}, \vec{b}\}$ は 1 次独立である

(b) $\vec{a} \neq \vec{0}$ かつ $\vec{b} \neq \vec{0}$ かつ $\vec{a} \not\parallel \vec{b}$

(c) $\vec{a} \times \vec{b} \neq \vec{0}$

(d) $\vec{a}, \vec{b}$ を 2 辺とする平行四辺形はつぶれない ($\vec{a}, \vec{b}$ を 2 辺とする平行四辺形の面積は 0 ではない)

■ 3 つのベクトルの場合 ■　前節の結果より次の命題を得る.

命題 3.2. 次の各条件は同値である:

(a) ベクトルの組 $\{\vec{a}, \vec{b}, \vec{c}\}$ は 1 次独立である

(b) $\vec{a}, \vec{b}, \vec{c}$ を 3 辺とする平行六面体はつぶれない ($\vec{a}, \vec{b}, \vec{c}$ を 3 辺とする平行六面体の体積は 0 ではない)

(c) $(\vec{a} \times \vec{b}, \vec{c}) \neq 0$

注意　命題の (c) より, 特に, $\vec{a} = \begin{pmatrix} a_1 \\ a_2 \\ a_3 \end{pmatrix}, \vec{b} = \begin{pmatrix} b_1 \\ b_2 \\ b_3 \end{pmatrix}, \vec{c} = \begin{pmatrix} c_1 \\ c_2 \\ c_3 \end{pmatrix}$ のとき

$$\text{ベクトルの組 } \{\vec{a}, \vec{b}, \vec{c}\} \text{ は 1 次独立} \iff \begin{vmatrix} a_1 & b_1 & c_1 \\ a_2 & b_2 & c_2 \\ a_3 & b_3 & c_3 \end{vmatrix} \neq 0$$

■ 3.6 空間の直線と平面

■ 空間内の直線の方程式 ■　空間内の点 P_0 を通り $\vec{0}$ でないベクトル $\vec{d}\,(\neq \vec{0})$ に平行な直線 l のベクトル方程式は

$$\overrightarrow{\mathrm{OP}} = \overrightarrow{\mathrm{OP}_0} + t\vec{d}$$

で与えられた（第 2 章 2.3 節）．ここで O を原点とし P_0 および P の位置ベクトルをそれぞれ $\vec{p}_0$, $\vec{p}$ とするとこの式は

$$\vec{p} = \vec{p}_0 + t\vec{d} \tag{3.6}$$

となる．さらに $\vec{p} = \begin{pmatrix} x \\ y \\ z \end{pmatrix}$, $\vec{p}_0 = \begin{pmatrix} x_0 \\ y_0 \\ z_0 \end{pmatrix}$, $\vec{d} = \begin{pmatrix} a \\ b \\ c \end{pmatrix}$ と成分表示すると (3.6) は

$$\begin{cases} x = x_0 + at \\ y = y_0 + bt \\ z = z_0 + ct \end{cases} \tag{3.7}$$

となる．

(i) $a \neq 0$, $b \neq 0$, $c \neq 0$ のとき (3.7) を用いて t を消去すると，

$$\frac{x - x_0}{a} = \frac{y - y_0}{b} = \frac{z - z_0}{c} \tag{3.8}$$

を得る．これが空間における直線の方程式である．

(ii)$_1$ $a = 0$, $b \neq 0$, $c \neq 0$ のときは (3.7) の第 1 式より $x = x_0$．また第 2 式と第 3 式から t を消去して $\dfrac{y - y_0}{b} = \dfrac{z - z_0}{c}$ を得る．したがって，この場合この直線を表す方程式は

$$x = x_0, \quad \frac{y - y_0}{b} = \frac{z - z_0}{c}$$

である．

(ii)$_2$ $a \neq 0$, $b = 0$, $c \neq 0$ のときは同様にして $y = y_0$, $\dfrac{x - x_0}{a} = \dfrac{z - z_0}{c}$

(ii)$_3$ $a \neq 0$, $b \neq 0$, $c = 0$ のときも同様にして $z = z_0$, $\dfrac{x - x_0}{a} = \dfrac{y - y_0}{b}$

(iii)$_1$ $a = b = 0$, $c \neq 0$ のときは (3.7) の第 1 式より $x = x_0$. 第 2 式より $y = y_0$ を得る. したがって, この場合この直線を表す方程式は

$$x = x_0, \quad y = y_0$$

である.

(iii)$_2$ $a = c = 0$, $b \neq 0$ のときは同様にして $x = x_0, z = z_0$

(iii)$_3$ $a \neq 0$, $b = c = 0$ のときも同様にして $y = y_0, z = z_0$

[注意] 分母が 0 のときは (分子) $= 0$ を意味すると約束しておけばすべての場合に対して (3.8) が空間における直線の方程式となる.

2 点 A(a_1, a_2, a_3), B(b_1, b_2, b_3) を通る直線 l はもちろん $\overrightarrow{AB}$ と平行である.

$\overrightarrow{AB} = \begin{pmatrix} b_1 - a_1 \\ b_2 - a_2 \\ b_3 - a_3 \end{pmatrix}$ なので, 点 A を通っていることを用いると直線 l の方程式は次で与えられる:

$$\frac{x - a_1}{b_1 - a_1} = \frac{y - a_2}{b_2 - a_2} = \frac{z - a_3}{b_3 - a_3}$$

■ 空間内の平面の方程式 ■ 空間内の点 P$_0$ を通り $\vec{0}$ でないベクトル $\vec{n}$ $(\neq \vec{0})$ に垂直な平面 π を求めよう. π 上の任意の点 P に対し $\overrightarrow{P_0 P} \perp \vec{n}$ と表される. したがって, P$_0$ および P の位置ベクトルをそれぞれ $\vec{p_0}, \vec{p}$ とすると

$$(\vec{p} - \vec{p_0}, \vec{n}) = 0 \tag{3.9}$$

となる. これは平面 π のベクトル方程式である.

$\vec{p} = \begin{pmatrix} x \\ y \\ z \end{pmatrix}, \vec{p_0} = \begin{pmatrix} x_0 \\ y_0 \\ z_0 \end{pmatrix}, \vec{n} = \begin{pmatrix} a \\ b \\ c \end{pmatrix}$ と成分表示すると (3.9) は

$$a(x - x_0) + b(y - y_0) + c(z - z_0) = 0$$

となる. $d = -ax_0 - by_0 - cz_0$ とおくとこの式は

$$ax + by + cz + d = 0$$

となる. これが空間における平面の方程式である.

逆に，$ax + by + cz + d = 0$ で表される平面 π が与えられたとき π 上の定点 $\mathrm{P}_0(x_0, y_0, z_0)$ をとる．このとき π 上の任意の点 $\mathrm{P}(x, y, z)$ に対し，

$$\overrightarrow{\mathrm{P}_0\mathrm{P}} = \begin{pmatrix} x - x_0 \\ y - y_0 \\ z - z_0 \end{pmatrix}$$ であることと $ax_0 + by_0 + cz_0 + d = 0$ であることに注

意すると，$\vec{n} = \begin{pmatrix} a \\ b \\ c \end{pmatrix}$ としたとき

$$\begin{aligned} (\vec{n}, \overrightarrow{\mathrm{P}_0\mathrm{P}}) &= a(x - x_0) + b(y - y_0) + c(z - z_0) \\ &= ax + by + cz - (ax_0 + by_0 + cz_0) \\ &= ax + by + cz + d = 0 \end{aligned}$$

したがって，$\vec{n}$ は平面 π と垂直である．

例題 3.1. 点 $\mathrm{P}_0(x_0, y_0, z_0)$ から平面 $\pi : ax + by + cz + d = 0$ へ下ろした垂線の足を H とする．このとき $\mathrm{P}_0\mathrm{H}$ の長さ h は
$$h = \frac{|ax_0 + by_0 + cz_0 + d|}{\sqrt{a^2 + b^2 + c^2}}$$
で与えられることを示せ．

解答　直線 $\mathrm{P}_0\mathrm{H}$ を l とする．l は平面 π に垂直なので $\vec{n} = \begin{pmatrix} a \\ b \\ c \end{pmatrix}$ と

平行である．したがって，$\mathrm{P} = \mathrm{P}(x, y, z)$ を l 上の任意の点とすると l は $\overrightarrow{\mathrm{OP}} = \overrightarrow{\mathrm{OP}_0} + t\vec{n}$ とベクトル表示される．成分で表すと

$$\begin{pmatrix} x \\ y \\ z \end{pmatrix} = \begin{pmatrix} x_0 \\ y_0 \\ z_0 \end{pmatrix} + t \begin{pmatrix} a \\ b \\ c \end{pmatrix}$$

である．H の座標を (x_1, y_1, z_1) とする．もちろん H は l 上の点であるので対

応する t が定まる．それを t_1 とする．すなわち

$$x_1 = x_0 + at_1, \quad y_1 = y_0 + bt_1, \quad z_1 = z_0 + ct_1 \tag{3.10}$$

である．また，H は平面 π 上の点でもあるので $ax_1 + by_1 + cz_1 + d = 0$．これに (3.10) を代入すると

$$a(x_0 + t_1 a) + b(y_0 + t_1 b) + c(z_0 + t_1 c) + d = 0$$

となり，これから

$$t_1 = -\frac{ax_0 + by_0 + cz_0 + d}{a^2 + b^2 + c^2} \tag{3.11}$$

を得る．$\overrightarrow{\mathrm{P_0 H}} = \begin{pmatrix} x_1 - x_0 \\ y_1 - y_0 \\ z_1 - z_0 \end{pmatrix}$ に注意すると (3.10) より

$$h = |\overrightarrow{\mathrm{P_0 H}}| = \sqrt{(x_1 - x_0)^2 + (y_1 - y_0)^2 + (z_1 - z_0)^2}$$
$$= \sqrt{(t_1 a)^2 + (t_1 b)^2 + (t_1 c)^2} = |t_1|\sqrt{a^2 + b^2 + c^2}$$

となり，これに t_1 の値 (3.11) を代入すると

$$h = \frac{|ax_0 + by_0 + cz_0 + d|}{\sqrt{a^2 + b^2 + c^2}}$$

を得る． (終)

注意 (3.10), (3.11) を用いると H の座標も $\mathrm{P_0}$ の座標と平面 π の方程式から求めることができる．

平面 π 上に同一直線上にない 3 点 $\mathrm{P_0}$, A, B がある．$\vec{a} = \overrightarrow{\mathrm{P_0 A}}$, $\vec{b} = \overrightarrow{\mathrm{P_0 B}}$ とおく．$\{\vec{a}, \vec{b}\}$ は 1 次独立なので P を π 上の任意の点とすると定理 3.2 から $\overrightarrow{\mathrm{P_0 P}} = s\vec{a} + t\vec{b}$ と一意的に表される．$\mathrm{P_0}$, P の位置ベクトルをそれぞれ $\vec{p_0}$, $\vec{p}$ とすると （$\overrightarrow{\mathrm{P_0 P}} = \vec{p} - \vec{p_0}$ なので）

$$\vec{p} = \vec{p_0} + s\vec{a} + t\vec{b}$$

と表される．これをパラメータ s, t による平面 π のベクトル表示という．

例題 3.2. 次の 3 点 $\mathrm{P_0}$, A, B は平面 $x - 2y - 3z + 4 = 0$ 上の点であることを確認した上で，これらを用いてこの平面をパラメータ s, t によりベク

トル表示せよ.

$$P_0(-4,0,0), \quad A(-2,1,0), \quad B(-1,0,1)$$

解答　3 点 P_0, A, B がこの平面上にあることおよびこれらの 3 点が同一直線上にないことの確認は省略する. このときこの平面のパラメータ表示は $\vec{p} = \vec{p_0} + s\vec{a} + t\vec{b}$（ただし $\vec{p}, \vec{p_0}$ はそれぞれ P, P_0 の位置ベクトル, $\vec{a} = \overrightarrow{P_0A}$, $\vec{b} = \overrightarrow{P_0B}$）であるので, これを成分で表示すると

$$\begin{pmatrix} x \\ y \\ z \end{pmatrix} = \begin{pmatrix} -4 \\ 0 \\ 0 \end{pmatrix} + s \begin{pmatrix} 2 \\ 1 \\ 0 \end{pmatrix} + t \begin{pmatrix} 3 \\ 0 \\ 1 \end{pmatrix}$$

である. （終）

■ **球面の方程式** ■　点 C を中心とする球（または球面）とは, C から等距離にあるような点の全体のことである. その距離を球の半径という. 空間内の点 C を中心とする半径 r の球面を考える. 球面上の任意の点 P に対し $CP = r$ であるので, C および P の位置ベクトルをそれぞれ $\vec{c}, \vec{p}$ とすると $\overrightarrow{CP} = \vec{p} - \vec{c}$ より

$$|\vec{p} - \vec{c}| = r$$

となる. これを球面のベクトル方程式という. 内積の性質 (2.20) を用いると

$$(\vec{p} - \vec{c}, \vec{p} - \vec{c}) = r^2 \tag{3.12}$$

であり, P, C の座標をそれぞれ (x,y,z), (a,b,c) とすると（位置ベクトルの成分は座標と一致するので）(3.12) は

$$(x-a)^2 + (y-b)^2 + (z-c)^2 = r^2$$

となる. これが球面の方程式である. 特に中心が原点のときは（$a = b = c = 0$ であるので）球面の方程式は

$$x^2 + y^2 + z^2 = r^2$$

となる.

演習問題 3

3-1. π を空間内の平面, $\vec{a}$ を空間のベクトルとし, P を π 上の点とする. $\vec{a} = \overrightarrow{PQ}$ としたとき, Q から π へ下ろした垂線の足を R とする. このときベクトル $\overrightarrow{PR}$ を $\vec{a} = \overrightarrow{PQ}$ の平面 π への正射影という. $\vec{n}$ を π の単位法線ベクトルとするとき, ベクトル $\vec{a} = \overrightarrow{PQ}$ の π への正射影を $\vec{a}, \vec{n}$ を用いて表せ.

3-2. $\vec{a} = \overrightarrow{OA}, \vec{b} = \overrightarrow{OB}, \vec{c} = \overrightarrow{OC}, \vec{a} + \vec{b} = \overrightarrow{OD}$ とする. また $\vec{c}$ に垂直で O を通る平面を π とし, A, B, D から π に下ろした垂線の足をそれぞれ A′, B′, D′ とする.

(1) $\overrightarrow{OA'} = \vec{a} - \alpha\vec{c}$ となる α を $\vec{a}, \vec{c}$ を用いて表せ.

(2) 同様に $\overrightarrow{OB'}, \overrightarrow{OD'}$ を表せ.

(3) $\overrightarrow{OD'} = \overrightarrow{OA'} + \overrightarrow{OB'}$ であることを示せ.

3-3. 平面上に 7 つの点 O, A′, B′, D′, P, Q, R があり, そのうちの 4 点 O, A′, D′, B′ および O, P, R, Q はこの順番でそれぞれ四角形 OA′D′B′, 四角形 OPRQ を成している. また, 3 点 A′, O, P, 3 点 B′, O, Q, 3 点 D′, O, R はどれもこの順で反時計回りである. さらに四角形 OA′D′B′ は平行四辺形で $\dfrac{OP}{OA'} = \dfrac{OQ}{OB'} = \dfrac{OR}{OD'}$ および $\angle A'OP = \angle B'OQ = \angle D'OR = \angle R$ が成り立っている.

(1) $\triangle OA'B' \backsim \triangle OPQ$ であることを示せ.

(2) $\triangle OA'D' \backsim \triangle OPR$ であることを示せ.

(3) 四角形 OPRQ は平行四辺形であることを示せ.

3-4. O, A, B, C を空間内の 4 点とし, $\vec{a} = \overrightarrow{OA}, \vec{b} = \overrightarrow{OB}, \vec{c} = \overrightarrow{OC}$ とおく $\vec{a}, \vec{b}, \vec{c}$ を 3 辺とする平行六面体の体積を V とすると

(o) 4 点 O, A, B, C が同一平面上にあるとき $V = (\vec{a} \times \vec{b}, \vec{c}) = 0$

(i) O の反対側からみて A, B, C が反時計回りのとき $V = (\vec{a} \times \vec{b}, \vec{c})$

(ii) O の反対側からみて A, B, C が時計回りのとき $V = -(\vec{a} \times \vec{b}, \vec{c})$

であることを示せ.

3-5. 次の行列式の値を計算せよ.

$$(1) \begin{vmatrix} 2 & 9 & 4 \\ 7 & 5 & 3 \\ 6 & 1 & 8 \end{vmatrix} \qquad (2) \begin{vmatrix} 2 & 1 & 7 \\ -1 & 2 & 3 \\ 1 & 1 & 2 \end{vmatrix}$$

3-6. 次のベクトルの組 $\{\vec{a}, \vec{b}, \vec{c}\}$ は 1 次独立（したがって，空間における基底）であることを確かめ，$\vec{p}$ をこれらの 1 次結合で表せ.

$$\vec{a} = \begin{pmatrix} 1 \\ 2 \\ 1 \end{pmatrix}, \quad \vec{b} = \begin{pmatrix} 2 \\ 5 \\ 4 \end{pmatrix}, \quad \vec{c} = \begin{pmatrix} 3 \\ 1 \\ 1 \end{pmatrix}, \quad \vec{p} = \begin{pmatrix} 3 \\ 0 \\ -1 \end{pmatrix}$$

3-7. 次の各直線の方程式を求めよ.

(1) 点 $(1, 3, -2)$ を通り，ベクトル $\vec{d} = \begin{pmatrix} 2 \\ 4 \\ 5 \end{pmatrix}$ に平行な直線

(2) 2 点 $(1, 3, -1)$, $(5, 2, 1)$ を通る直線

3-8. 次の各平面の方程式を求めよ.

(1) 点 $(2, -3, 1)$ を通りベクトル $\begin{pmatrix} 7 \\ 4 \\ -1 \end{pmatrix}$ と直交する平面

(2) yz 平面と平行な平面で x 軸と $x = 2$ で交わる平面

(3) $(3, 2, 1)$, $(6, 3, 2)$, $(4, 2, 3)$ を通る平面

平面上の1次変換

■ 4.1 1次変換の定義と例

本章では，第2章2.7節で定義した1次変換について詳しく考察してみよう．復習のためもう一度定義を述べる．

定義 4.1. f を平面上の変換とする．さらに次の2条件

(1) ベクトル $\vec{x}, \vec{y}$ に対し $f(\vec{x} + \vec{y}) = f(\vec{x}) + f(\vec{y})$

(2) ベクトル $\vec{x}$，実数 k に対し $f(k\vec{x}) = kf(\vec{x})$

が成り立っているとき「f は平面上の1次変換（または線形変換）である」という．

第2章でも述べたように平面上の1次変換には次のようなものがある．

例1 k を正の実数とする．与えられたベクトルを k 倍するという変換は平面上の1次変換である．

例2 θ を実数とする．原点のまわりの角 θ の回転は平面上の1次変換である．

例3 l を平面上の原点を通る直線とする．l に関する折り返しは平面上の1次変換である．

例題 4.1. 次のおのおのの場合についてベクトル $\vec{p} = \begin{pmatrix} 11 \\ 9 \end{pmatrix}$ を $\vec{v}_1, \vec{v}_2$ の 1 次結合で表せ. さらに $\vec{v}_1$ 方向を 2 倍, $\vec{v}_2$ 方向を 3 倍せよ.

(1) $\vec{v}_1 = \begin{pmatrix} 1 \\ 0 \end{pmatrix}, \vec{v}_2 = \begin{pmatrix} 0 \\ 1 \end{pmatrix}$ (2) $\vec{v}_1 = \begin{pmatrix} 2 \\ 1 \end{pmatrix}, \vec{v}_2 = \begin{pmatrix} 1 \\ 1 \end{pmatrix}$

(3) $\vec{v}_1 = \begin{pmatrix} -1 \\ 1 \end{pmatrix}, \vec{v}_2 = \begin{pmatrix} 2 \\ 3 \end{pmatrix}$

解答   求めるベクトルを $\vec{p'}$ と表すことにする.

(1) 明らかに $\vec{p} = 11\vec{v}_1 + 9\vec{v}_2$ である. したがって

$$\vec{p'} = 2(11\vec{v}_1) + 3(9\vec{v}_2) = 22\vec{v}_1 + 27\vec{v}_2$$

$$= 22 \begin{pmatrix} 1 \\ 0 \end{pmatrix} + 27 \begin{pmatrix} 0 \\ 1 \end{pmatrix} = \begin{pmatrix} 22 \\ 27 \end{pmatrix}$$

(2) $\vec{p} = k\vec{v}_1 + l\vec{v}_2$ とおき, これを成分表示すると $\begin{cases} 11 = 2k + l \\ 9 = k + l \end{cases}$ となる.

これを解いて $k = 2, l = 7$, すなわち $\vec{p} = 2\vec{v}_1 + 7\vec{v}_2$ を得る. したがって

$$\vec{p'} = 2(2\vec{v}_1) + 3(7\vec{v}_2) = 4\vec{v}_1 + 21\vec{v}_2$$

$$= 4 \begin{pmatrix} 2 \\ 1 \end{pmatrix} + 21 \begin{pmatrix} 1 \\ 1 \end{pmatrix} = \begin{pmatrix} 29 \\ 25 \end{pmatrix}$$

(3) $\vec{p} = k\vec{v}_1 + l\vec{v}_2$ とおき, これを成分表示すると $\begin{cases} 11 = -k + 2l \\ 9 = k + 3l \end{cases}$ となる.

これを解いて $k = -3, l = 4$，すなわち $\vec{p} = -3\vec{v}_1 + 4\vec{v}_2$ を得る．したがって

$$\vec{p'} = 2(-3\vec{v}_1) + 3(4\vec{v}_2) = -6\vec{v}_1 + 12\vec{v}_2$$

$$= -6 \begin{pmatrix} -1 \\ 1 \end{pmatrix} + 12 \begin{pmatrix} 2 \\ 3 \end{pmatrix} = \begin{pmatrix} 30 \\ 30 \end{pmatrix} \qquad \text{(終)}$$

一般に 1 次独立なベクトルの組 $\{\vec{v}_1, \vec{v}_2\}$ と実数 λ_1，λ_2 が与えられたとき，$\vec{v}_1$ 方向を λ_1 倍，$\vec{v}_2$ 方向を λ_2 倍するという変換は 1 次変換である．

■1 次変換の合成 ■　f, g を平面上の 2 つの 1 次変換とする．このとき変換 g を施したあと変換 f を施すことを f と g の合成といい，$f \circ g$ と表す．すなわち

$$(f \circ g)(\vec{x}) = f(g(\vec{x}))$$

（$\vec{x}$ は平面ベクトル）と定める．

定理 4.1. f, g を平面上の 2 つの 1 次変換とする．このとき合成 $f \circ g$ も 1 次変換である．

証明　任意のベクトル $\vec{x}, \vec{y}$ に対し

$$(f \circ g)(\vec{x} + \vec{y}) = f(g(\vec{x} + \vec{y})) = f(g(\vec{x}) + g(\vec{y})) = f(g(\vec{x})) + f(g(\vec{y}))$$

$$= (f \circ g)(\vec{x}) + (f \circ g)(\vec{y})$$

任意のベクトル $\vec{x}$ と実数 k に対し

$$(f \circ g)(k\vec{x}) = f(g(k\vec{x})) = f(kg(\vec{x})) = kf(g(\vec{x})) = k(f \circ g)(\vec{x})$$

したがって，題意は示された．　　　　　　　　　　　　　　　　　Q.E.D.

4.2　成分表示と 1 次変換

f を平面上の 1 次変換とし，$f(\vec{e}_1) = \vec{a}_1$, $f(\vec{e}_2) = \vec{a}_2$ とおく．$\vec{x}$ を任意の平面ベクトルとし，その成分表示が $\vec{x} = \begin{pmatrix} x \\ y \end{pmatrix}$ であるとする（すなわち，

$\vec{x} = x\vec{e_1} + y\vec{e_2}$). このとき1次変換の定義の (1), (2) より

$$f(\vec{x}) = f(x\vec{e_1}) + f(y\vec{e_2}) = xf(\vec{e_1}) + yf(\vec{e_2}) = x\vec{a_1} + y\vec{a_2}.$$

そこで

$$\vec{a_1} = \begin{pmatrix} a_{11} \\ a_{21} \end{pmatrix}, \quad \vec{a_2} = \begin{pmatrix} a_{12} \\ a_{22} \end{pmatrix},$$

と成分で表示すると

$$f(\vec{x}) = x\begin{pmatrix} a_{11} \\ a_{21} \end{pmatrix} + y\begin{pmatrix} a_{12} \\ a_{22} \end{pmatrix} = \begin{pmatrix} a_{11}x + a_{12}y \\ a_{21}x + a_{22}y \end{pmatrix} \tag{4.1}$$

となる．あとで述べるように (4.1) の右辺は2次正方行列を用いて表される．
そのためまず先に一般の行列について簡単に解説しておこう．

■ 行列 ■　ある学校の中間試験の結果，A君は国語 65 点，数学 80 点，英語
75 点，Bさんは国語 90 点，数学 75 点，英語 70 点であった．これを表にす
ると次のようになる．

	国語	数学	英語
A君	65	80	75
Bさん	90	75	70

このように数字を長方形状に配置したものを行列という．数学では数字の配置
そのものに着目しているので通常は数字のみを取り出して並べ，みやすいよう
に両側を括弧でくくって表記する．したがって，上の行列は

$$\begin{pmatrix} 65 & 80 & 75 \\ 90 & 75 & 70 \end{pmatrix}$$

となる．

　数字を縦に m 個，横に n 個配置したものを $m \times n$ 行列または (m, n) 行
列という．上の行列は 2×3 行列である．行列は通常 A, B などの文字を用い
て表す．なお平面のベクトルの成分表示も行列の一種である．これは 2×1 行
列である．縦の個数と横の個数が一致（$m = n$）した行列のことを正方行列と

いう. $n \times n$ 行列のことを n 次正方行列ともいう.

　行列の横の並びを行, 縦の並びを列という. 行は上から順番に, 列は左から順番に数える. たとえば, 2次正方行列

$$\begin{pmatrix} a_{11} & a_{12} \\ a_{21} & a_{22} \end{pmatrix}$$

の場合 $(a_{11}\, a_{12})$ が第1行, $(a_{21}\, a_{22})$ が第2行, $\begin{pmatrix} a_{11} \\ a_{21} \end{pmatrix}$ が第1列, $\begin{pmatrix} a_{12} \\ a_{22} \end{pmatrix}$ が第2列である. また, 行列を構成するおのおのの数を行列の成分という. 上から i 番目, 左から j 番目の成分を (i, j) 成分という.

　先ほどの例で同じ学期のA君とBさんの期末試験の結果は次のようであった.

	国語	数学	英語
A君	55	95	65
Bさん	80	65	70

するとこの学期の2人の各教科の総得点は次のようになる.

	国語	数学	英語
A君	120	175	140
Bさん	170	140	140

これはもちろん, たとえば, A君の国語の点が120点というのは中間試験の65点と期末試験の55点を加えて得たものである. つまり, 数字のみを取り出すと

$$\begin{pmatrix} 65+55 & 80+95 & 75+65 \\ 90+80 & 75+65 & 70+70 \end{pmatrix} = \begin{pmatrix} 120 & 175 & 140 \\ 170 & 140 & 140 \end{pmatrix}$$

という計算で得られたものである.

　一般に, A と B がともに $m \times n$ 行列であるとき対応する成分の和を成分とする行列を $A+B$ と表し, A と B の和という. 2つの2次正方行列の場合に

は次のようになる.

$$\begin{pmatrix} a_{11} & a_{12} \\ a_{21} & a_{22} \end{pmatrix} + \begin{pmatrix} b_{11} & b_{12} \\ b_{21} & b_{22} \end{pmatrix} = \begin{pmatrix} a_{11} + b_{11} & a_{12} + b_{12} \\ a_{21} + b_{21} & a_{22} + b_{22} \end{pmatrix}$$

成分がすべて 0 である行列を零行列という. 特に $O = \begin{pmatrix} 0 & 0 \\ 0 & 0 \end{pmatrix}$ を 2 次の零行列という. このとき 2 次正方行列 A に対し $A + O = O + A = A$ が成立する.

先ほどの 2 人の生徒の各教科の総得点は上の行列のとおりであるが, 各教科の平均点は次のようになる.

	国語	数学	英語
A 君	60	87.5	70
B さん	85	70	70

これは総得点を 2 で割って得られたわけであるが, その計算を数字のみを取り出して表すと

$$\begin{pmatrix} \dfrac{1}{2} \times 120 & \dfrac{1}{2} \times 175 & \dfrac{1}{2} \times 140 \\ \dfrac{1}{2} \times 170 & \dfrac{1}{2} \times 140 & \dfrac{1}{2} \times 140 \end{pmatrix} = \begin{pmatrix} 60 & 87.5 & 70 \\ 85 & 70 & 70 \end{pmatrix}$$

となる. つまり総得点を表す行列の各成分を $1/2$ 倍して得られている.

一般に, 行列 A とスカラー k に対し A の各成分の k 倍を成分とする行列を A の k 倍といい, 単純に kA と表す. 一般の 2 次正方行列の場合には次のようになる.

$$k \begin{pmatrix} a_{11} & a_{12} \\ a_{21} & a_{22} \end{pmatrix} = \begin{pmatrix} ka_{11} & ka_{12} \\ ka_{21} & ka_{22} \end{pmatrix}$$

また上の例では

$$\frac{1}{2} \begin{pmatrix} 120 & 175 & 140 \\ 170 & 140 & 140 \end{pmatrix} = \begin{pmatrix} 60 & 87.5 & 70 \\ 85 & 70 & 70 \end{pmatrix}$$

である.

　行列 A の -1 倍 $(-1)A$ を単に $-A$ と表す. また $A+(-B)$ を単に $A-B$ と表し A と B の差という.

■1 次変換を表す行列■　$ax+by$ という式を一般に 1×2 行列 $(a\ b)$ と 2×1 行列 $\begin{pmatrix} x \\ y \end{pmatrix}$ を用いて

$$ax + by = (a\ b) \begin{pmatrix} x \\ y \end{pmatrix}$$

と表すことがある. すると (4.1) の右辺の第 1 成分は $(a_{11}\ a_{12}) \begin{pmatrix} x \\ y \end{pmatrix}$, 第 2 成分は $(a_{21}\ a_{22}) \begin{pmatrix} x \\ y \end{pmatrix}$ と表される. (4.1) ではこれらを縦に配置しているが, 両方とも右から $\begin{pmatrix} x \\ y \end{pmatrix}$ を掛けているので前の $(a_{11}\ a_{12})$ と $(a_{21}\ a_{22})$ を縦に並べて 2 次正方行列 $A = \begin{pmatrix} a_{11} & a_{12} \\ a_{21} & a_{22} \end{pmatrix}$ を作り (4.1) の右辺を $\begin{pmatrix} a_{11} & a_{12} \\ a_{21} & a_{22} \end{pmatrix} \begin{pmatrix} x \\ y \end{pmatrix}$ と表せばよいであろう. つまり

$$\begin{pmatrix} a_{11} & a_{12} \\ a_{21} & a_{22} \end{pmatrix} \begin{pmatrix} x \\ y \end{pmatrix} = \begin{pmatrix} a_{11}x + a_{12}y \\ a_{21}x + a_{22}y \end{pmatrix}$$

と定義する. $\begin{pmatrix} x \\ y \end{pmatrix}$ はベクトル $\vec{x}$ の成分表示であるので, 左辺は $A\vec{x}$ と表してもよい. これを 2 次正方行列 A とベクトル $\vec{x}$ の積という. 以上より (4.1) は

$$f(\vec{x}) = \begin{pmatrix} a_{11} & a_{12} \\ a_{21} & a_{22} \end{pmatrix} \begin{pmatrix} x \\ y \end{pmatrix} = A\vec{x}$$

となる. このようにして平面上の1次変換 f は2次正方行列 A を用いて表されることがわかる. この2次正方行列 A を1次変換 f を表す行列という. (4.1) を導き出したときの議論からわかるように f を表す行列 A の第1列は $\vec{a}_1 = f(\vec{e}_1)$, 第2列は $\vec{a}_2 = f(\vec{e}_2)$ である. このことを用いれば与えられた1次変換 f を表す行列 A を求めることができる.

例1 原点のまわりの角 $\dfrac{\pi}{6}$ の回転により, ベクトル $\vec{e}_1 = \begin{pmatrix} 1 \\ 0 \end{pmatrix}, \vec{e}_2 = \begin{pmatrix} 0 \\ 1 \end{pmatrix}$ はそれぞれ $f(\vec{e}_1) = \begin{pmatrix} \sqrt{3}/2 \\ 1/2 \end{pmatrix}, f(\vec{e}_2) = \begin{pmatrix} -1/2 \\ \sqrt{3}/2 \end{pmatrix}$ に写る.

したがって, 原点のまわりの角 $\dfrac{\pi}{6}$ の回転を表す行列は $\begin{pmatrix} \sqrt{3}/2 & -1/2 \\ 1/2 & \sqrt{3}/2 \end{pmatrix}$ である.

例2 x 軸に関する折り返しにより, ベクトル $\vec{e}_1 = \begin{pmatrix} 1 \\ 0 \end{pmatrix}, \vec{e}_2 = \begin{pmatrix} 0 \\ 1 \end{pmatrix}$ はそれぞれ $f(\vec{e}_1) = \begin{pmatrix} 1 \\ 0 \end{pmatrix}, f(\vec{e}_2) = \begin{pmatrix} 0 \\ -1 \end{pmatrix}$ に写る.

したがって, x 軸に関する折り返しを表す行列は $\begin{pmatrix} 1 & 0 \\ 0 & -1 \end{pmatrix}$ である.

例題 4.2. $\vec{v}_1$ 方向を2倍, $\vec{v}_2$ 方向を3倍する1次変換を表す行列を例題 4.1 の問題のおのおのの場合について求めよ.

解答 それぞれの1次変換を f と表すことにする.

(1) $f(\vec{e}_1) = f(\vec{v}_1) = 2\vec{v}_1 = \begin{pmatrix} 2 \\ 0 \end{pmatrix}, f(\vec{e}_2) = f(\vec{v}_2) = 3\vec{v}_2 = \begin{pmatrix} 0 \\ 3 \end{pmatrix}$ である

ので求める行列は $\begin{pmatrix} 2 & 0 \\ 0 & 3 \end{pmatrix}$ である.

(2) $\vec{e}_1 = k\vec{v}_1 + l\vec{v}_2$ とおき，これを成分表示すると $\begin{cases} 1 = 2k + l \\ 0 = k + l \end{cases}$ となる．これを解いて $k = 1, l = -1$，すなわち $\vec{e}_1 = \vec{v}_1 - \vec{v}_2$ を得る.

次に $\vec{e}_2 = k'\vec{v}_1 + l'\vec{v}_2$ とおき，これを成分表示すると $\begin{cases} 0 = 2k' + l' \\ 1 = k' + l' \end{cases}$ となる．これを解いて $k' = -1, l' = 2$，すなわち $\vec{e}_2 = -\vec{v}_1 + 2\vec{v}_2$ を得る.

したがって

$$f(\vec{e}_1) = 2(\vec{v}_1) + 3(-\vec{v}_2) = 2\vec{v}_1 - 3\vec{v}_2 = 2\begin{pmatrix} 2 \\ 1 \end{pmatrix} - 3\begin{pmatrix} 1 \\ 1 \end{pmatrix} = \begin{pmatrix} 1 \\ -1 \end{pmatrix}$$

$$f(\vec{e}_2) = 2(-\vec{v}_1) + 3(2\vec{v}_2) = -2\vec{v}_1 + 6\vec{v}_2 = -2\begin{pmatrix} 2 \\ 1 \end{pmatrix} + 6\begin{pmatrix} 1 \\ 1 \end{pmatrix} = \begin{pmatrix} 2 \\ 4 \end{pmatrix}$$

これより求める行列は $\begin{pmatrix} 1 & 2 \\ -1 & 4 \end{pmatrix}$ である.

(3) $\vec{e}_1 = k\vec{v}_1 + l\vec{v}_2$ とおき，これを成分表示すると $\begin{cases} 1 = -k + 2l \\ 0 = k + 3l \end{cases}$ となる．これを解いて $k = -\dfrac{3}{5}, l = \dfrac{1}{5}$，すなわち $\vec{e}_1 = -\dfrac{3}{5}\vec{v}_1 + \dfrac{1}{5}\vec{v}_2$ を得る.

次に $\vec{e}_2 = k'\vec{v}_1 + l'\vec{v}_2$ とおき，これを成分表示すると $\begin{cases} 0 = -k' + 2l' \\ 1 = k' + 3l' \end{cases}$ となる．これを解いて $k' = \dfrac{2}{5}, l' = \dfrac{1}{5}$，すなわち $\vec{e}_2 = \dfrac{2}{5}\vec{v}_1 + \dfrac{1}{5}\vec{v}_2$ を得る.

したがって

$$f(\vec{e}_1) = 2\left(-\frac{3}{5}\vec{v}_1\right) + 3\left(\frac{1}{5}\vec{v}_2\right) = -\frac{6}{5}\vec{v}_1 + \frac{3}{5}\vec{v}_2$$

$$= -\frac{6}{5}\begin{pmatrix} -1 \\ 1 \end{pmatrix} + \frac{3}{5}\begin{pmatrix} 2 \\ 3 \end{pmatrix} = \frac{1}{5}\begin{pmatrix} 12 \\ 3 \end{pmatrix}$$

$$f(\vec{e}_2) = 2\left(\frac{2}{5}\vec{v}_1\right) + 3\left(\frac{1}{5}\vec{v}_2\right) = \frac{4}{5}\vec{v}_1 + \frac{3}{5}\vec{v}_2$$

$$= \frac{4}{5}\begin{pmatrix} -1 \\ 1 \end{pmatrix} + \frac{3}{5}\begin{pmatrix} 2 \\ 3 \end{pmatrix} = \frac{1}{5}\begin{pmatrix} 2 \\ 13 \end{pmatrix}$$

これより求める行列は $\dfrac{1}{5}\begin{pmatrix} 12 & 2 \\ 3 & 13 \end{pmatrix}$ である.　　　　　　（終）

2 次正方行列 A に対し $f_A(\vec{x}) = A\vec{x}$ と定めると f_A は 1 次変換である. したがって，平面ベクトルの 1 次変換と 2 次正方行列とは 1 対 1 に対応する. f_A を行列 A の定める 1 次変換という.

■ 合成と成分表示 ■　f, g を平面ベクトルの 2 つの一次変換とする. f, g それぞれの成分による表示が

$$f(\vec{x}) = \begin{pmatrix} a_{11}x + a_{12}y \\ a_{21}x + a_{22}y \end{pmatrix}, \quad g(\vec{x}) = \begin{pmatrix} b_{11}x + b_{12}y \\ b_{21}x + b_{22}y \end{pmatrix}$$

であるとする. このとき $g(\vec{e}_1) = \begin{pmatrix} b_{11} \\ b_{21} \end{pmatrix}$, $g(\vec{e}_2) = \begin{pmatrix} b_{12} \\ b_{22} \end{pmatrix}$ であるので

$$(f \circ g)(\vec{e}_1) = \begin{pmatrix} a_{11}b_{11} + a_{12}b_{21} \\ a_{21}b_{11} + a_{22}b_{21} \end{pmatrix}, \quad (f \circ g)(\vec{e}_2) = \begin{pmatrix} a_{11}b_{12} + a_{12}b_{22} \\ a_{21}b_{12} + a_{22}b_{22} \end{pmatrix}$$

となり，$f \circ g$ を表す行列が $\begin{pmatrix} a_{11}b_{11} + a_{12}b_{21} & a_{11}b_{12} + a_{12}b_{22} \\ a_{21}b_{11} + a_{22}b_{21} & a_{21}b_{12} + a_{22}b_{22} \end{pmatrix}$ である ことがわかる.

一般に，2 つの行列 $A = \begin{pmatrix} a_{11} & a_{12} \\ a_{21} & a_{22} \end{pmatrix}$, $B = \begin{pmatrix} b_{11} & b_{12} \\ b_{21} & b_{22} \end{pmatrix}$ に対し，A と B の積 AB を

$$AB = \begin{pmatrix} a_{11}b_{11} + a_{12}b_{21} & a_{11}b_{12} + a_{12}b_{22} \\ a_{21}b_{11} + a_{22}b_{21} & a_{21}b_{12} + a_{22}b_{22} \end{pmatrix}$$

と定める. そうすると, $f(\vec{x}) = A\vec{x}$, $g(\vec{x}) = B\vec{x}$ であるとき

$$(f \circ g)(\vec{x}) = AB\vec{x}$$

となる. すなわち, $f \circ g$ を表す行列は A と B の積 AB である.

例題 4.3. 座標平面上で x 軸に関する折り返しを f, 原点のまわりに $\pi/2$ 回転する変換を g とするとき1次変換 $f \circ g$, $g \circ f$ を表す行列を求めよ.

解答 f を表す行列は $\begin{pmatrix} 1 & 0 \\ 0 & -1 \end{pmatrix}$, g を表す行列は $\begin{pmatrix} 0 & -1 \\ 1 & 0 \end{pmatrix}$ である (理由は各自で考えよ). したがって, $f \circ g$ を表す行列は

$$\begin{pmatrix} 1 & 0 \\ 0 & -1 \end{pmatrix} \begin{pmatrix} 0 & -1 \\ 1 & 0 \end{pmatrix} = \begin{pmatrix} 0 & -1 \\ -1 & 0 \end{pmatrix}$$

$g \circ f$ を表す行列は

$$\begin{pmatrix} 0 & -1 \\ 1 & 0 \end{pmatrix} \begin{pmatrix} 1 & 0 \\ 0 & -1 \end{pmatrix} = \begin{pmatrix} 0 & 1 \\ 1 & 0 \end{pmatrix}$$

である.　　　　　　　　　　　　　　　　　　　　　　　　　　　　（終）

4.3 1次変換と連立1次方程式

■集合の間の対応（抽象的な話）■　2つの集合 X, Y が与えられている. しばしば, この2つの集合の元の間の対応関係を考えることがある.

例1　$X = \{$ある学校のある学級の生徒全員$\}$, $Y = \{$正の実数全体$\}$ とし X の各元に対しその生徒の身長を対応

例2　$X = \{$ある商店で販売している商品の全体$\}$, $Y = \{$正の実数全体$\}$ とし X の各元に対しその商品の価格を対応

例3　$X = Y = \{$JR の駅の全体$\}$ とし X の各元に対し 1,000 円以内の運賃

で行くことのできる駅を対応

定義 4.2. X, Y を集合とし，X から Y への対応が与えられている．すべ
ての $x \in X$ に対し $y \in Y$ がただ 1 つ対応しているとき，この対応は X か
ら Y への写像であるという．

例 1 の対応は X から Y への写像である．例 2 の対応もたいていは写像に
なるであろう．ただ場合によっては価格が設定されていない商品や，1 つの商
品に複数の価格が設定されている場合もあるであろう．そのような場合にはこ
の対応は写像ではなくなる．例 3 では，たとえば，浜松駅（$\in X$）から 1,000
円以内で行くことのできる駅は東海道本線の三ヶ根—藤枝間および飯田線の豊
橋—野田城間のすべての駅が対応する[1]のでこの対応は X から Y への写像で
はない．

境界 記号 X から Y への写像は f などの文字を用いて $f : X \to Y$, $f : x \mapsto y$,
$y = f(x)$ などと表す．

Y が数の集合のときは写像のことを函数ともいう．$X = Y$ のときは写像の
ことを変換ともいう (X 上の変換といういい方をする)．

集合 X から集合 Y への対応関係があるときその逆の対応を考えることもあ
る．X から Y への対応が写像であってもその逆の対応が写像であるとは限ら
ない．

定義 4.3. X, Y を集合とし，f を X から Y への写像とする．

(1) すべての $y \in Y$ に対し $y = f(x)$ なる $x \in X$ が必ず存在するとき「f
は X から Y への上への写像である」という．

(2) $x \neq x'$ $(x, x' \in X)$ ならば $f(x) \neq f(x')$ が必ず成り立つとき「f は
X から Y への 1 対 1 写像である」という．

(3) f が X から Y への上への写像かつ 1 対 1 写像であるとき「f は X か
ら Y への 1 対 1 対応である」という．

---

[1] 2020 年 3 月 31 日現在

f が X から Y への 1 対 1 対応であるとする．このとき上への写像である
ことから任意の $y \in Y$ に対し $y = f(x)$ なる $x \in X$ が存在するが，さらに 1
対 1 写像であることからこのような x は一意的に定まる．したがって，この
対応は Y から X への写像を定める．これを f の逆写像といい f^{-1} と表す．

　f が函数のときは逆写像を逆函数，X 上の変換のときは逆写像を逆変換と
いう．

　f が X から Y への 1 対 1 対応であるとし，f^{-1} を逆写像とする．このと
き逆写像の定義から次の命題が成立することがわかる：

命題 4.1. f が X から Y への 1 対 1 対応であるとき
(1) $y = f(x) \Longleftrightarrow x = f^{-1}(y)$
(2) $f(f^{-1}(y)) = y \quad (y \in Y)$
(3) $f^{-1}(f(x)) = x \quad (x \in X)$

■ **1 次変換による平面上の点の対応** ■　次に f が平面上の 1 次変換の場合には
どうなるか考えてみよう．

例題 4.4. 次の各行列 A で表される平面の 1 次変換 f（すなわち $f(\vec{x}) = A\vec{x}$）
により直線 $y = 2x$ 上の点の全体はどのような図形に写されるか？[2]

$$(1)\ A = \begin{pmatrix} 4 & 1 \\ 0 & 3 \end{pmatrix} \qquad (2)\ A = \begin{pmatrix} 2 & 1 \\ 4 & 2 \end{pmatrix} \qquad (3)\ A = \begin{pmatrix} 4 & -2 \\ -2 & 1 \end{pmatrix}$$

解答　直線 $y = 2x$ 上の点の全体は集合で表すと $\{(t, 2t); t$ は実数 $\}$ と表さ
れることに注意しよう．$y = 2x$ 上の点（の位置ベクトル）$\vec{x} = \begin{pmatrix} t \\ 2t \end{pmatrix}$ を f
で写したベクトルを $\vec{x}' = \begin{pmatrix} x' \\ y' \end{pmatrix}$ と表すことにする．

---

[2] ここでは平面上の点とその位置ベクトルを同一視して考えている．他の例題についても同
様．

(1) $\vec{x}' = A\vec{x} = \begin{pmatrix} 4 & 1 \\ 0 & 3 \end{pmatrix} \begin{pmatrix} t \\ 2t \end{pmatrix} = \begin{pmatrix} 6t \\ 6t \end{pmatrix}$, したがって, $x' = 6t, y' = 6t$

となり $y' = x'$ を得る.

答　直線 $y = x$ に写る

(2) $\vec{x}' = A\vec{x} = \begin{pmatrix} 2 & 1 \\ 4 & 2 \end{pmatrix} \begin{pmatrix} t \\ 2t \end{pmatrix} = \begin{pmatrix} 4t \\ 8t \end{pmatrix}$, したがって, $x' = 4t, y' = 8t$

となり $y' = 2x'$ を得る.

答　直線 $y = 2x$ に写る

(3) $\vec{x}' = A\vec{x} = \begin{pmatrix} 4 & -2 \\ -2 & 1 \end{pmatrix} \begin{pmatrix} t \\ 2t \end{pmatrix} = \begin{pmatrix} 0 \\ 0 \end{pmatrix}$, したがって, $x' = 0,$

$y' = 0$ となる.

答　原点 $(0,0)$ に写る　　　　　　　　　　　　　　　　　　　（終）

例題 4.5. 例題 4.4 の各行列 A で表される平面の 1 次変換 f により $\vec{e}_1, \vec{e}_2$ を 2 辺とする正方形はどのような図形に写されるか.

解答　この正方形の辺および内部の点は $\{s\vec{e}_1 + t\vec{e}_2 ; 0 \leqq s \leqq 1, \ 0 \leqq t \leqq 1\}$ と表されることに注意しよう.

1 次変換 f によりこの正方形上の点は

$$f(s\vec{e}_1 + t\vec{e}_2) = sf(\vec{e}_1) + tf(\vec{e}_2) = s\vec{a} + t\vec{b}$$

に写る（ただし $\vec{a} = f(\vec{e}_1), \vec{b} = f(\vec{e}_2)$). したがって, この正方形は $\vec{a}, \vec{b}$ を 2 辺とする平行四辺形に写る（第 2 章 2.3 節参照).

（この平行四辺形は $\vec{0} = f(\vec{0}), \vec{a} = f(\vec{e}_1), \vec{b} = f(\vec{e}_2), \vec{a} + \vec{b} = f(\vec{e}_1 + \vec{e}_2)$ を 4 頂点とする平行四辺形である.）

(1) $f(\vec{e}_1) = \begin{pmatrix} 4 \\ 0 \end{pmatrix}, f(\vec{e}_2) = \begin{pmatrix} 1 \\ 3 \end{pmatrix}$ を 2 辺とする平行四辺形

(2) $f(\vec{e}_1) = \begin{pmatrix} 2 \\ 4 \end{pmatrix}, f(\vec{e}_2) = \begin{pmatrix} 1 \\ 2 \end{pmatrix}$ であるが $\{f(\vec{e}_1), f(\vec{e}_2)\}$ は 1 次従属で

あるので $f(\vec{e}_1), f(\vec{e}_2)$ を 2 辺とする平行四辺形はつぶれる.

$$f(s\vec{e}_1 + t\vec{e}_2) = sf(\vec{e}_1) + tf(\vec{e}_2) = s\begin{pmatrix} 2 \\ 4 \end{pmatrix} + t\begin{pmatrix} 1 \\ 2 \end{pmatrix} = (2s+t)\begin{pmatrix} 1 \\ 2 \end{pmatrix}$$

であり $0 \leqq s, t \leqq 1$ より $0 \leqq 2s + t \leqq 3$ であるので, 原点と点 $(3,6)$ を結ぶ線分に写る.

（このとき $f(\vec{0}) = \begin{pmatrix} 0 \\ 0 \end{pmatrix}, f(\vec{e}_1 + \vec{e}_2) = \begin{pmatrix} 3 \\ 6 \end{pmatrix}$ である.)

(3) $f(\vec{e}_1) = \begin{pmatrix} 4 \\ -2 \end{pmatrix}, f(\vec{e}_2) = \begin{pmatrix} -2 \\ 1 \end{pmatrix}$ であるが $\{f(\vec{e}_1), f(\vec{e}_2)\}$ は 1 次従属であるので $f(\vec{e}_1), f(\vec{e}_2)$ を 2 辺とする平行四辺形はつぶれる.

$$f(s\vec{e}_1 + t\vec{e}_2) = sf(\vec{e}_1) + tf(\vec{e}_2) = s\begin{pmatrix} 4 \\ -2 \end{pmatrix} + t\begin{pmatrix} -2 \\ 1 \end{pmatrix} = (2s-t)\begin{pmatrix} 2 \\ -1 \end{pmatrix}$$

であり $0 \leqq s, t \leqq 1$ より $-1 \leqq 2s - t \leqq 2$ であるので, 点 $(-2,1)$ と点 $(4,-2)$ を結ぶ線分に写る.

（このとき $f(\vec{0}) = \begin{pmatrix} 0 \\ 0 \end{pmatrix}, f(\vec{e}_1 + \vec{e}_2) = \begin{pmatrix} 2 \\ -1 \end{pmatrix}$ である.)

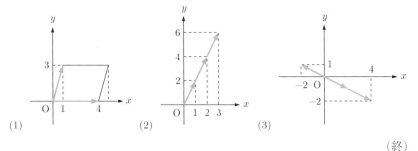

(1)   (2)   (3)

(終)

次に, 1 次変換について逆の対応がどうなっているかを考えてみる.

定義 4.4. f を平面の 1 次変換とし, $\vec{p}$ を与えられた平面ベクトルとする. このとき $f(\vec{x}) = \vec{p}$ なる平面ベクトル $\vec{x}$ の全体を $\vec{p}$ の f による逆像という.

例 1 角 $\dfrac{\pi}{6}$ の回転により $\vec{p}$ に写ったとする．このとき $\vec{p}$ の逆像は $\vec{p}$ を角 $-\dfrac{\pi}{6}$ 回転させれば得られる．

例 2 k 倍の拡大により $\vec{p}$ に写ったとする．このとき $\vec{p}$ の逆像は $\vec{p}$ を $\dfrac{1}{k}$ に縮小させれば得られる．

例題 4.6. 例題 4.4 の各行列 A で表される平面の 1 次変換 f による原点および $(2, -1)$ の逆像を求めよ．

解答 $\vec{x} = \begin{pmatrix} x \\ y \end{pmatrix}$ とする．

(1) $f(\vec{x}) = A\vec{x} = \begin{pmatrix} 4x + y \\ 3y \end{pmatrix}$

<u>原点の逆像</u> $f(\vec{x}) = \vec{0} \Leftrightarrow \begin{cases} 4x + y = 0 \\ 3y = 0 \end{cases}$ これを解いて $x = y = 0$

答 原点 $(0, 0)$

<u>$(2, -1)$ の逆像</u> $f(\vec{x}) = \begin{pmatrix} 2 \\ -1 \end{pmatrix} \Leftrightarrow \begin{cases} 4x + y = 2 \\ 3y = -1 \end{cases}$

これを解いて $x = \dfrac{7}{12}, y = -\dfrac{1}{3}$

答 点 $\left(\dfrac{7}{12}, -\dfrac{1}{3} \right)$

(2) $f(\vec{x}) = A\vec{x} = \begin{pmatrix} 2x + y \\ 4x + 2y \end{pmatrix}$

<u>原点の逆像</u> $f(\vec{x}) = \vec{0} \Leftrightarrow \begin{cases} 2x + y = 0 \\ 4x + 2y = 0 \end{cases}$

この方程式では第 1 式と第 2 式は同値である．したがって，第 1 式を満たせばよい．

答 直線 $2x + y = 0$

<u>(2, −1) の逆像</u> $f(\vec{x}) = \begin{pmatrix} 2 \\ -1 \end{pmatrix} \Leftrightarrow \begin{cases} 2x + y = 2 \\ 4x + 2y = -1 \end{cases}$

これを同時に満たす x, y は存在しない.

答 空集合 $\emptyset$

(3) $f(\vec{x}) = A\vec{x} = \begin{pmatrix} 4x - 2y \\ -2x + y \end{pmatrix}$

<u>原点の逆像</u> $f(\vec{x}) = \vec{0} \Leftrightarrow \begin{cases} 4x - 2y = 0 \\ -2x + y = 0 \end{cases}$

この方程式では第1式と第2式は同値である. したがって, 第1式を満たせば
よい. 両辺を2で割れば $2x - y = 0$

答 直線 $2x - y = 0$

<u>(2, −1) の逆像</u> $f(\vec{x}) = \begin{pmatrix} 2 \\ -1 \end{pmatrix} \Leftrightarrow \begin{cases} 4x - 2y = 2 \\ -2x + y = -1 \end{cases}$

この方程式では第1式と第2式は同値である. したがって, 第1式を満た
せばよい. 両辺を2で割れば $2x - y = 1$, 直線の方程式の標準形にすると
$2x - y - 1 = 0$

答 直線 $2x - y - 1 = 0$ （終）

これらの例題の結果は次の定理のように一般化される. この定理の証明はあ
とで述べる定理 4.3 に帰着される.

定理 4.2. f を平面上のベクトルの1次変換とする. このとき次の各条件は
同値である：

(a) f は1対1対応である

(b) $\vec{0}$ の f による逆像は $\vec{0}$ だけである

(c) 任意の平面ベクトル $\vec{p}$ の f による逆像は空集合ではない

(d) $f(\vec{e_1}), f(\vec{e_2})$ を2辺とする平行四辺形はつぶれない

注意 f を表す行列を A とすると $f(\vec{e_1})$ は A の第1列, $f(\vec{e_2})$ は A の第2

列である．命題 2.1 より (d) の条件は $|A| \neq 0$ を意味する．[3]

■ 逆変換を表す行列 ■　f を平面上の 1 次変換とし，さらに f は 1 対 1 対応
であるとする．g をその逆変換とすると g も 1 次変換である（演習問題 **4-8**）．
このとき命題 4.1 (1) より

$$f(\vec{x}) = \vec{p} \Longleftrightarrow \vec{x} = g(\vec{p}) \tag{4.2}$$

を得る．また，命題 4.1 (2), (3) より

$$f \circ g = id, \quad g \circ f = id \tag{4.3}$$

（id は恒等変換）が成立する．f, g はともに 1 次変換であるのでそれぞれを表
す 2 次正方行列を A, B とし（すなわち，$f(\vec{x}) = A\vec{x}$, $g(\vec{x}) = B\vec{x}$），恒等変換
を表す行列を I と表す（演習問題 **4-1** 参照）と (4.3) より

$$AB = I, \quad BA = I \tag{4.4}$$

が成り立つ．

　一般に 2 次正方行列 A に対し (4.4) を満たす 2 次正方行列 B を A の逆行
列といい，$B = A^{-1}$ と表す．また行列 A が逆行列をもつとき「A は正則行
列である」という．

　以上の考察により f が 1 対 1 対応であるとき f を表す行列 A は逆行列を
もつことがわかる．実は，この逆も成立する（演習問題 **4-9**）．したがって，f
が 1 対 1 対応であることと A が逆行列をもつこととは同値である．またこの
とき f の逆変換を表す行列は A の逆行列 A^{-1} である．

■ 連立 1 次方程式と 1 次変換 ■　2 元連立 1 次方程式

$$\begin{cases} ax + by = p \\ cx + dy = q \end{cases} \tag{4.5}$$

を考える．$A = \begin{pmatrix} a & b \\ c & d \end{pmatrix}$, $\vec{p} = \begin{pmatrix} p \\ q \end{pmatrix}$, $\vec{x} = \begin{pmatrix} x \\ y \end{pmatrix}$ とすると (4.5) は

---

[3] 2 次の行列式 $\begin{vmatrix} a & b \\ c & d \end{vmatrix}$ を 2 次正方行列 $A = \begin{pmatrix} a & b \\ c & d \end{pmatrix}$ を用いて $|A|$ と表すことがある．

$A\vec{x} = \vec{p}$ と表される. この行列 A を (4.5) の係数行列という.

　f を A が表す平面上の1次変換とするとこの方程式は与えられた平面ベクトル $\vec{p}$ に対して $f(\vec{x}) = \vec{p}$ なる平面ベクトル $\vec{x}$ を求める問題とみなすことができる. すなわち, 連立1次方程式は f による $\vec{p}$ の逆像を求める問題ということになる.

　f を平面上の1次変換とし, さらに f は1対1対応であるとする. すると f を表す行列 A の逆行列が存在する. 逆に, A の逆行列が存在すれば, A が表す1次変換は1対1対応である.

　(4.5) において $\vec{p} = \vec{0}$ の場合を考えてみよう:

$$\begin{cases} ax + by = 0 \\ cx + dy = 0 \end{cases} \qquad (4.5)'$$

このような方程式を斉次連立1次方程式という. このときは $\vec{x} = \vec{0}$ (すなわち $x = y = 0$) は明らかに解である. この解を (4.5)' の自明な解という.

　以上のことを用いると定理 4.2 は連立1次方程式の言葉を用いて次のように言い換えられる:

　定理 4.3. 連立1次方程式 (4.5) について次の各条件は同値である:

　(a) 行列 A は逆行列をもつ

　(b) 斉次連立1次方程式の解は自明な解のみである

　(c) 連立1次方程式 (4.5) は任意の右辺に対し解をもつ

　(d) $|A| \neq 0$

証明　まず

$(a)_1$ $AX = I$ を満たす2次正方行列 X が存在する

$(a)_2$ $YA = I$ を満たす2次正方行列 Y が存在する

とする. 演習問題 **4-10** より (a) は「$(a)_1$ かつ $(a)_2$」と同値であるが, ここでは $(a)_1$, $(a)_2$, (b), (c), (d) がすべて同値であることを示す. そのために証明を大きく2段階に分ける. 第1段階では $(a)_1$, (c), (d) が同値であることを示し, 第2段階では $(a)_2$, (b), (d) が同値であることを示す.

第 1 段階 (d) ⇒ (c), (c) ⇒ $(a)_1$, $(a)_1$ ⇒ (d) の 3 つの事実を証明すればよい．これにより $(a)_1$, (c), (d) のうちのどれか 1 つが成立すれば，他の 2 つの主張も成立する（理由は各自で考えてみよ）．

(d) ⇒ (c) の証明 (4.5) のそれぞれの式に次のように番号をふる：

$$\begin{cases} ax + by = p \cdot\cdot\cdot ① \\ cx + dy = q \cdot\cdot\cdot ② \end{cases}$$

このとき，① × d − ② × b より $(ad - bc)x = pd - bq$, ① × c − ② × a より $-(ad - bc)y = -(aq - pc)$. したがって，$|A| = ad - bc \neq 0$ のときは

$$x = \frac{pd - bq}{ad - bc} = \frac{\begin{vmatrix} p & b \\ q & d \end{vmatrix}}{\begin{vmatrix} a & b \\ c & d \end{vmatrix}}, \quad y = \frac{aq - pc}{ad - bc} = \frac{\begin{vmatrix} a & p \\ c & q \end{vmatrix}}{\begin{vmatrix} a & b \\ c & d \end{vmatrix}}$$

を得る（これを 2 元連立 1 次方程式に対するクラメルの公式という）．したがって，(4.5) の解が得られた．

(c) ⇒ $(a)_1$ の証明 $p = 1$, $q = 0$ および $p = 0$, $q = 1$ の場合に (4.5) の解を求める．それらをそれぞれ $(x, y) = (x_1, y_1)$ および $(x, y) = (x_2, y_2)$ とすると，$X = \begin{pmatrix} x_1 & x_2 \\ y_1 & y_2 \end{pmatrix}$ が求めるものである．

$(a)_1$ ⇒ (d) の証明 $AX = I$ の両辺の行列式を考える．演習問題 **4-11** より $|AX| = |A||X|$ である．一方，$|I| = 1$ であるので $|A||X| = 1$. これより特に $|A| \neq 0$ が成立する．

第 2 段階 (d) ⇒ $(a)_2$, $(a)_2$ ⇒ (b), (b) ⇒ (d) の 3 つの事実を証明すればよい．

(d) ⇒ $(a)_2$ の証明 $Y = \begin{pmatrix} \xi_1 & \eta_1 \\ \xi_2 & \eta_2 \end{pmatrix}$ とおくと $YA = I$ は

$$\begin{cases} a\xi_1 + c\eta_1 = 1 \\ b\xi_1 + d\eta_1 = 0 \end{cases} \quad \text{かつ} \quad \begin{cases} a\xi_2 + c\eta_2 = 0 \\ b\xi_2 + d\eta_2 = 1 \end{cases} \quad \text{と同値である．つまり，} (\xi_1, \eta_1),$$

(ξ_2, η_2) はそれぞれ連立一次方程式

$$
\begin{cases}
ax + cy = p \\
bx + dy = q
\end{cases}
\tag{4.6}
$$

の $p = 1, q = 0$ および $p = 0, q = 1$ の場合の解である．(4.6) の係数行列を B とおくと[4]，$|B| = |A|$ であることがすぐにわかるので，(d) より $|B| \neq 0$ となり第1段階の結果から (4.6) は任意の右辺に対して解をもつ．したがって $YA = I$ を満たす Y が存在する．

$\mathbf{(a)_2 \Rightarrow (b)}$ の証明 (4.5)' を行列を用いて表すと $A\vec{x} = \vec{0}$．この両辺に左から $\mathrm{(a)_2}$ の Y を掛けると（左辺）$= Y(A\vec{x}) = (YA)\vec{x} = I\vec{x} = \vec{x}$，（右辺）$= Y\vec{0} = \vec{0}$ なので $\vec{x} = \vec{0}$ である．すなわち (4.5)' の解は自明な解に限られる．

$\mathbf{(b) \Rightarrow (d)}$ の証明 対偶「(d) でない $\Rightarrow$ (b) でない」，すなわち，「$|A| = 0 \Rightarrow$ (4.5)' は自明でない解をもつ」を示す．

 次の4つの場合に分けて考える：Case 1 $a = b = c = d = 0$，Case 2 $a = c = 0, b \neq 0$ または $d \neq 0$，Case 3 $a \neq 0, c = 0$ または $a = 0, c \neq 0$，Case 4 $a \neq 0, c \neq 0$

<u>Case 1</u> この場合 (4.5)' は2式とも $0 = 0$ となりいつでも成立する式である．したがって，$(x, y) = (\nu, \mu)$（ν, μ は任意の数）が解である．

<u>Case 2</u> この場合 (4.5)' は

$$
\begin{cases}
by = 0 \\
dy = 0
\end{cases}
$$

となる．b, d の一方は 0 でないので $y = 0$ である．しかし方程式には x が現れていない．つまり x については何の制限もないことになる．したがって，$(x, y) - (\nu, 0)$（ν は任意の数）が解である．

<u>Case 3</u> $a \neq 0, c = 0$ の場合を考える．このとき $|A| = ad - bc = ad = 0$ であり $a \neq 0$ なので $d = 0$ である．したがって，(4.5)' は

$$
\begin{cases}
ax + by = 0 \\
0 = 0
\end{cases}
$$

---

[4] B は A の<u>転置行列</u>である．転置行列については 4.5 節で述べる．

となり, $ax + by = 0$ を満たす x, y はすべて (4.5)' の解である.

$a = 0, c \neq 0$ の場合は同様にして, $cx + dy = 0$ を満たす x, y がすべて (4.5)' の解であることがわかる.

<u>Case 4</u> (4.5)' の第 1 式を a, 第 2 式を c で割ると

$$\begin{cases} x + \dfrac{b}{a}y = 0 \\[2mm] x + \dfrac{d}{c}y = 0 \end{cases}$$

となる. ところが $|A| = ad - bc = 0$ なので $\dfrac{b}{a} = \dfrac{d}{c}$. この値を k とおくと (4.5)' は第 1 式, 第 2 式ともに $x + ky = 0$ である. したがって, この等式を満たす x, y はすべて解である.   Q.E.D.

注意 1 $A = \begin{pmatrix} a & b \\ c & d \end{pmatrix}$, $|A| = ad - bc \neq 0$ とする. このとき

$$A^{-1} = \frac{1}{ad - bc} \begin{pmatrix} d & -b \\ -c & a \end{pmatrix}$$

である ($AX = I$ なる行列 X をクラメルの公式を用いて (c) $\Rightarrow$ (a)$_1$ の証明のところで述べた手順で求めればよい).

注意 2 (4.2) より A が逆行列をもつとき (4.5) の解は

$$\vec{x} = A^{-1}\vec{p} \tag{4.7}$$

と表される.

■ 4.4 方向により倍率の異なる拡大・縮小

例題 4.1 のあとで述べたように, 1 次独立なベクトルの組 $\{\vec{v}_1, \vec{v}_2\}$ と実数 λ_1, λ_2 が与えられたとき, $\vec{v}_1$ 方向を λ_1 倍, $\vec{v}_2$ 方向を λ_2 倍するという変換は 1 次変換である. また例題 4.2 においては, 具体的に与えられたベクトルの組 $\{\vec{v}_1, \vec{v}_2\}$ に対し, $\vec{v}_1$ 方向を 2 倍, $\vec{v}_2$ 方向を 3 倍する 1 次変換 f を考え,

その1次変換を表す行列 A を求めた. たとえば, $\vec{v}_1 = \begin{pmatrix} 2 \\ 1 \end{pmatrix}$, $\vec{v}_2 = \begin{pmatrix} 1 \\ 1 \end{pmatrix}$

のときは $A = \begin{pmatrix} 1 & 2 \\ -1 & 4 \end{pmatrix}$ であった. このように1次独立なベクトルの組 $\{\vec{v}_1, \vec{v}_2\}$ とそれぞれのベクトルの方向の倍率 λ_1, λ_2 が与えられると1次変換が1つ定まり, したがって, その変換を表す行列 A が求まる. このときはもちろん1次変換の定め方から

$$A\vec{v}_1 = \lambda_1 \vec{v}_1, \quad A\vec{v}_2 = \lambda_2 \vec{v}_2 \tag{4.8}$$

が成り立つ.

では逆に行列 A が与えられたときに A が表す1次変換がどの方向のベクトルをどれだけ拡大・縮小する1次変換かを調べるにはどうしたらよいであろうか. つまり (4.8) を満たす $\vec{v}_1, \vec{v}_2, \lambda_1, \lambda_2$ を求めるにはどうしたらよいであろうか. 本節ではこの問題を考えてみよう.

一般に2次正方行列 A に対して (4.8) を満たす λ_1, λ_2 を A の固有値, $\vec{v}_1$, $\vec{v}_2$ をそれぞれ λ_1, λ_2 に対する A の固有ベクトルという. ここで, $\{\vec{v}_1, \vec{v}_2\}$ は1次独立なのでどちらも零ベクトルではないことに注意しよう. 整理すると実数 λ が A の固有値であるというのは

$$A\vec{v} = \lambda\vec{v}, \quad \vec{v} \neq \vec{0} \tag{4.9}$$

を満たすベクトル $\vec{v}$ が存在するということである. さらに (4.9) は $(A - \lambda I)\vec{v} = \vec{0}, \vec{v} \neq \vec{0}$ ということであるから, λ が A の固有値であることと斉次連立1次方程式

$$\begin{cases} (a_{11} - \lambda)x + a_{12}y = 0 \\ a_{21}x + (a_{22} - \lambda)y = 0 \end{cases} \tag{4.10}$$

が自明でない解をもつこととは同値である (ただし $A = \begin{pmatrix} a_{11} & a_{12} \\ a_{21} & a_{22} \end{pmatrix}$,

$\vec{v} = \begin{pmatrix} x \\ y \end{pmatrix}$). したがって, 4.3節, 定理4.3より λ が A の固有値であるこ

とと $|A - \lambda I| = 0$ とは同値である.

2 次の正方行列 A に対し, 2 次多項式

$$\varphi_A(\lambda) = |\lambda I - A|$$

を A の特性多項式という. また 2 次方程式 $\varphi_A(\lambda) = 0$ を A の特性方程式という. この用語を用いると上で述べた事実は次のように言い換えられる.

定理 4.4. λ が A の固有値である $\Leftrightarrow$ λ が A の特性方程式の実数解である

注意　λ が虚数であっても (4.10) を解くことはできる. ただしこの場合 x, y は複素数の範囲から求めなくてはいけない. つまり固有ベクトル $\vec{v}$ が複素数を成分とするベクトルとなる. このことをふまえ特性方程式の虚数解も固有値に含めることがある.

例題 4.7. 行列 $A = \begin{pmatrix} 1 & 2 \\ -1 & 4 \end{pmatrix}$ の固有値とそれぞれの固有値に対する固有ベクトルを求めよ.

解答　A の特性多項式は

$$\varphi_A(\lambda) = |\lambda I - A| = \begin{vmatrix} \lambda - 1 & -2 \\ 1 & \lambda - 4 \end{vmatrix} = (\lambda - 1)(\lambda - 4) - (-2) \cdot 1 = \lambda^2 - 5\lambda + 6$$

である. $\varphi_A(\lambda) = (\lambda - 2)(\lambda - 3)$ と因数分解できるので 2 次方程式 $\varphi_A(\lambda) = 0$ の解, つまり A の固有値は $\lambda = 2, 3$ である.

$\lambda = 2$ に対する固有ベクトルを求める. 今の場合 (4.10) は

$$\begin{cases} (1 - 2)x & + & 2y & = & 0 \\ -x & + & (4 - 2)y & = & 0 \end{cases}$$

となり, これを解くと $x = 2c, y = c$ (c は任意の数) である. したがって, $\lambda = 2$ に対する固有ベクトルは

$$c \begin{pmatrix} 2 \\ 1 \end{pmatrix} \quad (c \text{ は } 0 \text{ 以外の任意の数})$$

である.

λ = 3 に対する固有ベクトルを求める. 今の場合 (4.10) は

$$
\begin{cases}
(1-3)x & + & 2y & = & 0 \\
-x & + & (4-3)y & = & 0
\end{cases}
$$

となり, これを解くと $x = c,\ y = c$ (c は任意の数) である. したがって, $\lambda = 3$ に対する固有ベクトルは

$$
c \begin{pmatrix} 1 \\ 1 \end{pmatrix} \quad (c \text{ は } 0 \text{ 以外の任意の数})
$$

である.   (終)

注意 一般に $\vec{v}$ が A の固有ベクトルであるときそのスカラー倍 $c\vec{v}$ (c は 0 以外の任意の数) も A の固有ベクトルである.

なお, 零ベクトルは固有ベクトルの仲間には入れないので $c \neq 0$ であることに注意せよ.

■ 4.5 回転移動

すでに述べたように原点を中心とする回転移動は 1 次変換である. 角 θ の回転移動を f_θ と表すと, 角 θ 回転したあとに角 φ 回転するのは角 $\theta + \varphi$ 回転することと同じであるので

$$
f_\varphi \circ f_\theta = f_{\theta + \varphi} \tag{4.11}
$$

を得る (ただし $\theta > 0$ のときは反時計回りの回転を, $\theta < 0$ のときは時計回りの回転を表す).

■ 回転移動を表す行列 ■ 角 θ の回転移動 f_θ を表す行列を $R(\theta)$ とする. このとき (4.11) より

$$
R(\varphi)R(\theta) = R(\varphi + \theta) \tag{4.12}
$$

が成り立つことがわかる. また, これから $R(\varphi)R(\theta) = R(\theta)R(\varphi)$ であることもわかる.

正弦および余弦の定義から

$$f_\theta(\vec{e}_1) = \begin{pmatrix} \cos\theta \\ \sin\theta \end{pmatrix}$$

である. また $\vec{e}_2 = f_{\frac{\pi}{2}}(\vec{e}_1)$ であることより

$$f_\theta(\vec{e}_2) = (f_\theta \circ f_{\frac{\pi}{2}})(\vec{e}_1) = f_{\theta+\frac{\pi}{2}}(\vec{e}_1) = \begin{pmatrix} \cos(\theta + \frac{\pi}{2}) \\ \sin(\theta + \frac{\pi}{2}) \end{pmatrix} = \begin{pmatrix} -\sin\theta \\ \cos\theta \end{pmatrix}$$

となる. したがって, 角 θ の回転移動を表す行列は

$$R(\theta) = \begin{pmatrix} \cos\theta & -\sin\theta \\ \sin\theta & \cos\theta \end{pmatrix}$$

である.

(4.12) において $\varphi = -\theta$ とすると $R(-\theta)R(\theta) = R(0)$ を得る. 同様にして $R(\theta)R(-\theta) = R(0)$ が成り立つことがわかる. $R(0) = I$ であるので

$$R(\theta)R(-\theta) = R(-\theta)R(\theta) = I$$

すなわち $R(\theta)^{-1} = R(-\theta)$ を得る. 成分表示すると

$$R(\theta)^{-1} = \begin{pmatrix} \cos\theta & \sin\theta \\ -\sin\theta & \cos\theta \end{pmatrix}$$

となり $R(\theta)$ の $(1,2)$ 成分と $(2,1)$ 成分を入れ換えた行列が $R(\theta)^{-1}$ であることがわかる.

用語　一般に行列 $A = \begin{pmatrix} a & b \\ c & d \end{pmatrix}$ に対し A の $(1,2)$ 成分と $(2,1)$ 成分を入れ換えた行列を A の転置行列といい ^tA と表す. すなわち

$$^tA = \begin{pmatrix} a & c \\ b & d \end{pmatrix}$$

である. この記号を用いると $R(\theta)^{-1} = {}^tR(\theta)$ となる.

注意　上の結果と合わせると $R(\theta)^{-1} = R(-\theta) = {}^tR(\theta)$

回転移動ではベクトルを回転させるので，特殊な場合を除けば (4.8) のような実数やベクトルは存在しない．では回転を表す行列の特性方程式はどうなるのか考えてみよう．

$$\varphi_{R(\theta)}(\lambda) = |\lambda I - R(\theta)| = \lambda^2 - 2\cos\theta\lambda + 1$$

であり，2 次方程式 $\varphi_{R(\theta)}(\lambda) = 0$ の判別式を考えると

$$\frac{D}{4} = \cos^2\theta - 1 \leqq 0$$

となる．ここで $D/4 = 0$ となるのは $\cos\theta = \pm 1$，すなわち，θ が π の整数倍の場合に限られるので，この場合以外には $R(\theta)$ の特性方程式は実数解をもたないことがわかる．

　一般に行列 A の特性方程式が虚数解をもつときは，A が表す 1 次変換は回転移動を伴う 1 次変換（回転移動と他の 1 次変換との合成など）である．

■ **座標軸の回転** ■ x 軸，y 軸を原点を中心にして角 θ だけ回転させて得られた直線をそれぞれ l_1, l_2 とする．角 θ の回転移動を f_θ と表し，$\vec{v}_1 = f_\theta(\vec{e}_1)$，$\vec{v}_2 = f_\theta(\vec{e}_2)$ とおくとこれらはそれぞれ l_1, l_2 の単位方向ベクトルである．もちろん $\{\vec{v}_1, \vec{v}_2\}$ は 1 次独立であるのですべてのベクトル $\vec{x}$ は $\vec{x} = k\vec{v}_1 + l\vec{v}_2$ と一意的に表される．特に，平面上の点 P に対し $\overrightarrow{\mathrm{OP}} = X\vec{v}_1 + Y\vec{v}_2$ と表すと，(X, Y) も P の 1 つの座標とみなせる．つまり l_1 を X 軸，l_2 を Y 軸とする座標系 O-XY が得られたことになる．これは座標系 O-xy を角 θ 回転した座標系である．このときもとの座標 (x, y) と新しい座標 (X, Y) との関係は次のようになる．$\overrightarrow{\mathrm{OP}} = x\vec{e}_1 + y\vec{e}_2 = X\vec{v}_1 + Y\vec{v}_2$ であり，

$$\vec{v}_1 = f_\theta(\vec{e}_1) - R(\theta)\vec{e}_1 = \begin{pmatrix} \cos\theta \\ \sin\theta \end{pmatrix}, \quad \vec{v}_2 = f_\theta(\vec{e}_2) = R(\theta)\vec{e}_2 = \begin{pmatrix} -\sin\theta \\ \cos\theta \end{pmatrix}$$

であるので

$$\begin{pmatrix} x \\ y \end{pmatrix} = \begin{pmatrix} X\cos\theta - Y\sin\theta \\ X\sin\theta + Y\cos\theta \end{pmatrix} = \begin{pmatrix} \cos\theta & -\sin\theta \\ \sin\theta & \cos\theta \end{pmatrix} \begin{pmatrix} X \\ Y \end{pmatrix},$$

すなわち

$$\left(\begin{array}{c} x \\ y \end{array} \right) = R(\theta) \left(\begin{array}{c} X \\ Y \end{array} \right) \tag{4.13}$$

を得る.

f を平面上の 1 次変換とし, f を表す行列を A とする. ここで $f(\vec{v_1}), f(\vec{v_2})$ を座標系 O-XY で表すと f のこの座標系による行列表示が得られる. すなわち

$$f(\vec{v_1}) = b_{11}\vec{v_1} + b_{21}\vec{v_2}, \quad f(\vec{v_2}) = b_{12}\vec{v_1} + b_{22}\vec{v_2} \tag{4.14}$$

であるとし, $B = \left(\begin{array}{cc} b_{11} & b_{12} \\ b_{21} & b_{22} \end{array} \right)$ とおくと B は座標系 O-XY で f を表した行列である. 一方, 座標系 O-xy で表すと (4.14) は

$$A\vec{v_1} = b_{11}\vec{v_1} + b_{21}\vec{v_2} = \left(\begin{array}{c} b_{11}\cos\theta - b_{21}\sin\theta \\ b_{11}\sin\theta + b_{21}\cos\theta \end{array} \right)$$

$$A\vec{v_2} = b_{12}\vec{v_1} + b_{22}\vec{v_2} = \left(\begin{array}{c} b_{12}\cos\theta - b_{22}\sin\theta \\ b_{12}\sin\theta + b_{22}\cos\theta \end{array} \right)$$

となるが, $A\vec{v_1}$ は $AR(\theta)$ の第 1 列, $A\vec{v_2}$ は $AR(\theta)$ の第 2 列であるので

$$\begin{aligned} AR(\theta) &= \left(\begin{array}{cc} b_{11}\cos\theta - b_{21}\sin\theta & b_{12}\cos\theta - b_{22}\sin\theta \\ b_{11}\sin\theta + b_{21}\cos\theta & b_{12}\sin\theta + b_{22}\cos\theta \end{array} \right) \\ &= \left(\begin{array}{cc} \cos\theta & -\sin\theta \\ \sin\theta & \cos\theta \end{array} \right) \left(\begin{array}{cc} b_{11} & b_{12} \\ b_{21} & b_{22} \end{array} \right) = R(\theta)B \end{aligned}$$

となる. これより f を表す 2 つの行列の間には

$$B = R(\theta)^{-1}AR(\theta) \tag{4.15}$$

という関係があることがわかる.

■ 対称行列の対角化 ■ 座標軸を回転させて 1 次変換 f を表す行列ができるだけ簡単な行列になるようにしよう. つまり f を表す行列 A に対し θ をうまく選んで (4.15) の B ができるだけ簡単な行列になるようにしたい.

一般に，$^tA = A$ を満たす行列を対称行列という．ここでは対称行列に限ってこの問題を考えてみる．まず次の定理に注意しよう．この定理の証明は演習問題とする（演習問題 **4-14**）．

定理 4.5. 対称行列に対する特性方程式の解はすべて実数である．

A を 2 次の対称行列とし，A が表す 1 次変換を f とする．また，λ_1, λ_2 を A の 2 つの固有値とし，$\vec{v}_1$ を λ_1 に対する大きさ 1 の固有ベクトルとする．このとき演習問題 **4-16** より $\vec{v}_2 = R(\pi/2)\vec{v}_1$ は λ_2 に対する大きさ 1 の固有ベクトルである．したがって

$$f(\vec{v}_1) = \lambda_1\vec{v}_1, \quad f(\vec{v}_2) = \lambda_2\vec{v}_2$$

が成立する．すなわち f は $\vec{v}_1$ 方向に λ_1 倍，$\vec{v}_2$ 方向に λ_2 倍する変換である．$\vec{v}_1$ と $\vec{e}_1$ の間の角を θ とすると $|\vec{v}_1| = 1$ であるので $\vec{v}_1 = R(\theta)\vec{e}_1$ であり[5]，これよりさらに

$$\vec{v}_2 = R\left(\frac{\pi}{2}\right) R(\theta)\vec{e}_1 = R(\theta)R\left(\frac{\pi}{2}\right)\vec{e}_1 = R(\theta)\vec{e}_2$$

となる．したがって，原点を通り $\vec{v}_1$ を方向ベクトルとする直線を X 軸，原点を通り $\vec{v}_2$ を方向ベクトルとする直線を Y 軸とする座標系 O-XY は座標系 O-xy を角 θ 回転させた座標系である．前述のように f は $\vec{v}_1$ 方向に λ_1 倍，$\vec{v}_2$ 方向に λ_2 倍する変換であるので，座標系 O-XY の下では f を表す行列 B は

$$B = \begin{pmatrix} \lambda_1 & 0 \\ 0 & \lambda_2 \end{pmatrix}$$

で与えられる．

以上を (4.15) を用いてまとめると次のようになる．

---

[5] $\vec{e}_1$ から $\vec{v}_1$ への回転が時計回りとなるときは θ は負の数であるとしている．

定理 4.6. A を 2 次の対称行列とする. このとき θ を適当に選んで

$$R(\theta)^{-1}AR(\theta) = \begin{pmatrix} \lambda_1 & 0 \\ 0 & \lambda_2 \end{pmatrix}$$

とすることができる. ただし, $R(\theta)$ は角 θ の回転を表す 2 次正方行列である.

注意 定理の前に述べたことより定理 4.6 の λ_1, λ_2 は A の固有値である. また, θ は λ_1 に対する固有ベクトル $\vec{v}_1$ と $\vec{e}_1$ の間の角である[6].

一般に 2 次正方行列 A に対し $P^{-1}AP = \begin{pmatrix} \lambda_1 & 0 \\ 0 & \lambda_2 \end{pmatrix}$ となるように正則行列 P と実数 λ_1, λ_2 を求めることを「行列 A を（P を用いて）対角化する」という.

4.6 2次曲線

前節では座標軸の回転について取り扱ったがその応用として本節では平面上の 2 次曲線について, 次節ではグラフで表されるような空間内の 2 次曲面について考える.

原点を中心とする半径 1 の円は $x^2 + y^2 = 1$ という方程式で表される. このように 2 変数の 2 次式で表される平面上の曲線を 2 次曲線という. まずいくつかの典型的な 2 次曲線を取り上げよう.

■楕円■ 楕円は 2 定点 F, F' からの距離の和が一定であるような点 P の軌跡のことである. このとき F, F' をこの楕円の焦点という. $c > 0$ として F, F' の座標をそれぞれ $(c, 0)$, $(-c, 0)$ とし距離の和を L とする. 第 1 章, 系 1.6 より L は FF' 間の距離よりも大きくない

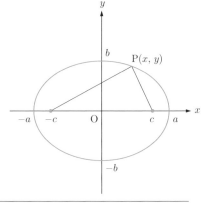

といけないので $L > 2c$ である. すると P の座標 (x, y) が満たすべき式は

$$\sqrt{(x-c)^2 + y^2} + \sqrt{(x+c)^2 + y^2} = L$$

となる. 左辺の第1項を右辺に移項し両辺を平方すると

$$(x+c)^2 + y^2 = L^2 - 2\sqrt{(x-c)^2 + y^2}L + (x-c)^2 + y^2.$$

整理して

$$2\sqrt{(x-c)^2 + y^2}L = L^2 - 4cx.$$

再度両辺を平方すると

$$4\{(x-c)^2 + y^2\}L^2 = L^4 - 8L^2 cx + 16c^2 x^2.$$

これより

$$(4L^2 - 16c^2)x^2 + 4L^2 y^2 = L^4 - 4c^2 L^2$$

となり両辺を $L^4 - 4c^2 L^2$ で割ると

$$\frac{4}{L^2}x^2 + \frac{4}{L^2 - 4c^2}y^2 = 1$$

となる. そこで $a = \dfrac{L}{2}, b = \dfrac{\sqrt{L^2 - 4c^2}}{2}$ とおくと

$$\frac{x^2}{a^2} + \frac{y^2}{b^2} = 1$$

を得る. これが楕円の方程式の標準形である.

■ 放物線 ■　放物線は定点 F からの
距離と定直線 l からの距離が一致す
るような点 P の軌跡のことである.
このとき F をこの放物線の焦点, l
をこの放物線の準線という. $p \neq 0$
として F の座標を $(p, 0)$, l の方程式
を $x = -p$ とすると P の座標 (x, y)
が満たすべき式は

$$\sqrt{(x-p)^2 + y^2} = |x+p|$$

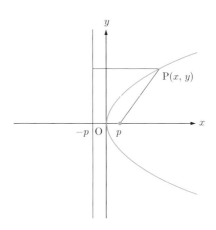

となる．両辺を平方すると

$$(x-p)^2 + y^2 = x^2 + 2px + p^2$$

となり，整理すると

$$y^2 = 4px$$

を得る．これが放物線の方程式の標準形である．

■ 双曲線 ■　双曲線は 2 定点 F, F$'$ から
の距離の差が一定であるような点 P の
軌跡のことである．このとき F, F$'$ を
この双曲線の焦点という．$c > 0$ として
F, F$'$ の座標をそれぞれ $(c, 0)$, $(-c, 0)$
とし距離の差を L とする．第 1 章，
系 1.7 より L は FF$'$ 間の距離よりも
小さくないといけないので $L < 2c$ で
ある．すると P の座標 (x, y) が満たす
べき式は

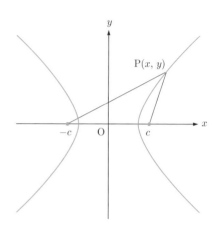

$$|\sqrt{(x+c)^2 + y^2} - \sqrt{(x-c)^2 + y^2}| = L,$$

すなわち，

$$\sqrt{(x+c)^2 + y^2} - \sqrt{(x-c)^2 + y^2} = \pm L,$$

となる．左辺の第 2 項を右辺に移項し両辺を平方すると

$$(x+c)^2 + y^2 = L^2 \pm 2\sqrt{(x-c)^2 + y^2}\,L + (x-c)^2 + y^2.$$

整理して

$$\mp 2\sqrt{(x-c)^2 + y^2}\,L = L^2 - 4cx.$$

再度両辺を平方し，楕円のときと同様の変形を行なうと

$$\frac{4}{L^2}x^2 - \frac{4}{4c^2 - L^2}y^2 = 1$$

となる．そこで $a = \dfrac{L}{2}, b = \dfrac{\sqrt{4c^2 - L^2}}{2}$ とおくと

$$\frac{x^2}{a^2} - \frac{y^2}{b^2} = 1$$

を得る．これが双曲線の方程式の標準形である．

双曲線 $\dfrac{x^2}{a^2} - \dfrac{y^2}{b^2} = 1$ は遠方では $\dfrac{x}{a} - \dfrac{y}{b} = 0$ または $\dfrac{x}{a} + \dfrac{y}{b} = 0$ に近づく．この2直線を双曲線の漸近線という．2つの漸近線が直交しているとき直角双曲線という．

■ **2次曲線と2次形式** ■　2変数の2次式は一般に

$$F(x, y) = ax^2 + bxy + cy^2 + dx + ey + f$$

という形をしている．ただし，$a = b = c = 0$ のときは2次の項が消えて1次式となるので $(a, b, c) \neq (0, 0, 0)$ であると仮定する．

ここでは一般的に $F(x, y) = 0$ で表される2次曲線について考えてみよう．

命題 4.2. $b^2 - 4ac \neq 0$ または $2ae - bd = be - 2cd = 0$ であるとする．このとき

$$F(x, y) = a(x - \alpha)^2 + b(x - \alpha)(y - \beta) + c(y - \beta)^2 - (a\alpha^2 + b\alpha\beta + c\beta^2 - f)$$

を満たす α, β が存在する．

この命題の証明は演習問題とする（演習問題 **4-17**）．命題 4.2 においてさらに $a\alpha^2 + b\alpha\beta + c\beta^2 - f \neq 0$ の場合を考える．このとき

$$a' = \frac{a}{a\alpha^2 + b\alpha\beta + c\beta^2 - f}$$

$$b' = \frac{b}{a\alpha^2 + b\alpha\beta + c\beta^2 - f}$$

$$c' = \frac{c}{a\alpha^2 + b\alpha\beta + c\beta^2 - f}$$

とおき，さらに $x' = x - \alpha, y' = y - \beta$ と変数変換すると $F(x, y) = 0$ であることは

$$a'x'^2 + b'x'y' + c'y'^2 = 1 \tag{4.16}$$

であることと同値である．

注意　$x' = x - \alpha$, $y' = y - \beta$ なので $(x', y') = (0, 0)$ であることと $(x, y) = (\alpha, \beta)$ であることとは同値である。したがってこの点を O′ とすると，座標系 O′-$x'y'$ は座標系 O-xy の座標軸を $\vec{d} = \begin{pmatrix} \alpha \\ \beta \end{pmatrix}$ だけ平行移動して得られた座標系である。

さて (4.16) の左辺は 2 次の項のみであることに注意しよう。2 次の項のみからなる 2 次式 $ax^2 + bxy + cy^2$ を **2 次形式**という。(4.16) より $F(x, y) = 1$（F は 2 次形式）と表される曲線について考察を進めればよいことがわかる。

例 1　$F(x, y) = x^2 + y^2$

この場合 $F(x, y) = 1$ は原点を中心とする半径 1 の円である（円は 2 つの焦点が一致した特殊な楕円であることに注意）。

例 2　$F(x, y) = x^2$

この場合 $F(x, y) = 1$ は平行な 2 直線 $x = \pm 1$ を表す。

例 3　$F(x, y) = x^2 - y^2$

この場合 $F(x, y) = 1$ は漸近線が $y = \pm x$ である直角双曲線を表す。

注意　例 2 では F は y に関して一定である。またこの場合には厳密な意味では「曲線」ではないが，これも 2 次曲線に含めておこう。

命題 4.3. $\vec{x} = \begin{pmatrix} x \\ y \end{pmatrix}$ とおくことにより，2 変数の 2 次形式は 2 次対称行列 A を用いて

$$F(x, y) = (A\vec{x}, \vec{x})$$

と表される。

証明　$F(x, y) = ax^2 + bxy + cy^2 = ax^2 + 2b'xy + cy^2$ とする（すなわち $b = 2b'$）。今

$$A = \begin{pmatrix} a & b' \\ b' & c \end{pmatrix} \tag{4.17}$$

とおくと $A\vec{x} = \begin{pmatrix} ax + b'y \\ b'x + cy \end{pmatrix}$ であるので

$$(A\vec{x}, \vec{x}) = (ax + b'y)x + (b'x + cy)y = ax^2 + 2b'xy + cy^2 = F(x, y)$$

となり結論を得る. Q.E.D.

注意 　2次形式が与えられたとき (4.17) により A を求めればよい.

上記の例 1 では $A = \begin{pmatrix} 1 & 0 \\ 0 & 1 \end{pmatrix}$, 例 2 では $A = \begin{pmatrix} 1 & 0 \\ 0 & 0 \end{pmatrix}$, 例 3 では

$A = \begin{pmatrix} 1 & 0 \\ 0 & -1 \end{pmatrix}$ とすればよい.

例題 4.8. 2次形式 $F(x, y) = 2xy$ を $F(x, y) = (A\vec{x}, \vec{x})$ の形で表せ.

解答　$F(x, y) = 0 \cdot x^2 + 2xy + 0 \cdot y^2$, すなわち $a = 0, b = 2\ (b' = 1), c = 0$ であるので, (4.17) より

$$A = \begin{pmatrix} 0 & 1 \\ 1 & 0 \end{pmatrix}$$

とすればよい. （終）

次に座標軸を回転して2次形式を簡単な形に書き換える. 角 θ 回転したあとの座標を (X, Y) とし, $\vec{X} = \begin{pmatrix} X \\ Y \end{pmatrix}$ とおくと (4.13) より $\vec{x} = R(\theta)\vec{X}$ となり, 命題 4.3 と演習問題 **4-13** により

$$F(x, y) = (AR(\theta)\vec{X}, R(\theta)\vec{X}) = ({}^tR(\theta)AR(\theta)\vec{X}, \vec{X})$$

を得る. さらに定理 4.6 を用いると $R(\theta)$ をうまく選べば ${}^tR(\theta)AR(\theta)$ は対角行列になる. したがって

$$F(x, y) = (\begin{pmatrix} \lambda_1 & 0 \\ 0 & \lambda_2 \end{pmatrix} \vec{X}, \vec{X}) = \lambda_1 X^2 + \lambda_2 Y^2 \tag{4.18}$$

となる．この形の式を 2 次形式の標準形という．ここでの座標変換は座標軸を回転させただけなので曲線の形は変わらない．したがって，2 次曲線 $F(x, y) = 1$ の様子を調べるには λ_1, λ_2 の符号を調べればよいことがわかる．すなわち

$\lambda_1 > 0, \lambda_2 > 0$ $\Longrightarrow$ 楕円

$\lambda_1 = 0, \lambda_2 > 0$ または $\lambda_1 > 0, \lambda_2 = 0$ $\Longrightarrow$ 平行な 2 直線

$\lambda_1 > 0, \lambda_2 < 0$ または $\lambda_1 < 0, \lambda_2 > 0$ $\Longrightarrow$ 双曲線

注意 $\lambda_1 \leqq 0$ かつ $\lambda_2 \leqq 0$ のときは $F(x, y) = 1$ を満たす点 (x, y) は平面上には存在しない．

4.7 簡単な 2 次曲面

原点を中心とする半径 1 の球面は $x^2 + y^2 + z^2 = 1$ という方程式で表される．このように空間座標の 2 次式で表される曲面を 2 次曲面という．

2 次曲面のうちここでは曲面が 2 次形式のグラフ $z = F(x, y)$（$F(x, y)$ は 2 次形式）となっている場合について考察をする．まず典型的な場合である $F(x, y) = ax^2 + by^2$ について考える．この関数のグラフの様子を具体例でみてみよう．

例 1　$z = \dfrac{x^2}{9} + \dfrac{y^2}{4}$　　　　　例 2　$z = -x^2 - \dfrac{y^2}{2}$

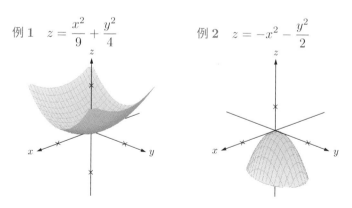

例3　$z = 2x^2$

例4　$z = \dfrac{y^2}{2}$

例5　$z = -x^2$

例6　$z = -2y^2$

例7　$z = x^2 - \dfrac{y^2}{4}$

例8　$z = -\dfrac{x^2}{2} + y^2$

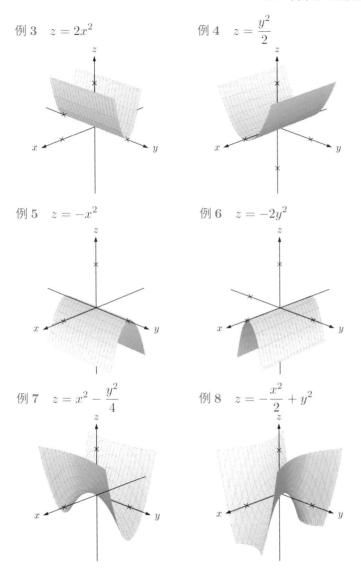

　これらの例では例1は下に凸, 例2は上に凸であるがともに同様のグラフとなっている. 例3, 例4は下に凸, 例5, 例6は上に凸であるがこれらも同様のグラフである. 例8は例7のグラフを z 軸を中心に $\dfrac{\pi}{2}$ 回転させるとよく似たグラフとなる. これらからわかるように2次形式によりグラフの様子は異なっ

ているが，それらはいくつかのグループに分けられている．これらを整理する
と次のようにまとめることができる．2 次形式のグラフ

$$z = ax^2 + by^2 \tag{4.19}$$

について次の 3 つの場合に分けられる：

Case 1. $a > 0, b > 0$ または $a < 0, b < 0$

Case 2. $a \neq 0, b = 0$ または $a = 0, b \neq 0$

Case 3. $a > 0, b < 0$ または $a < 0, b > 0$

Case 1 のときのグラフを楕円放物面という．$a > 0, b > 0$ のときは下に凸な
楕円放物面（例 1），$a < 0, b < 0$ のときは上に凸な楕円放物面（例 2）である．
Case 2 のときのグラフを放物柱面という．$a > 0, b = 0$ または $a = 0, b > 0$
のときは下に凸な放物柱面（例 3, 例 4），$a < 0, b = 0$ または $a = 0, b < 0$
のときは上に凸な放物柱面（例 5, 例 6）である．Case 3 のときのグラフを双
曲放物面（例 7, 例 8）という．

　任意に与えられた 2 次形式 $F(x, y)$ についてそのグラフ $z = F(x, y)$ の様子
がどうなっているか考えてみよう．(4.18) より座標軸を適当に回転して座標系
O-XY に変換すれば $F(x, y) = \lambda_1 X^2 + \lambda_2 Y^2$ となる．したがって，すべての
2 次形式は (4.19) の形になることがわかる．ここでの座標変換は座標軸を回転
させただけなのでグラフの形は変わらない．したがって，グラフ $z = F(x, y)$
の様子を調べるには λ_1, λ_2 の符号を調べて上の Case 1〜3 のどの場合になっ
ているかを調べればよいことがわかる．すなわち

$\lambda_1 > 0, \lambda_2 > 0$ $\implies$ 下に凸な楕円放物面

$\lambda_1 < 0, \lambda_2 < 0$ $\implies$ 上に凸な楕円放物面

$\lambda_1 > 0, \lambda_2 = 0$ または $\lambda_1 = 0, \lambda_2 > 0$ $\implies$ 下に凸な放物柱面

$\lambda_1 < 0, \lambda_2 = 0$ または $\lambda_1 = 0, \lambda_2 < 0$ $\implies$ 上に凸な放物柱面

$\lambda_1 > 0, \lambda_2 < 0$ または $\lambda_1 < 0, \lambda_2 > 0$ $\implies$ 双曲放物面

演習問題 4

4-1. 恒等変換を表す行列を求めよ（恒等変換を表す行列を I と表し単位行列という）.

4-2. 直線 $y = ax$ に関する折り返しを表す行列を求めよ.

4-3. 次の各行列の第 1 行，第 2 行，第 1 列，第 2 列をいえ.

$$(1) \begin{pmatrix} 3 & 2 \\ -2 & 1 \end{pmatrix} \qquad (2) \begin{pmatrix} 1 & -4 \\ 3 & 5 \end{pmatrix}$$

4-4. 次を計算せよ.

$$(1) \begin{pmatrix} 3 & 2 \\ -2 & 1 \end{pmatrix} + \begin{pmatrix} 5 & 2 \\ 3 & -1 \end{pmatrix} \qquad (2) \begin{pmatrix} 1 & -4 \\ 3 & 5 \end{pmatrix} + \begin{pmatrix} 3 & 1 \\ 0 & -2 \end{pmatrix}$$

4-5. 次を計算せよ.

$$(1)\, 2 \begin{pmatrix} 5 & 2 \\ 3 & -1 \end{pmatrix} \qquad (2)\, -3 \begin{pmatrix} 3 & 1 \\ 0 & -2 \end{pmatrix} \qquad (3)\, 2 \left\{ 3 \begin{pmatrix} 1 & -4 \\ 3 & 5 \end{pmatrix} \right\}$$

4-6. 次を計算せよ.

$$(1) \begin{pmatrix} 3 & 2 \\ -2 & 1 \end{pmatrix} - \begin{pmatrix} 5 & 2 \\ 3 & -1 \end{pmatrix} \qquad (2)\, 6 \begin{pmatrix} 1 & -4 \\ 3 & 5 \end{pmatrix} - 3 \begin{pmatrix} 3 & 1 \\ 0 & -2 \end{pmatrix}$$

4-7. $A,\, B$ の成分表示は $A = \begin{pmatrix} a_{11} & a_{12} \\ a_{21} & a_{22} \end{pmatrix},\, B = \begin{pmatrix} b_{11} & b_{12} \\ b_{21} & b_{22} \end{pmatrix}$ であるとする. 次の各行列を成分表示せよ.

(1) $A - B$ (2) $A + (-A)$ (3) $(-A) + A$

4-8. f を平面上の 1 次変換とし，さらに f は 1 対 1 対応であるとする. g をその逆変換とすると g も 1 次変換であることを示せ.

4-9. f を平面上の 1 次変換とし，f を表す 2 次正方行列を A とする. A が逆行列をもつとき f は 1 対 1 対応であることを示せ.

4-10. $A,\, X,\, Y$ を 2 次正方行列とする. $AX = I$ および $YA = I$ が成り立つとき $X = Y$ であることを示せ.

4-11. $A,\, B$ を 2 次正方行列とするとき $|AB| = |A||B|$ であることを示せ.

4-12. $(a, b, c, d) \neq (0, 0, 0, 0)$ とする．このとき連立 1 次方程式

$$\begin{cases} ax + by = p \\ cx + dy = q \end{cases}$$

が解をもつための必要十分条件は $ad - bc \neq 0$ または $aq - pc = pd - bq = 0$ であることを示せ．

4-13. 2 次正方行列 $A = \begin{pmatrix} a & b \\ c & d \end{pmatrix}$ とベクトル $\vec{x} = \begin{pmatrix} x_1 \\ x_2 \end{pmatrix}$, $\vec{y} = \begin{pmatrix} y_1 \\ y_2 \end{pmatrix}$ に対し

(1) $A\vec{x}$, ${}^t A\vec{y}$ を $a, b, c, d, x_1, x_2, y_1, y_2$ を用いて表せ．

(2) $(A\vec{x}, \vec{y}) = (\vec{x}, {}^t A\vec{y})$ が成り立つことを確かめよ．

4-14. 2 次の対称行列の特性方程式の解は必ず実数であることを示せ（定理 4.5）．

　　（Hint：2 次方程式の判別式を用いる．）

4-15. A を 2 次の対称行列とする．A の 2 つの固有値が一致するならば $A = \lambda I$ であることを示せ．

　　（λI の形の行列をスカラー行列という．）

4-16. A を 2 次の対称行列とする．また λ を A の固有値，$\vec{v}$ を λ に対する A の固有ベクトルとするとき，$\vec{w} = R(\pi/2)\vec{v}$ は A のもう一方の固有値に対する固有ベクトルであることを示せ．

　　（Hint：$A = \begin{pmatrix} a & b \\ b & d \end{pmatrix}$, $\vec{v} = \begin{pmatrix} v_1 \\ v_2 \end{pmatrix}$ と成分表示し，もう一方の固有値を μ とおく．このとき $\lambda + \mu = a + d$, $av_1 + bv_2 = \lambda v_1$, $bv_1 + dv_2 = \lambda v_2$ が成り立つことを示し，これらを用いて $A\vec{w}$ と $\mu\vec{w}$ が等しいことを示す．）

4-17. 命題 4.2 を証明せよ．

　　（Hint：演習問題 **4-12** より，命題 4.2 の仮定は連立 1 次方程式

$$\begin{cases} 2ax + by = -d \\ bx + 2cy = -e \end{cases}$$

が解をもつための必要十分条件であることがわかる．）

4-18. 命題 4.2 において $a\alpha^2 + b\alpha\beta + c\beta^2 - f = 0$ の場合には $F(x, y) = 0$ は

どのような図形を表すか.

4-19. 2 次式 $F(x, y) = ax^2 + bxy + cy^2 + dx + ey + f$ について, $b^2 - 4ac = 0$ であるとし, さらに $2ae - bd \neq 0$ または $be - 2cd \neq 0$ が成り立っているとする.

(1) $a_0 = \sqrt{|a|}$ とし, $a > 0$ のときは $c_0 = \dfrac{b}{2a_0}$, $a < 0$ のときは $c_0 = -\dfrac{b}{2a_0}$, $a = 0$ のときは $c_0 = \sqrt{|c|}$ とおく. このとき

$$ax^2 + bxy + cy^2 = \sigma(a_0 x + c_0 y)^2$$

(ただし $\sigma = 1$ または $\sigma = -1$) であることを示せ.

(2) $2c_0 a = a_0 b$, $c_0 b = 2a_0 c$ であることを示せ.

(3) 定数 g, h が

$$c_0 d - a_0 e = c_0 g - a_0 h \tag{4.20}$$

を満たすとき

$$F(x, y) = a(x - \alpha')^2 + b(x - \alpha')(y - \beta') + c(y - \beta')^2$$
$$+ g(x - \alpha') + h(y - \beta') + f' \tag{4.21}$$

(ただし $f' = f - a(\alpha')^2 - b\alpha'\beta' - c(\beta')^2 + g\alpha' + h\beta'$) を満たす α', β' が存在することを示せ.

(4) $c_0 d - a_0 e \neq 0$ であることを示せ. さらに $g = \dfrac{(c_0 d - a_0 e)c_0}{a_0{}^2 + c_0{}^2}$, $h = -\dfrac{(c_0 d - a_0 e)a_0}{a_0{}^2 + c_0{}^2}$ は (4.20) を満たしていることを確かめよ.

(5) したがって, この g, h に対し (4.21) を満たす α', β' が存在する. $\alpha = \alpha' + p$, $\beta = \beta' + q$ とおき

$$F(x, y) = a(x - \alpha)^2 + b(x - \alpha)(y - \beta) + c(y - \beta)^2$$
$$+ g(x - \alpha) + h(y - \beta)$$

となるように p, q を定めよ.

(6) θ を $\sin\theta = \dfrac{a_0}{\sqrt{a_0{}^2 + c_0{}^2}}$, $\cos\theta = \dfrac{c_0}{\sqrt{a_0{}^2 + c_0{}^2}}$ なる数とする. X, Y を

$$\begin{pmatrix} X \\ Y \end{pmatrix} = R(\theta) \begin{pmatrix} x - \alpha \\ y - \beta \end{pmatrix}$$

と定めるとき，F を X, Y を用いて表せ.

（これにより $b^2 - 4ac = 0$ かつ $(2ae - bd, be - 2cd) \neq (0, 0)$ のときは 2 次曲線 $F(x, y) = 0$ は放物線であることがわかる.）

5

連立1次方程式

連立1次方程式とは複数個の未知数がいくつかの1次式で表されているものをいう. たとえば, x, y を未知数とする方程式

$$\begin{cases} 4x + y = 6 \\ 2x + 3y = 8 \end{cases}$$

や x, y, z を未知数とする方程式

$$\begin{cases} x + 2y - z = 4 \\ 2x + y + 3z = 1 \\ 4x - y + 5z = -3 \end{cases}$$

などが連立1次方程式である. もちろん未知数が4つ以上の場合もある. はじめの例のような未知数が2つの方程式を2元連立1次方程式, あとの例のような未知数が3つの方程式を3元連立1次方程式という. 未知数が4つ以上の場合も同様である. たいていの場合は未知数の個数と1次式の個数は一致するが問題によってはこれらが一致しないこともある. すなわち

$$\begin{cases} 4x + y = 6 \\ 2x + 3y = 8 \\ x - y = -1 \end{cases}, \quad \begin{cases} x + 2y - z = 4 \\ 2x + y + 3z = 1 \end{cases}$$

といった問題も考えられる. もちろんこのような方程式の場合必ずしも解が存在するとは限らない. また逆に解が1通りに定まらない場合もある. そのような場合も含めて連立1次方程式を統一的に考察するのが本章の目的である.

第4章4.3節において平面上の1次変換と2元連立1次方程式との関係に

ついて考察をした. その際に 2 元連立 1 次方程式 (4.5) を 2 次正方行列を用い
て $A\vec{x} = \vec{p}$ と表示することで連立 1 次方程式の性質が行列の言葉を用いて述べ
られた (定理 4.3). このような行列表示は一般の連立 1 次方程式を考察する上
でも非常に有用である. 第 4 章 4.2 節において 2 次正方行列を中心に行列に
ついて取り上げたが, ここでは行列の一般論についてまずまとめておこう.

5.1 一般の行列

第 4 章でも述べたように数字を長方形状 (または正方形状) に配置したもの
を総称して行列という. 数字を縦に m 個, 横に n 個配置したものを $m \times n$ 行
列または (m, n) 行列という. $m \times n$ あるいは (m, n) をこの行列の型という.

$$A = \begin{pmatrix} a_{11} & a_{12} & \cdots & a_{1n} \\ a_{21} & a_{22} & \cdots & a_{2n} \\ \vdots & \vdots & \ddots & \vdots \\ a_{m1} & a_{m2} & \cdots & a_{mn} \end{pmatrix} \tag{5.1}$$

縦の個数と横の個数が一致 ($m = n$) した行列のことを正方行列という. $n \times n$
行列のことを n 次正方行列ともいう.

行列の横の並びを行, 縦の並びを列という. 行は上から順番に, 列は左から
順番に数える. 行列を構成するおのおのの数を行列の成分という. 上から i 番
目, 左から j 番目の成分を (i, j) 成分という. (5.1) のことを簡単に $A = (a_{ij})$
と書くことも多い.

ベクトルの成分表示も行列の一種である. 平面のベクトルの成分表示は 2×1
行列, 空間のベクトルの成分表示は 3×1 行列である. このことを念頭に一般
の場合にも $n \times 1$ 行列のことを (n 項) 列ベクトル, $1 \times n$ 行列のことを (n
項) 行ベクトルという. 行ベクトルと列ベクトルを総称して数ベクトルという.

なお 1×1 行列はスカラーである.[1]

■ 行列の諸演算 ■ 行列には和, スカラー倍, 積といった演算が定義されてい
る. ここではそれらについてまとめておこう.

---

[1] 本書では行列やベクトルの成分は実数であるとする. 複素数を成分とする行列やベクトルも
考えられるがここでは取り上げないことにする.

(1) 相等 $m \times n$ 行列 $A = (a_{ij})$ と $p \times q$ 行列 $B = (b_{ij})$ が等しい（$A = B$）というのは

  (i) A, B が同じ型である，すなわち，$m = p$ かつ $n = q$

  (ii) すべての (i, j) について $a_{ij} = b_{ij}$

が成り立つことをいう．

(2) 和 $A = (a_{ij})$, $B = (b_{ij})$ がともに $m \times n$ 行列であるとき

$$A + B = (a_{ij} + b_{ij})$$

と定める．このとき $A + B$ も $m \times n$ 行列である．

(3) スカラー倍 $m \times n$ 行列 A とスカラー k に対して

$$kA = (ka_{ij})$$

と定める．このとき kA も $m \times n$ 行列である．

(4) 積 $m \times n$ 行列 $A = (a_{ij})$ と $n \times p$ 行列 $B = (b_{ij})$ に対して

$$a_{i1}b_{1j} + a_{i2}b_{2j} + \cdots + a_{in}b_{nj}$$

を (i, j) 成分とする行列を AB と定める．このとき AB は $m \times p$ 行列である．

注意1 行列は型が等しくなければ決して等しくはない．たとえば

$$\begin{pmatrix} 0 & 0 \\ 0 & 0 \end{pmatrix} \neq \begin{pmatrix} 0 & 0 & 0 \\ 0 & 0 & 0 \\ 0 & 0 & 0 \end{pmatrix}$$

である．

注意2 $A + B$ は A と B の型が等しい場合に限り定義される．

注意3 AB は A の列の個数と B の行の個数が一致する場合に限り定義される．

注意4 n 項行ベクトル（$1 \times n$ 行列）と n 項列ベクトル（$n \times 1$ 行列）の積は 1×1 行列，すなわち，スカラーである：

$$(a_1 \ a_2 \ \cdots \ a_n) \begin{pmatrix} b_1 \\ b_2 \\ \vdots \\ b_n \end{pmatrix} = a_1 b_1 + a_2 b_2 + \cdots + a_n b_n$$

注意 5　m 項列ベクトル（$m \times 1$ 行列）の列の個数は 1 個，n 項行ベクトル（$1 \times n$ 行列）の行の個数も 1 個である．したがって，これらの積も定義される：

$$\begin{pmatrix} a_1 \\ a_2 \\ \vdots \\ a_m \end{pmatrix} (b_1 \ b_2 \ \cdots \ b_n) = \begin{pmatrix} a_1 b_1 & a_1 b_2 & \cdots & a_1 b_n \\ a_2 b_1 & a_2 b_2 & \cdots & a_2 b_n \\ \vdots & \vdots & \ddots & \vdots \\ a_m b_1 & a_m b_2 & \cdots & a_m b_n \end{pmatrix}$$

注意 6　n 項行ベクトルのスカラー倍は 1×1 行列と $1 \times n$ 行列の積とみなすこともできる．同様に m 項列ベクトルのスカラー倍は $m \times 1$ 行列と 1×1 行列の積とみなすことができる．これら以外の場合はスカラー倍を行列と行列の積とみなすことはできない．

注意 7　$m \times n$ 行列 A，$n \times p$ 行列 B，$p \times q$ 行列 C に対し

$$(AB)C = A(BC)$$

が成立する．

　行列 A の -1 倍 $(-1)A$ を単に $-A$ と表す．また $A + (-B)$ を単に $A - B$ と表し A と B の差という．

　成分がすべて 0 である行列を零行列という．零行列は通常 O と表すが，行列の型を明記したいときは $O_{m,n}$，$O_{m \times n}$，O_n（$m = n$ の場合）などと表すこともある．また，零行列が $n \times 1$ 行列または $1 \times n$ 行列のときは（つまり数ベクトルのときは）$\vec{0}$ と表す．(m, n) 型の零行列 O と $m \times n$ 行列 A に対し $A + O = O + A = A$ が成立する．

　n 次正方行列 $A = (a_{ij})$ に対し a_{ii} を A の対角成分という．対角成分以外の成分がすべて 0 である行列を対角行列という．また，対角成分の下側がすべて 0（すなわち $a_{ij} = 0$，$i > j$）である行列を上三角行列，対角成分の上側が

すべて 0（すなわち $a_{ij} = 0, i < j$）である行列を下三角行列という．

対角成分がすべて 1，その他の成分がすべて 0 である n 次正方行列を（n 次の）単位行列という．単位行列は通常 I（または E）と表す．次数を明記したいときは I_n と表すこともある．I を n 次の単位行列とするとき $m \times n$ 行列 A，$n \times p$ 行列 B に対し $AI = A, IB = B$ が成立する．

■ 逆行列 ■　n 次正方行列 A に対して

$$AX = XA = I \tag{5.2}$$

を満たす n 次正方行列 X が存在するとき「A は正則行列である」という．さらにこのとき X を A の逆行列といい，$X = A^{-1}$ と表す．

命題 5.1. A を n 次正方行列とする．
(1) n 次正方行列 X, Y が $AX = I, YA = I$ を満たせば $X = Y$ である．
(2) 逆行列は存在すれば 1 通りである．

証明　(1) $X = IX = (YA)X = Y(AX) = YI = Y$
(2) X, Y ともに A の逆行列とする．すると $AX = I, YA = I$ が成り立つので (1) より $X = Y$ である．　　　　　　　　　　　　　　　Q.E.D.

定理 5.1. A, B を n 次正則行列とする．
(1) $(A^{-1})^{-1} = A$
(2) $(AB)^{-1} = B^{-1}A^{-1}$

証明　(1) 逆行列の定義 (5.2) より $AA^{-1} = A^{-1}A = I$ である．そこで $A^{-1} = B, A = X$ とおくと $XB = BX = I$，すなわち，X は B に対して (5.2) を満たす．ゆえに，$X = B^{-1}$，すなわち，$A = (A^{-1})^{-1}$．
(2) $AB = C, B^{-1}A^{-1} = X$ とおく．すると

$$CX = (AB)(B^{-1}A^{-1}) = A(BB^{-1})A^{-1} = AIA^{-1} = AA^{-1} = I,$$

$$XC = (B^{-1}A^{-1})(AB) = B^{-1}(A^{-1}A)B = B^{-1}IB = B^{-1}B = I,$$

すなわち，X は C に対して (5.2) を満たす．ゆえに，$X = C^{-1}$，すなわち，$B^{-1}A^{-1} = (AB)^{-1}$．　　　　　　　　　　　　　　Q.E.D.

■ 行列の分割 ■ 行列の成分の間にいくつかの縦線と横線を入れる．するとそれらの線で囲まれた部分はまた別の行列になる．このように 1 つの行列を縦線と横線で区切っていくつかの行列に分けることを行列の分割という．行列の分割により得られたひとつひとつの行列をもとの行列の小行列という．

例 次の行列 A に次のように縦線と横線を入れる：

$$A = \begin{pmatrix} 1 & 2 & 0 & 4 & 7 \\ 2 & 5 & -1 & 0 & -1 \\ 0 & 1 & 4 & 1 & -2 \end{pmatrix} = \left(\begin{array}{c|cc|cc} 1 & 2 & 0 & 4 & 7 \\ 2 & 5 & -1 & 0 & -1 \\ \hline 0 & 1 & 4 & 1 & -2 \end{array} \right)$$

このとき $A_{11} = \begin{pmatrix} 1 \\ 2 \end{pmatrix}$, $A_{12} = \begin{pmatrix} 2 & 0 \\ 5 & -1 \end{pmatrix}$, $A_{13} = \begin{pmatrix} 4 & 7 \\ 0 & -1 \end{pmatrix}$,

$A_{21} = 0$ $(1 \times 1$ 行列$)$, $A_{22} = (1\ 4)$, $A_{23} = (1\ -2)$ が A の小行列であり，$A = \begin{pmatrix} A_{11} & A_{12} & A_{13} \\ A_{21} & A_{22} & A_{23} \end{pmatrix}$ である．

行列の分割に関しては次の定理が重要である．

定理 5.2. A を $m \times n$ 行列，B を $n \times p$ 行列とする．さらに A, B を次のように小行列に分割する：

$$A = \begin{pmatrix} A_{11} & A_{12} & \cdots & A_{1N} \\ A_{21} & A_{22} & \cdots & A_{2N} \\ \vdots & \vdots & \ddots & \vdots \\ A_{M1} & A_{M2} & \cdots & A_{MN} \end{pmatrix}, \quad B = \begin{pmatrix} B_{11} & B_{12} & \cdots & B_{1P} \\ B_{21} & B_{22} & \cdots & B_{2P} \\ \vdots & \vdots & \ddots & \vdots \\ B_{N1} & B_{N2} & \cdots & B_{NP} \end{pmatrix}$$

ただし A_{ij} は $m_i \times n_j$ 行列，B_{ij} は $n_i \times p_j$ 行列で，$m_1 + m_2 + \cdots + m_M = m$, $n_1 + n_2 + \cdots + n_N = n$, $p_1 + p_2 + \cdots + p_P = p$ であるとする．

このとき

$$AB = \begin{pmatrix} C_{11} & C_{12} & \cdots & C_{1P} \\ C_{21} & C_{22} & \cdots & C_{2P} \\ \vdots & \vdots & \ddots & \vdots \\ C_{M1} & C_{M2} & \cdots & C_{MP} \end{pmatrix},$$

$$C_{ij} = A_{i1}B_{1j} + A_{i2}B_{2j} + \cdots + A_{iN}B_{Nj},$$

が成立する.

この定理の証明は行列の積の定義に従えばやや煩雑ではあるがそれほど難しくはない. 詳細は省略する.

$m \times n$ 行列 $A = (a_{ij})$ に次のように縦線を入れる:

$$A = \left(\begin{array}{c|c|c|c} a_{11} & a_{12} & \cdots & a_{1n} \\ a_{21} & a_{22} & \cdots & a_{2n} \\ \vdots & \vdots & \ddots & \vdots \\ a_{m1} & a_{m2} & \cdots & a_{mn} \end{array} \right)$$

これも行列の分割であるが, 各小行列は $m \times 1$ 行列, すなわち, m 項列ベクトルである. そこで

$$\vec{a}_j = \begin{pmatrix} a_{1j} \\ a_{2j} \\ \vdots \\ a_{mj} \end{pmatrix}$$

とおくと A は

$$A = (\vec{a}_1 \ \vec{a}_2 \ \cdots \ \vec{a}_n)$$

と表される. この表示を A の列ベクトル表示という. もちろん $\vec{a}_j$ は A の第 j 列と同じ成分をもった列ベクトルである. 同様にして A に

$$A = \left(\begin{array}{cccc} a_{11} & a_{12} & \cdots & a_{1n} \\ \hline a_{21} & a_{22} & \cdots & a_{2n} \\ \hline \vdots & \vdots & \ddots & \vdots \\ \hline a_{m1} & a_{m2} & \cdots & a_{mn} \end{array} \right)$$

と横線を入れて分割し，各小行列（n 項行ベクトル）を $\vec{\alpha}_i = (a_{i1}\ a_{i2}\ \cdots\ a_{in})$
とおいて

$$A = \left(\begin{array}{c} \vec{\alpha}_1 \\ \vec{\alpha}_2 \\ \vdots \\ \vec{\alpha}_m \end{array} \right)$$

と表す表示を A の行ベクトル表示という．$\vec{\alpha}_i$ は A の第 i 行と同じ成分をもった行ベクトルである．

注意　$m \times n$ 行列 A, $n \times p$ 行列 B を

$$A = \left(\begin{array}{c} \vec{\alpha}_1 \\ \vec{\alpha}_2 \\ \vdots \\ \vec{\alpha}_m \end{array} \right), \quad B = (\vec{b}_1\ \vec{b}_2\ \cdots\ \vec{b}_p)$$

とそれぞれ行ベクトル表示および列ベクトル表示を行なうと行列の積の定義から，AB の (i,j) 成分は $\vec{\alpha}_i \vec{b}_j$（$1 \times n$ 行列と $n \times 1$ 行列の積 ＝ 1×1 行列 ＝ スカラー）である．つまり

$$AB = \left(\begin{array}{cccc} \vec{\alpha}_1 \vec{b}_1 & \vec{\alpha}_1 \vec{b}_2 & \cdots & \vec{\alpha}_1 \vec{b}_p \\ \vec{\alpha}_2 \vec{b}_1 & \vec{\alpha}_2 \vec{b}_2 & \cdots & \vec{\alpha}_2 \vec{b}_p \\ \vdots & \vdots & \ddots & \vdots \\ \vec{\alpha}_m \vec{b}_1 & \vec{\alpha}_m \vec{b}_2 & \cdots & \vec{\alpha}_m \vec{b}_p \end{array} \right)$$

ということであるが，これは A に対する行ベクトル表示と B に対する列ベクトル表示に対して定理 5.2 を適用することでも得られる．

行ベクトル表示，列ベクトル表示は行列の分割の中でも特に重要である．ところで通常の成分表示も（1×1 行列を小行列とする）行列の分割とみなすことができる．したがって，定理 5.2 を用いると，たとえば，2 次正方行列に対しては次のようなことが成り立つ．行列 $A = \begin{pmatrix} a_{11} & a_{12} \\ a_{21} & a_{22} \end{pmatrix}$, $B = \begin{pmatrix} b_{11} & b_{12} \\ b_{21} & b_{22} \end{pmatrix}$ をそれぞれ $A = (\vec{a}_1 \ \vec{a}_2)$, $B = (\vec{b}_1 \ \vec{b}_2)$ と列ベクトル表示する．このとき定理 5.2 より

$$AB = (b_{11}\vec{a}_1 + b_{21}\vec{a}_2 \ \ b_{12}\vec{a}_1 + b_{22}\vec{a}_2) = (A\vec{b}_1 \ A\vec{b}_2)$$

が成立することがわかる．

注意 定理 5.2 において $M = N = 1$ という場合も考えられる．この場合 A の分割は A 自身であり，$B = (B_1 \ B_2 \ \cdots \ B_P)$（各 B_j は $n \times p_j$ 行列で $p_1 + p_2 + \cdots + p_P = p$）と分割されているとき

$$AB = (AB_1 \ AB_2 \ \cdots \ AB_P)$$

である．同様に $N = P = 1$ のときは次のとおりである．$A = \begin{pmatrix} A_1 \\ A_2 \\ \vdots \\ A_M \end{pmatrix}$（各 A_i は $m_i \times n$ 行列で $m_1 + m_2 + \cdots + m_M = m$）と分割されているとき

$$AB = \begin{pmatrix} A_1 B \\ A_2 B \\ \vdots \\ A_M B \end{pmatrix}$$

である．

■ 列ベクトルの内積と転置行列 ■ 第 4 章において 2 次正方行列 $A = \begin{pmatrix} a & b \\ c & d \end{pmatrix}$ に対し A の $(1,2)$ 成分と $(2,1)$ 成分を入れ換えた行列を A

の転置行列といい ^tA と表した（第4章 4.5節）．さらにこの転置行列に関して等式 $(A\vec{x}, \vec{y}) = (\vec{x}, {}^tA\vec{y})$ が成立した（第4章，演習問題 **4-13**）．ここではこれらの事柄を一般の行列について考えてみる．

第2章で述べたように平面上のベクトル $\vec{a}, \vec{b}$ の成分表示が $\vec{a} = \begin{pmatrix} a_1 \\ a_2 \end{pmatrix}$, $\vec{b} = \begin{pmatrix} b_1 \\ b_2 \end{pmatrix}$ であるときこれらの内積 $(\vec{a}, \vec{b})$ は

$$(\vec{a}, \vec{b}) = a_1 b_1 + a_2 b_2$$

で与えられる．同様に2つの空間ベクトル $\vec{a}, \vec{b}$ の成分表示が $\vec{a} = \begin{pmatrix} a_1 \\ a_2 \\ a_3 \end{pmatrix}$, $\vec{b} = \begin{pmatrix} b_1 \\ b_2 \\ b_3 \end{pmatrix}$ であるときこれらの内積 $(\vec{a}, \vec{b})$ が

$$(\vec{a}, \vec{b}) = a_1 b_1 + a_2 b_2 + a_3 b_3$$

で与えられることを第3章で述べた．そこで，これらを一般化して n 項列ベクトル $\vec{a} = \begin{pmatrix} a_1 \\ a_2 \\ \vdots \\ a_n \end{pmatrix}$, $\vec{b} = \begin{pmatrix} b_1 \\ b_2 \\ \vdots \\ b_n \end{pmatrix}$ に対して $\vec{a}$ と $\vec{b}$ の内積 $(\vec{a}, \vec{b})$ を

$$(\vec{a}, \vec{b}) = a_1 b_1 + a_2 b_2 + \cdots + a_n b_n$$

と定める．このとき，次の定理が成立するのはほぼ明らかであろう．これは幾何ベクトルの定理 2.3 に対応する．

定理 5.3. （内積に関する基本的性質）$\vec{a}, \vec{b}, \vec{c}$ をベクトル，k を実数とする．このとき以下のことが成立する．

$$(\vec{a}, \vec{b}) = (\vec{b}, \vec{a}) \tag{5.3}$$

$$(\vec{a}, \vec{a}) \geqq 0 \tag{5.4}$$

$$(\vec{a}, \vec{a}) = 0 \Leftrightarrow \vec{a} = \vec{0} \tag{5.5}$$

$$(k\vec{a}, \vec{b}) = k(\vec{a}, \vec{b}) \tag{5.6}$$

$$(\vec{a} + \vec{b}, \vec{c}) = (\vec{a}, \vec{c}) + (\vec{b}, \vec{c}) \tag{5.7}$$

さらに (5.6), (5.7) と数学的帰納法を用いれば

$$(k_1\vec{a}_1 + k_2\vec{a}_2 + \cdots + k_l\vec{a}_l, \vec{b}) = k_1(\vec{a}_1, \vec{b}) + k_2(\vec{a}_2, \vec{b}) + \cdots + k_l(\vec{a}_l, \vec{b}) \tag{5.8}$$

（$k_1, k_2, \cdots, k_l$ はスカラー）が成り立つこともすぐにわかる．

A を $m \times n$ 行列とし $\vec{x}$ を n 項列ベクトルとする．このとき $A\vec{x}$ は m 項列ベクトルであるので他の m 項列ベクトル $\vec{y}$ との内積 $(A\vec{x}, \vec{y})$ を考えることができる．同様に B を $n \times m$ 行列とすると $\vec{x}$ と $B\vec{y}$ の内積 $(\vec{x}, B\vec{y})$ が考えられる．それでは任意の n 項列ベクトル $\vec{x}$ と任意の m 項列ベクトル $\vec{y}$ に対し

$$(A\vec{x}, \vec{y}) = (\vec{x}, B\vec{y})$$

が成り立つのは A と B がどのような関係を満たしているときか考えてみよう．

その前に次のことに注意しよう．n 項列ベクトル $\vec{a} = \begin{pmatrix} a_1 \\ a_2 \\ \vdots \\ a_n \end{pmatrix}$ が与えられたときに，これと同じ成分をもつ n 項行ベクトルを $\vec{\alpha} = (a_1\ a_2\ \cdots\ a_n)$ とおこう．すると $\vec{a}$ と $\vec{b} = \begin{pmatrix} b_1 \\ b_2 \\ \vdots \\ b_n \end{pmatrix}$ の内積は

$$(\vec{a}, \vec{b}) = \vec{\alpha}\vec{b} \quad （1 \times n \text{ 行列と } n \times 1 \text{ 行列の積}）$$

である．ところで，2 次正方行列 $A = \begin{pmatrix} a & b \\ c & d \end{pmatrix}$ に対し，$A = (\vec{a}\,\vec{b})$ と列ベク

トル表示，${}^t A = \begin{pmatrix} \vec{\alpha} \\ \vec{\beta} \end{pmatrix}$ と行ベクトル表示すると $\vec{a} = \begin{pmatrix} a \\ c \end{pmatrix}, \vec{b} = \begin{pmatrix} b \\ d \end{pmatrix}$,

$\vec{\alpha} = (a\ c), \vec{\beta} = (b\ d)$ である．すると $\vec{\alpha}, \vec{\beta}$ はそれぞれ $\vec{a}, \vec{b}$ と同じ成分をもつ
行ベクトルとなることに注意しよう．そこで，2 次正方行列の場合と同じ記号
を用いて，一般に m 項列ベクトル $\vec{a}$ に対して $\vec{a}$ と同じ成分をもつ m 項行ベ
クトルを ${}^t\vec{a}$ と表す．すなわち

$$\vec{a} = \begin{pmatrix} a_1 \\ a_2 \\ \vdots \\ a_m \end{pmatrix} \quad \Longrightarrow \quad {}^t\vec{a} = (a_1\ a_2\ \cdots\ a_m)$$

である．このとき ${}^t(\vec{a} + \vec{a}') = {}^t\vec{a} + {}^t\vec{a}'$ や ${}^t(k\vec{a}) = k\,{}^t\vec{a}$ （k はスカラー）が成り
立つのはほぼ明らかであろう．さらに $\vec{a}$ と $\vec{b}$ の内積が $(\vec{a}, \vec{b}) = {}^t\vec{a}\vec{b} = {}^t\vec{b}\vec{a}$ で
あることに注意しよう．

さて話をもとに戻そう．A を $m \times n$ 行列，B を $n \times m$ 行列，$\vec{x}$ を n 項列ベ
クトル，$\vec{y}$ を m 項列ベクトルとする．そして A を $A = (\vec{a}_1\ \vec{a}_2\ \cdots\ \vec{a}_n)$ と列

ベクトル表示する．さらに $\vec{x}$ の成分表示が $\vec{x} = \begin{pmatrix} x_1 \\ x_2 \\ \vdots \\ x_n \end{pmatrix}$ であるとすると定

理 5.2 より，$A\vec{x} = x_1\vec{a}_1 + x_2\vec{a}_2 + \cdots + x_n\vec{a}_n$ である．したがって，(5.8) より

$$(A\vec{x}, \vec{y}) = x_1(\vec{a}_1, \vec{y}) + x_2(\vec{a}_2, \vec{y}) + \cdots + x_n(\vec{a}_n, \vec{y}).$$

そこで，$\vec{z} = \begin{pmatrix} (\vec{a}_1, \vec{y}) \\ (\vec{a}_2, \vec{y}) \\ \vdots \\ (\vec{a}_n, \vec{y}) \end{pmatrix}$ とおくと，$(A\vec{x}, \vec{y}) = (\vec{x}, \vec{z})$ であることがわかる．

一方，定理 5.2 を用いると

$$\vec{z} = \begin{pmatrix} (\vec{a}_1, \vec{y}) \\ (\vec{a}_2, \vec{y}) \\ \vdots \\ (\vec{a}_n, \vec{y}) \end{pmatrix} = \begin{pmatrix} {}^t\vec{a}_1\vec{y} \\ {}^t\vec{a}_2\vec{y} \\ \vdots \\ {}^t\vec{a}_n\vec{y} \end{pmatrix} = \begin{pmatrix} {}^t\vec{a}_1 \\ {}^t\vec{a}_2 \\ \vdots \\ {}^t\vec{a}_n \end{pmatrix} \vec{y}$$

である．以上より，

$$B = \begin{pmatrix} {}^t\vec{a}_1 \\ {}^t\vec{a}_2 \\ \vdots \\ {}^t\vec{a}_n \end{pmatrix}$$

のとき $(A\vec{x}, \vec{y}) = (\vec{x}, B\vec{y})$ が成立することがわかる．

一般に $m \times n$ 行列 A が $A = (\vec{a}_1\ \vec{a}_2\ \cdots\ \vec{a}_n)$ と列ベクトル表示されているとき，$n \times m$ 行列

$$\begin{pmatrix} {}^t\vec{a}_1 \\ {}^t\vec{a}_2 \\ \vdots \\ {}^t\vec{a}_n \end{pmatrix}$$

を A の転置行列といい ${}^tA$ と表す．上の議論から任意の n 項列ベクトル $\vec{x}$，m 項列ベクトル $\vec{y}$ に対し $(A\vec{x}, \vec{y}) = (\vec{x}, {}^tA\vec{y})$ である．

例 $A = \begin{pmatrix} 1 & 2 & 3 \\ 4 & 5 & 6 \end{pmatrix}$ とすると ${}^tA = \begin{pmatrix} 1 & 4 \\ 2 & 5 \\ 3 & 6 \end{pmatrix}$ である．

n 項行ベクトル $\vec{b} = (b_1\ b_2\ \cdots\ b_n)$ に対して ${}^t\vec{b}$ は $\vec{b}$ と同じ成分をもつ n

項列ベクトルになる. すなわち

$$
{}^t\vec{b} = \begin{pmatrix} b_1 \\ b_2 \\ \vdots \\ b_n \end{pmatrix}.
$$

さらに A を $A = \begin{pmatrix} \vec{\alpha}_1 \\ \vec{\alpha}_2 \\ \vdots \\ \vec{\alpha}_m \end{pmatrix}$ と行ベクトル表示すると

$$
{}^tA = ({}^t\vec{\alpha}_1 \ {}^t\vec{\alpha}_2 \ \cdots \ {}^t\vec{\alpha}_m)
$$

となることもほぼ明らかであろう.

　転置行列に関しては次の定理が成立する.

定理 5.4. A, A' を $m \times n$ 行列, B を $n \times p$ 行列, k をスカラーとするとき

(1) ${}^t(A + A') = {}^tA + {}^tA'$

(2) ${}^t(kA) = k\,{}^tA$

(3) ${}^t({}^tA) = A$

(4) ${}^t(AB) = {}^tB\,{}^tA$

(5) $({}^tA)^{-1} = {}^t(A^{-1})$

証明　(1), (2) は明らかであろう. (3) も任意の列ベクトル $\vec{a}$ に対し ${}^t({}^t\vec{a}) = \vec{a}$ であることに注意すると定理の直前の議論からほぼ明らかであろう. (4) を示す.

$$
A = (\vec{a}_1 \ \vec{a}_2 \ \cdots \ \vec{a}_n), \quad B = \begin{pmatrix} \vec{\beta}_1 \\ \vec{\beta}_2 \\ \vdots \\ \vec{\beta}_n \end{pmatrix}
$$
とそれぞれ列ベクトル表示, 行ベクトル表示する. すると定理 5.2 より

$$
AB = \vec{a}_1\vec{\beta}_1 + \vec{a}_2\vec{\beta}_2 + \cdots + \vec{a}_n\vec{\beta}_n. \tag{5.9}
$$

また ${}^t\!B = ({}^t\vec{\beta}_1 \ {}^t\vec{\beta}_2 \ \cdots \ {}^t\vec{\beta}_n)$, ${}^t\!A = \begin{pmatrix} {}^t\vec{a}_1 \\ {}^t\vec{a}_2 \\ \vdots \\ {}^t\vec{a}_n \end{pmatrix}$ なので

$$ {}^t\!B\,{}^t\!A = {}^t\vec{\beta}_1\,{}^t\vec{a}_1 + {}^t\vec{\beta}_2\,{}^t\vec{a}_2 + \cdots + {}^t\vec{\beta}_n\,{}^t\vec{a}_n \tag{5.10} $$

したがって, m 項列ベクトル $\vec{a} = \begin{pmatrix} a_1 \\ a_2 \\ \vdots \\ a_m \end{pmatrix}$ と p 項行ベクトル $\vec{\beta} =$

$(\beta_1 \ \beta_2 \ \cdots \ \beta_p)$ に対し ${}^t(\vec{a}\vec{\beta}) = {}^t\vec{\beta}\,{}^t\vec{a}$ が成り立つことを示せば, (5.9), (5.10) と (1) より ${}^t(AB) = {}^t\!B\,{}^t\!A$ を得る. 定理 5.2 より

$$ \vec{a}\vec{\beta} = \vec{a}(\beta_1 \ \beta_2 \ \cdots \ \beta_p) = (\vec{a}\beta_1 \ \vec{a}\beta_2 \ \cdots \ \vec{a}\beta_p) = (\beta_1\vec{a} \ \beta_2\vec{a} \ \cdots \ \beta_p\vec{a}). $$

(ここで 2 番目の等号のあとの $\vec{a}\beta_i$ というのは $m \times 1$ 行列と 1×1 行列の積という意味であるが, その次の等号のあとの $\beta_i\vec{a}$ というのは m 項列ベクトルのスカラー倍という意味である. もちろん両者は一致する.) したがって

$$ {}^t(\vec{a}\vec{\beta}) = \begin{pmatrix} \beta_1\,{}^t\vec{a} \\ \beta_2\,{}^t\vec{a} \\ \vdots \\ \beta_p\,{}^t\vec{a} \end{pmatrix}. $$

一方, やはり定理 5.2 より

$$ {}^t\vec{\beta}\,{}^t\vec{a} = \begin{pmatrix} \beta_1 \\ \beta_2 \\ \vdots \\ \beta_p \end{pmatrix} {}^t\vec{a} = \begin{pmatrix} \beta_1\,{}^t\vec{a} \\ \beta_2\,{}^t\vec{a} \\ \vdots \\ \beta_p\,{}^t\vec{a} \end{pmatrix}. $$

(ここで $\beta_i\,{}^t\vec{a}$ というのは 1×1 行列と $1 \times m$ 行列の積という意味であるが, 同時に m 項行ベクトルのスカラー倍という意味でもある.) ゆえに ${}^t(\vec{a}\vec{\beta}) = {}^t\vec{\beta}\,{}^t\vec{a}$ が成立する.

最後に (5) を示す. $^tA = C$, $^t(A^{-1}) = X$ とおく. すると (4) より

$$CX = {}^tA\,{}^t(A^{-1}) = {}^t(A^{-1}A) = {}^tI = I$$
$$XC = {}^t(A^{-1})\,{}^tA = {}^t(AA^{-1}) = {}^tI = I$$

すなわち, X は C に対して (5.2) を満たす. ゆえに, $X = C^{-1}$, すなわち, $^t(A^{-1}) = (^tA)^{-1}$.   Q.E.D.

■ 連立 1 次方程式の行列表示 ■　一般に $x_1, x_2, \cdots, x_n$ を未知数とする連立 1 次方程式は次の形をしている:

$$\begin{cases} a_{11}x_1 + a_{12}x_2 + \cdots + a_{1n}x_n = p_1 \\ a_{21}x_1 + a_{22}x_2 + \cdots + a_{2n}x_n = p_2 \\ \qquad \cdots\cdots\cdots\cdots\cdots \\ a_{m1}x_1 + a_{m2}x_2 + \cdots + a_{mn}x_n = p_m \end{cases} \tag{5.11}$$

このとき

$$A = \begin{pmatrix} a_{11} & a_{12} & \cdots & a_{1n} \\ a_{21} & a_{22} & \cdots & a_{2n} \\ \vdots & \vdots & \ddots & \vdots \\ a_{m1} & a_{m2} & \cdots & a_{mn} \end{pmatrix}, \quad \vec{x} = \begin{pmatrix} x_1 \\ x_2 \\ \vdots \\ x_n \end{pmatrix}, \quad \vec{p} = \begin{pmatrix} p_1 \\ p_2 \\ \vdots \\ p_m \end{pmatrix}$$

とおくと (5.11) は

$$A\vec{x} = \vec{p} \tag{5.12}$$

と表される. これを (5.11) の行列表示という. 行列 A を (5.11) の係数行列という.

$A = (\vec{a}_1\ \vec{a}_2\ \cdots\ \vec{a}_n)$ と A を列ベクトル表示すると (定理 5.2 より) $A\vec{x} = x_1\vec{a}_1 + x_2\vec{a}_2 + \cdots + x_n\vec{a}_n$ である. したがって, (5.11) は

$$x_1\vec{a}_1 + x_2\vec{a}_2 + \cdots + x_n\vec{a}_n = \vec{p}$$

と表される. これを (5.11) のベクトル表示という.

5.2 掃き出し法

次の連立1次方程式を解いてみよう.

$$\begin{cases} 6x - 7y - 11z = 2 & \cdots ① \\ x - 2y - z = -3 & \cdots ② \\ x + 2y + 5z = 3 & \cdots ③ \end{cases}$$

① + ②×(−6)	$5y - 5z = 20$	$\cdots$ ①'
③ + ②×(−1)	$4y + 6z = 6$	$\cdots$ ③'
①'×$\dfrac{1}{5}$	$y - z = 4$	$\cdots$ ①''
③'×$\dfrac{1}{2}$	$2y + 3z = 3$	$\cdots$ ③''
③''+ ①''×(−2)	$5z = -5$	$\cdots$ ③'''
③'''×$\dfrac{1}{5}$	$z = -1$	$\cdots$ ③''''
①'' に代入	$y = 3$	$\cdots$ ①'''
②+①'''×2+③''''×1	$x = 2$	$\cdots$ ②'

この解法において,各手順ごとに変形しなかった式もあわせて書くと方程式の全体像がどのように変化していったかがわかる.

$$\begin{cases} 6x & - & 7y & - & 11z & = & 2 \\ x & - & 2y & - & z & = & -3 \\ x & + & 2y & + & 5z & = & 3 \end{cases}$$

$$\downarrow \qquad\qquad \Longleftarrow \quad (\text{第1式}) + (\text{第2式}) \times (-6)$$

$$\begin{cases} & & 5y & & 5z & - & 20 \\ x & - & 2y & - & z & = & -3 \\ x & + & 2y & + & 5z & = & 3 \end{cases}$$

$$\downarrow \qquad\qquad \Longleftarrow \quad (\text{第3式}) + (\text{第2式}) \times (-1)$$

$$\begin{cases} & 5y & - & 5z & = & 20 \\ x & - & 2y & - & z & = & -3 \\ & 4y & + & 6z & = & 6 \end{cases}$$

$$\downarrow \qquad\qquad \Longleftarrow \ (\text{第 1 式}) \times \dfrac{1}{5}$$

$$\begin{cases} & y & - & z & = & 4 \\ x & - & 2y & - & z & = & -3 \\ & 4y & + & 6z & = & 6 \end{cases}$$

$$\downarrow \qquad\qquad \Longleftarrow \ (\text{第 3 式}) \times \dfrac{1}{2}$$

$$\begin{cases} & y & - & z & = & 4 \\ x & - & 2y & - & z & = & -3 \\ & 2y & + & 3z & = & 3 \end{cases}$$

$$\downarrow \qquad\qquad \Longleftarrow \ (\text{第 3 式}) + (\text{第 1 式}) \times (-2)$$

$$\begin{cases} & y & - & z & = & 4 \\ x & - & 2y & - & z & = & -3 \\ & & & 5z & = & -5 \end{cases}$$

$$\downarrow \qquad\qquad \Longleftarrow \ (\text{第 3 式}) \times \dfrac{1}{5}$$

$$\begin{cases} & y & - & z & = & 4 \\ x & - & 2y & - & z & = & -3 \\ & & & z & = & -1 \end{cases}$$

$$\downarrow \qquad\qquad \Longleftarrow \ (\text{第 1 式}) + (\text{第 3 式}) \times 1$$

$$\begin{cases} & y & & & = & 3 \\ x & - & 2y & - & z & = & -3 \\ & & & z & = & 1 \end{cases}$$

$$\downarrow \qquad\qquad \Longleftarrow \ (\text{第 2 式}) + (\text{第 1 式}) \times 2$$

$$\begin{cases} & y & & = & 3 \\ x & & - \ z & = & 3 \\ & & z & = & -1 \end{cases}$$

$$\downarrow \qquad\qquad \Longleftarrow \quad (\text{第}\,2\,\text{式}) + (\text{第}\,3\,\text{式}) \times 1$$

$$\begin{cases} & y & & = & 3 \\ x & & & = & 2 \\ & & z & = & -1 \end{cases}$$

$$\downarrow \qquad\qquad \Longleftarrow \quad \begin{array}{l}(\text{第}\,1\,\text{式})\,\text{と}\,(\text{第}\,2\,\text{式})\,\text{を} \\ \text{入れ換える}\end{array}$$

$$\begin{cases} x & & & = & 2 \\ & y & & = & 3 \\ & & z & = & -1 \end{cases}$$

ここで行なわれている操作は

[I] 1 つの式に他の式の定数倍を加える.

[II] 1 つの式に 0 でない定数を掛ける.

[III] 2 つの式を入れ換える.

の 3 種類であることに注意しよう.

さて，上の各手順において実際に変化しているのは各係数と右辺の定数である．そこで各係数と右辺の定数のみを順番に並べてみよう．最初の方程式であれば

$$\left(\begin{array}{ccc|c} 6 & -7 & -11 & 2 \\ 1 & -2 & -1 & -3 \\ 1 & 2 & 5 & 3 \end{array} \right)$$

という 3×4 行列になる．なお縦に入れた実線は方程式の右辺と左辺を区別するため便宜上挿入したものである．連立 1 次方程式のおのおのの式はこの行列

のおのおのの行に対応していることがわかる．したがって，上の [I]〜[III] の変形も行列の用語を用いて言い換えると

[I] 1 つの行に他の行の定数倍を加える．

[II] 1 つの行に 0 でない定数を掛ける．

[III] 2 つの行を入れ換える．

となる．そして上の変形を行列を用いて表すと

$$\begin{pmatrix} 6 & -7 & -11 & \bigm| & 2 \\ 1 & -2 & -1 & \bigm| & -3 \\ 1 & 2 & 5 & \bigm| & 3 \end{pmatrix}$$

$$\downarrow \qquad \Longleftarrow \quad (第 1 行) + (第 2 行) \times (-6)$$

$$\begin{pmatrix} 0 & 5 & -5 & \bigm| & 20 \\ 1 & -2 & -1 & \bigm| & -3 \\ 1 & 2 & 5 & \bigm| & 3 \end{pmatrix}$$

$$\downarrow \qquad \Longleftarrow \quad (第 3 行) + (第 2 行) \times (-1)$$

$$\begin{pmatrix} 0 & 5 & -5 & \bigm| & 20 \\ 1 & -2 & -1 & \bigm| & -3 \\ 0 & 4 & 6 & \bigm| & 6 \end{pmatrix}$$

$$\downarrow \qquad \Longleftarrow \quad (第 1 行) \times \frac{1}{5}$$

$$\begin{pmatrix} 0 & 1 & -1 & \bigm| & 4 \\ 1 & -2 & -1 & \bigm| & -3 \\ 0 & 4 & 6 & \bigm| & 6 \end{pmatrix}$$

$$\downarrow \qquad \Longleftarrow \quad (第 3 行) \times \frac{1}{2}$$

$$\begin{pmatrix} 0 & 1 & -1 & \bigm| & 4 \\ 1 & -2 & -1 & \bigm| & -3 \\ 0 & 2 & 3 & \bigm| & 3 \end{pmatrix}$$

$$\downarrow \qquad \Longleftarrow \quad (第3行) + (第1行) \times (-2)$$

$$\begin{pmatrix} 0 & 1 & -1 & 4 \\ 1 & -2 & -1 & -3 \\ 0 & 0 & 5 & -5 \end{pmatrix}$$

$$\downarrow \qquad \Longleftarrow \quad (第3行) \times \frac{1}{5}$$

$$\begin{pmatrix} 0 & 1 & -1 & 4 \\ 1 & -2 & -1 & -3 \\ 0 & 0 & 1 & -1 \end{pmatrix}$$

$$\downarrow \qquad \Longleftarrow \quad (第1行) + (第3行) \times 1$$

$$\begin{pmatrix} 0 & 1 & 0 & 3 \\ 1 & -2 & -1 & -3 \\ 0 & 0 & 1 & -1 \end{pmatrix}$$

$$\downarrow \qquad \Longleftarrow \quad (第2行) + (第1行) \times 2$$

$$\begin{pmatrix} 0 & 1 & 0 & 3 \\ 1 & 0 & -1 & 3 \\ 0 & 0 & 1 & -1 \end{pmatrix}$$

$$\downarrow \qquad \Longleftarrow \quad (第2行) + (第3行) \times 1$$

$$\begin{pmatrix} 0 & 1 & 0 & 3 \\ 1 & 0 & 0 & 2 \\ 0 & 0 & 1 & -1 \end{pmatrix}$$

$$\downarrow \qquad \Longleftarrow \quad (第1行) と (第2行) を入れ換える$$

$$\begin{pmatrix} 1 & 0 & 0 & 2 \\ 0 & 1 & 0 & 3 \\ 0 & 0 & 1 & -1 \end{pmatrix}$$

一般に連立1次方程式 (5.11) に対し,係数行列 A に右辺の $\vec{p}$ をもう1列付け加えた $m \times (n+1)$ 行列を (5.11) の拡大係数行列という.

拡大係数行列に [I]〜[III] の変形を行ない $(I|\vec{x})$ の形まで変形する解法を掃き出し法という.

$$(A|\vec{p}) \qquad \longrightarrow \qquad (I|\vec{x})$$

$$\Uparrow$$

$$[\mathrm{I}]\sim [\mathrm{III}]$$

このとき $\vec{x}$ が解である.

> **例題 5.1.** 連立 1 次方程式
>
> $$\begin{cases} 2x + y + z = 5 \\ x + y - z = -4 \\ 6x + 7y + z = 3 \end{cases}$$
>
> を掃き出し法で解け.

以下, 掃き出し法での解法を説明するときに行番号は丸囲みの番号で表すことにする. たとえば, 「第 1 行に第 3 行の 2 倍を加える」という操作は「①+③×2」と表す. 同様に「第 2 行を 3 倍する」は「② ×3」,「第 1 行と第 2 行の入れ換え」は「① ↔ ②」と表すことにする.

解答

$$\begin{pmatrix} 2 & 1 & 1 & \bigm| & 5 \\ 1 & 1 & -1 & \bigm| & -4 \\ 6 & 7 & 1 & \bigm| & 3 \end{pmatrix} \underset{① \leftrightarrow ②}{\longrightarrow} \begin{pmatrix} 1 & 1 & -1 & \bigm| & -4 \\ 2 & 1 & 1 & \bigm| & 5 \\ 6 & 7 & 1 & \bigm| & 3 \end{pmatrix} \underset{\substack{②+①\times(-2)\\③+①\times(-6)}}{\longrightarrow}$$

$$\begin{pmatrix} 1 & 1 & -1 & \bigm| & -4 \\ 0 & -1 & 3 & \bigm| & 13 \\ 0 & 1 & 7 & \bigm| & 27 \end{pmatrix} \underset{②\times(-1)}{\longrightarrow} \begin{pmatrix} 1 & 1 & -1 & \bigm| & -4 \\ 0 & 1 & -3 & \bigm| & -13 \\ 0 & 1 & 7 & \bigm| & 27 \end{pmatrix}$$

$$
\xrightarrow[\substack{① + ② \times (-1) \\ ③ + ② \times (-1)}]{}
\left(\begin{array}{ccc|c}
1 & 0 & 2 & 9 \\
0 & 1 & -3 & -13 \\
0 & 0 & 10 & 40
\end{array} \right)
\xrightarrow[③ \times \dfrac{1}{10}]{}
$$

$$
\left(\begin{array}{ccc|c}
1 & 0 & 2 & 9 \\
0 & 1 & -3 & -13 \\
0 & 0 & 1 & 4
\end{array} \right)
\xrightarrow[\substack{① + ③ \times (-2) \\ ② + ③ \times 3}]{}
\left(\begin{array}{ccc|c}
1 & 0 & 0 & 1 \\
0 & 1 & 0 & -1 \\
0 & 0 & 1 & 4
\end{array} \right)
$$

答　$x = 1,\ y = -1,\ z = 4$ 　　　　　　　　　　　　　　　（終）

注意　掃き出し法による変形の仕方は 1 通りとは限らない．たとえば，上の例題では次のように解いてもよい．

例題 5.1 の別解

$$
\left(\begin{array}{ccc|c}
2 & 1 & 1 & 5 \\
1 & 1 & -1 & -4 \\
6 & 7 & 1 & 3
\end{array} \right)
\xrightarrow[① + ② \times (-1)]{}
\left(\begin{array}{ccc|c}
1 & 0 & 2 & 9 \\
1 & 1 & -1 & -4 \\
6 & 7 & 1 & 3
\end{array} \right)
$$

$$
\xrightarrow[\substack{② + ① \times (-1) \\ ③ + ① \times (-6)}]{}
\left(\begin{array}{ccc|c}
1 & 0 & 2 & 9 \\
0 & 1 & -3 & -13 \\
0 & 7 & -11 & -51
\end{array} \right)
\xrightarrow[③ + ② \times (-7)]{}
$$

$$
\left(\begin{array}{ccc|c}
1 & 0 & 2 & 9 \\
0 & 1 & -3 & -13 \\
0 & 0 & 10 & 40
\end{array} \right)
\xrightarrow[③ \times \dfrac{1}{10}]{}
\left(\begin{array}{ccc|c}
1 & 0 & 2 & 9 \\
0 & 1 & -3 & -13 \\
0 & 0 & 1 & 4
\end{array} \right)
$$

$$\begin{array}{c} \xrightarrow{} \\ ① + ③ \times (-2) \\ ② + ③ \times 3 \end{array} \left(\begin{array}{ccc|c} 1 & 0 & 0 & 1 \\ 0 & 1 & 0 & -1 \\ 0 & 0 & 1 & 4 \end{array} \right)$$

答　$x = 1,\ y = -1,\ z = 4$ 　　　　　　　　　　　　　　　　　　　（終）

　掃き出し法の目標，すなわち $(I|\vec{x})$ の形まで変形するという目標はいつも達成できるとは限らない．次の 2 つの例題を参照してほしい.

例題 5.2. 連立 1 次方程式

$$\begin{cases} x - 2y - 4z = -2 \\ 2x + y - 3z = 1 \\ x + 3y + z = 2 \end{cases}$$

を掃き出し法で解け.

解答

$$\left(\begin{array}{ccc|c} 1 & -2 & -4 & -2 \\ 2 & 1 & -3 & 1 \\ 1 & 3 & 1 & 2 \end{array} \right) \quad \begin{array}{c} \xrightarrow{} \\ ② + ① \times (-2) \\ ③ + ① \times (-1) \end{array} \left(\begin{array}{ccc|c} 1 & -2 & -4 & -2 \\ 0 & 5 & 5 & 5 \\ 0 & 5 & 5 & 4 \end{array} \right)$$

$$\begin{array}{c} \xrightarrow{} \\ ② \times \dfrac{1}{5} \end{array} \left(\begin{array}{ccc|c} 1 & -2 & -4 & -2 \\ 0 & 1 & 1 & 1 \\ 0 & 5 & 5 & 4 \end{array} \right) \quad \begin{array}{c} \xrightarrow{} \\ ① + ② \times 2 \\ ③ + ② \times (-5) \end{array} \left(\begin{array}{ccc|c} 1 & 0 & -2 & 0 \\ 0 & 1 & 1 & 1 \\ 0 & 0 & 0 & -1 \end{array} \right)$$

第 3 行の縦線の左側がすべて 0 になったのでこれ以上掃き出し法の変形を続

けることはできない．そこでもとの方程式の形に戻すと

$$
\begin{cases}
1 \cdot x + 0 \cdot y - 2 \cdot z = 0 \\
0 \cdot x + 1 \cdot y + 1 \cdot z = 1 \\
0 \cdot x + 0 \cdot y + 0 \cdot z = -1
\end{cases}
\quad \text{すなわち} \quad
\begin{cases}
x & - & 2z & = & 0 \\
& y & + & z & = & 1 \\
& & & 0 & = & -1
\end{cases}
$$

であるが，第 3 式はありえない式である．つまり，与えられた方程式を 3 個とも満たすような x, y, z が存在したとすると矛盾する．したがって

答　解なし　　　　　　　　　　　　　　　　　　　　　　　　　　　　　　（終）

> **例題 5.3.** 連立 1 次方程式
>
> $$
> \begin{cases}
> x - 2y - 4z = -7 \\
> 2x + y - 3z = 1 \\
> x + 3y + z = 8
> \end{cases}
> $$
>
> を掃き出し法で解け．

解答

$$
\begin{pmatrix}
1 & -2 & -4 & -7 \\
2 & 1 & -3 & 1 \\
1 & 3 & 1 & 8
\end{pmatrix}
\begin{array}{c}
\longrightarrow \\
② + ① \times (-2) \\
③ + ① \times (-1)
\end{array}
\begin{pmatrix}
1 & -2 & -4 & -7 \\
0 & 5 & 5 & 15 \\
0 & 5 & 5 & 15
\end{pmatrix}
$$

$$
\begin{array}{c}
\longrightarrow \\
② \times \dfrac{1}{5}
\end{array}
\begin{pmatrix}
1 & -2 & -4 & -7 \\
0 & 1 & 1 & 3 \\
0 & 5 & 5 & 15
\end{pmatrix}
\begin{array}{c}
\longrightarrow \\
① + ② \times 2 \\
③ + ② \times (-5)
\end{array}
\begin{pmatrix}
1 & 0 & -2 & -1 \\
0 & 1 & 1 & 3 \\
0 & 0 & 0 & 0
\end{pmatrix}
$$

第 3 行の縦線の左側がすべて 0 になったのでこれ以上掃き出し法の変形を続けることはできない．そこでもとの方程式の形に戻すと

$$
\begin{cases}
1 \cdot x + 0 \cdot y - 2 \cdot z = -1 \\
0 \cdot x + 1 \cdot y + 1 \cdot z = 3 \\
0 \cdot x + 0 \cdot y + 0 \cdot z = 0
\end{cases}
\quad \text{すなわち} \quad
\begin{cases}
x & - & 2z & = & -1 \\
& y & + & z & = & 3 \\
& & & 0 & = & 0
\end{cases}
$$

この場合第 3 式はいつでも成立する式である．したがって，実質的には第 1 式と第 2 式の 2 つの方程式を連立させればよい．z を含む項を移行すると $x = -1 + 2z, y = 3 - z$ である．したがって

答　$x = -1 + 2t, y = 3 - t, z = t$（$t$ は任意の数）　　　　　　（終）

注意　例題 5.2 と例題 5.3 の方程式は左辺はまったく同じで右辺のみが異なっている．そして上の解で行なわれている変形は 2 題ともまったく同じである．実際，掃き出し法の変形のプロセスは方程式の左辺のみで決まっており右辺はそれにあわせて自動的に変形される．したがって，左辺が一致する複数個の方程式は同時に取り扱うことができる．例題 5.2 と例題 5.3 であれば次のようになる．

$$\begin{pmatrix} 1 & -2 & -4 & -2 & -7 \\ 2 & 1 & -3 & 1 & 1 \\ 1 & 3 & 1 & 2 & 8 \end{pmatrix} \begin{matrix} \\ ②+①\times(-2) \\ ③+①\times(-1) \end{matrix} \longrightarrow \begin{pmatrix} 1 & -2 & -4 & -2 & -7 \\ 0 & 5 & 5 & 5 & 15 \\ 0 & 5 & 5 & 4 & 15 \end{pmatrix}$$

$$\underset{②\times\frac{1}{5}}{\longrightarrow} \begin{pmatrix} 1 & -2 & -4 & -2 & -7 \\ 0 & 1 & 1 & 1 & 3 \\ 0 & 5 & 5 & 4 & 15 \end{pmatrix} \underset{\substack{①+②\times2 \\ ③+②\times(-5)}}{\longrightarrow}$$

$$\begin{pmatrix} 1 & 0 & -2 & 0 & -1 \\ 0 & 1 & 1 & 1 & 3 \\ 0 & 0 & 0 & -1 & 0 \end{pmatrix}$$

第 3 行の縦線の左側がすべて 0 になったのでこれ以上掃き出し法の変形を続けることはできないので，あとは 2 つの方程式を別々に処理することになる．

　これらの例題からわかるように掃き出し法の目標が達成されるときは解は 1 通りに定まるが，逆に，掃き出し法の目標が達成されないときは解が存在し

ないかまたは複数個の解が存在する．つまり

掃き出し法の目標が達成される　　$\Longleftrightarrow$　　解が 1 通りに定まる　　　(5.13)

掃き出し法の目標が達成されない　　$\Longleftrightarrow$　　$\begin{cases} \text{解が存在しない} \\ \text{または} \\ \text{複数個の解が存在する} \end{cases}$　　(5.14)

となっていることがわかる．

なお，掃き出し法は未知数の個数と方程式の個数が一致していなくても適用できる：

例題 **5.4.** 連立 1 次方程式

$$\begin{cases} x + 2y + 2z - 4w = -1 \\ 2x + y + 4z + w = 4 \\ -2x + y - 4z + 3w = 2 \end{cases}$$

を掃き出し法で解け．

解答

$$\begin{pmatrix} 1 & 2 & 2 & -4 & \bigm| & -1 \\ 2 & 1 & 4 & 1 & \bigm| & 4 \\ -2 & 1 & -4 & 3 & \bigm| & 2 \end{pmatrix} \underset{\substack{②+①\times(-2) \\ ③+①\times 2}}{\longrightarrow} \begin{pmatrix} 1 & 2 & 2 & -4 & \bigm| & -1 \\ 0 & -3 & 0 & 9 & \bigm| & 6 \\ 0 & 5 & 0 & -5 & \bigm| & 0 \end{pmatrix}$$

$$\underset{②\times(-\frac{1}{3})}{\longrightarrow} \begin{pmatrix} 1 & 2 & 2 & -4 & \bigm| & -1 \\ 0 & 1 & 0 & -3 & \bigm| & -2 \\ 0 & 5 & 0 & -5 & \bigm| & 0 \end{pmatrix} \underset{\substack{①+②\times(-2) \\ ③+②\times(-5)}}{\longrightarrow}$$

$$\begin{pmatrix} 1 & 0 & 2 & 2 & \bigm| & 3 \\ 0 & 1 & 0 & -3 & \bigm| & -2 \\ 0 & 0 & 0 & 10 & \bigm| & 10 \end{pmatrix} \quad \underset{\text{③} \times \frac{1}{10}}{\longrightarrow} \quad \begin{pmatrix} 1 & 0 & 2 & 2 & \bigm| & 3 \\ 0 & 1 & 0 & -3 & \bigm| & -2 \\ 0 & 0 & 0 & 1 & \bigm| & 1 \end{pmatrix}$$

$$\underset{\substack{\text{①}+\text{③}\times(-2) \\ \text{②}+\text{③}\times 3}}{\longrightarrow} \quad \begin{pmatrix} 1 & 0 & 2 & 0 & \bigm| & 1 \\ 0 & 1 & 0 & 0 & \bigm| & 1 \\ 0 & 0 & 0 & 1 & \bigm| & 1 \end{pmatrix}$$

ここでもとの方程式の形に戻すと

$$\begin{cases} 1 \cdot x + 0 \cdot y + 2 \cdot z + 0 \cdot w = 1 \\ 0 \cdot x + 1 \cdot y + 0 \cdot z + 0 \cdot w = 1 \\ 0 \cdot x + 0 \cdot y + 0 \cdot z + 1 \cdot w = 1 \end{cases}$$

すなわち

$$\begin{cases} x \quad\ \ + \ \ 2z \qquad\quad = \quad 1 \\ \quad\ y \qquad\qquad\quad\ = \quad 1 \\ \qquad\qquad\quad\ \ w \ = \quad 1 \end{cases}$$

したがって

答　$x = 1 - 2t, y = 1, z = t, w = 1$ （t は任意の数）　　　　　　　（終）

例題 5.5. 連立1次方程式

$$\begin{cases} x + y = 3 \\ 2x + y = 1 \\ -x + 2y = 7 \end{cases}$$

を掃き出し法で解け.

解答
$$
\begin{pmatrix}
1 & 1 & 3 \\
2 & 1 & 1 \\
-1 & 2 & 7
\end{pmatrix}
\quad \longrightarrow \quad
\begin{pmatrix}
1 & 1 & 3 \\
0 & -1 & -5 \\
0 & 3 & 10
\end{pmatrix}
$$

②＋①×(-2)

③＋①×1

$$
\longrightarrow
\begin{pmatrix}
1 & 1 & 3 \\
0 & 1 & 5 \\
0 & 3 & 10
\end{pmatrix}
\quad \longrightarrow \quad
\begin{pmatrix}
1 & 0 & -2 \\
0 & 1 & 5 \\
0 & 0 & -5
\end{pmatrix}
$$

②×(-1)　　　　　　　①＋②×(-1)

③＋②×(-3)

ここでもとの方程式の形に戻すと

$$
\begin{cases}
1 \cdot x + 0 \cdot y = -2 \\
0 \cdot x + 1 \cdot y = 5 \\
0 \cdot x + 0 \cdot y = -5
\end{cases}
\qquad \text{すなわち} \qquad
\begin{cases}
x = -2 \\
 y = 5 \\
 0 = -5
\end{cases}
$$

であるが，第3式はありえない式である．したがって，与えられた方程式を3個とも満たすような x, y は存在しない．したがって

答　解なし　　　　　　　　　　　　　　　　　　　　　　　　（終）

5.3 掃き出し法と行列式

■3元の場合■　まず3元連立1次方程式

$$
\begin{cases}
a_{11}x + a_{12}y + a_{13}z = p \\
a_{21}x + a_{22}y + a_{23}z = q \\
a_{31}x + a_{32}y + a_{33}z = r
\end{cases}
$$

を考えよう．ここでは掃き出し法の変形により，係数行列の行列式の値がどのように変化するかを考えてみる．結論からいえば次の定理が成立する．

定理 5.5. (1) 1つの行に他の行の定数倍を加えても行列式の値は変わらない．

(2) 1つの行を k 倍すると行列式の値も k 倍される．

(3) 2つの行を入れ換えると行列式の値は -1 倍される．

注意　掃き出し法では定理の (2) の変形は $k \neq 0$ であるがこの定理は $k = 0$ でも成立する.

　この定理を証明するためにいくつか命題を証明する. これらもどれも行列式の性質として重要なものであるので覚えておこう.

命題 5.2.　$|\vec{a}_1 + \vec{b}_1 \ \vec{a}_2 \ \vec{a}_3| = |\vec{a}_1 \ \vec{a}_2 \ \vec{a}_3| + |\vec{b}_1 \ \vec{a}_2 \ \vec{a}_3|$

$\qquad\qquad |\vec{a}_1 \ \vec{a}_2 + \vec{b}_2 \ \vec{a}_3| = |\vec{a}_1 \ \vec{a}_2 \ \vec{a}_3| + |\vec{a}_1 \ \vec{b}_2 \ \vec{a}_3|$

$\qquad\qquad |\vec{a}_1 \ \vec{a}_2 \ \vec{a}_3 + \vec{b}_3| = |\vec{a}_1 \ \vec{a}_2 \ \vec{a}_3| + |\vec{a}_1 \ \vec{a}_2 \ \vec{b}_3|$

証明　3 次の行列式の定義と第 2 章, 定理 2.3 より

$$|\vec{a}_1 \ \vec{a}_2 \ \vec{a}_3 + \vec{b}_3| = (\vec{a}_1 \times \vec{a}_2, \vec{a}_3 + \vec{b}_3) = (\vec{a}_1 \times \vec{a}_2, \vec{a}_3) + (\vec{a}_1 \times \vec{a}_2, \vec{b}_3)$$
$$= |\vec{a}_1 \ \vec{a}_2 \ \vec{a}_3| + |\vec{a}_1 \ \vec{a}_2 \ \vec{b}_3|$$

となり 3 番目の式が成立する. また第 3 章, 定理 3.1 より

$$|\vec{a}_1 + \vec{b}_1 \ \vec{a}_2 \ \vec{a}_3| = ((\vec{a}_1 + \vec{b}_1) \times \vec{a}_2, \vec{a}_3) = (\vec{a}_1 \times \vec{a}_2 + \vec{b}_1 \times \vec{a}_2, \vec{a}_3)$$
$$= (\vec{a}_1 \times \vec{a}_2, \vec{a}_3) + (\vec{b}_1 \times \vec{a}_2, \vec{a}_3)$$
$$= |\vec{a}_1 \ \vec{a}_2 \ \vec{a}_3| + |\vec{b}_1 \ \vec{a}_2 \ \vec{a}_3|$$

$$|\vec{a}_1 \ \vec{a}_2 + \vec{b}_2 \ \vec{a}_3| = (\vec{a}_1 \times (\vec{a}_2 + \vec{b}_2), \vec{a}_3)$$
$$= (\vec{a}_1 \times \vec{a}_2 + \vec{a}_1 \times \vec{b}_2, \vec{a}_3)$$
$$= (\vec{a}_1 \times \vec{a}_2, \vec{a}_3) + (\vec{a}_1 \times \vec{b}_2, \vec{a}_3) = |\vec{a}_1 \ \vec{a}_2 \ \vec{a}_3| + |\vec{a}_1 \ \vec{b}_2 \ \vec{a}_3|$$

となり第 1 式, 第 2 式ともに成立する.　　　　　　　　　　　Q.E.D.

命題 5.3.　$|k\vec{a}_1 \ \vec{a}_2 \ \vec{a}_3| = k|\vec{a}_1 \ \vec{a}_2 \ \vec{a}_3|$

$\qquad\qquad |\vec{a}_1 \ k\vec{a}_2 \ \vec{a}_3| = k|\vec{a}_1 \ \vec{a}_2 \ \vec{a}_3|$

$\qquad\qquad |\vec{a}_1 \ \vec{a}_2 \ k\vec{a}_3| = k|\vec{a}_1 \ \vec{a}_2 \ \vec{a}_3|$

証明　3 次の行列式の定義と第 2 章，定理 2.3 より

$$|\vec{a}_1\ \vec{a}_2\ k\vec{a}_3| = (\vec{a}_1 \times \vec{a}_2, k\vec{a}_3) = k(\vec{a}_1 \times \vec{a}_2, \vec{a}_3) = k|\vec{a}_1\ \vec{a}_2\ \vec{a}_3|$$

となり 3 番目の式が成立する．また外積に対しても第 3 章，定理 3.1 より

$$|k\vec{a}_1\ \vec{a}_2\ \vec{a}_3| = ((k\vec{a}_1) \times \vec{a}_2, \vec{a}_3) = (k\vec{a}_1 \times \vec{a}_2, \vec{a}_3)$$
$$= k(\vec{a}_1 \times \vec{a}_2, \vec{a}_3) = k|\vec{a}_1\ \vec{a}_2\ \vec{a}_3|$$

$$|\vec{a}_1\ k\vec{a}_2\ \vec{a}_3| = (\vec{a}_1 \times (k\vec{a}_2), \vec{a}_3) = (k\vec{a}_1 \times \vec{a}_2, \vec{a}_3)$$
$$= k(\vec{a}_1 \times \vec{a}_2, \vec{a}_3) = k|\vec{a}_1\ \vec{a}_2\ \vec{a}_3|$$

となり第 1 式，第 2 式ともに成立する．　　　　　　　　　　　　　Q.E.D.

注意　命題 5.2, 5.3 と数学的帰納法を用いることにより

$$|k_1\vec{a}_{11} + k_2\vec{a}_{12} + \cdots + k_n\vec{a}_{1n}\ \vec{a}_2\ \vec{a}_3|$$
$$= k_1|\vec{a}_{11}\ \vec{a}_2\ \vec{a}_3| + k_2|\vec{a}_{12}\ \vec{a}_2\ \vec{a}_3| + \cdots + k_n|\vec{a}_{1n}\ \vec{a}_2\ \vec{a}_3|$$

$$|\vec{a}_1\ k_1\vec{a}_{21} + k_2\vec{a}_{22} + \cdots + k_n\vec{a}_{2n}\ \vec{a}_3|$$
$$= k_1|\vec{a}_1\ \vec{a}_{21}\ \vec{a}_3| + k_2|\vec{a}_1\ \vec{a}_{22}\ \vec{a}_3| + \cdots + k_n|\vec{a}_1\ \vec{a}_{2n}\ \vec{a}_3|$$

$$|\vec{a}_1\ \vec{a}_2\ k_1\vec{a}_{31} + k_2\vec{a}_{32} + \cdots + k_n\vec{a}_{3n}|$$
$$= k_1|\vec{a}_1\ \vec{a}_2\ \vec{a}_{31}| + k_2|\vec{a}_1\ \vec{a}_2\ \vec{a}_{32}| + \cdots + k_n|\vec{a}_1\ \vec{a}_2\ \vec{a}_{3n}|$$

が成立することもわかる．

命題 5.4. 同じ列を含む行列式の値は 0 である．

証明　同じベクトル同士の外積は $\vec{0}$ となるので

$$|\vec{a}_1\ \vec{a}_1\ \vec{a}_3| = (\vec{a}_1 \times \vec{a}_1, \vec{a}_3) = (\vec{0}, \vec{a}_3) = 0$$

したがって，第 1 列と第 2 列が等しい場合は 0 である．

また外積はもとのベクトルとは直交するので $\vec{a}_1 \times \vec{a}_2 \perp \vec{a}_1$, $\vec{a}_1 \times \vec{a}_2 \perp \vec{a}_2$,
したがって

$$|\vec{a}_1\ \vec{a}_2\ \vec{a}_1| = (\vec{a}_1 \times \vec{a}_2, \vec{a}_1) = 0, \quad |\vec{a}_1\ \vec{a}_2\ \vec{a}_2| = (\vec{a}_1 \times \vec{a}_2, \vec{a}_2) = 0$$

となり，第1列と第3列が等しい場合，第2列と第3列が等しい場合もともに 0 である． Q.E.D.

命題 5.5. 列を入れ換えると行列式の値は -1 倍される．

この命題を証明する前に次のことに注意しよう．3次の行列式は $\vec{a}_1, \vec{a}_2, \vec{a}_3$ を3辺とする平行六面体の（符号付の）体積を表しているので

$$(\vec{a}_1 \times \vec{a}_2, \vec{a}_3) = (\vec{a}_2 \times \vec{a}_3, \vec{a}_1) = (\vec{a}_3 \times \vec{a}_1, \vec{a}_2) \tag{5.15}$$

が成立する．

命題 5.5 の証明 定理 3.1，(3.3) より

$$|\vec{a}_2\ \vec{a}_1\ \vec{a}_3| = (\vec{a}_2 \times \vec{a}_1, \vec{a}_3) = (-\vec{a}_1 \times \vec{a}_2, \vec{a}_3) = -(\vec{a}_1 \times \vec{a}_2, \vec{a}_3)$$

$$= -|\vec{a}_1\ \vec{a}_2\ \vec{a}_3|$$

したがって，第1列と第2列を入れ換えたときは -1 倍されている．また (5.15) を用いると

$$|\vec{a}_3\ \vec{a}_2\ \vec{a}_1| = (\vec{a}_3 \times \vec{a}_2, \vec{a}_1) = (\vec{a}_2 \times \vec{a}_1, \vec{a}_3) = -|\vec{a}_1\ \vec{a}_2\ \vec{a}_3|$$

$$|\vec{a}_1\ \vec{a}_3\ \vec{a}_2| = (\vec{a}_1 \times \vec{a}_3, \vec{a}_2) = (\vec{a}_2 \times \vec{a}_1, \vec{a}_3) = -|\vec{a}_1\ \vec{a}_2\ \vec{a}_3|$$

となり，第1列と第3列を入れ換えたとき，第2列と第3列を入れ換えたときも -1 倍されている． Q.E.D.

命題 5.6. 1つの列に他の列の定数倍を加えても行列式の値は変わらない．

証明 第1列に第2列の k 倍を加えた場合について示す（他の場合も同様である）．

$$|\vec{a}_1 + k\vec{a}_2\ \vec{a}_2\ \vec{a}_3| = |\vec{a}_1\ \vec{a}_2\ \vec{a}_3| + |k\vec{a}_2\ \vec{a}_2\ \vec{a}_3|$$

$$= |\vec{a}_1\ \vec{a}_2\ \vec{a}_3| + k|\vec{a}_2\ \vec{a}_2\ \vec{a}_3|$$

$$= |\vec{a}_1\ \vec{a}_2\ \vec{a}_3| + k \cdot 0 = |\vec{a}_1\ \vec{a}_2\ \vec{a}_3|$$

ただし，最初の等号では命題 5.2 を，2番目の等号では命題 5.3 を，3番目の等号では命題 5.4 を用いた． Q.E.D.

命題 5.7. $|A| = |{}^t A|$

証明 定理の証明をわかりやすくするため

$$A = \begin{pmatrix} a_1 & a_2 & a_3 \\ b_1 & b_2 & b_3 \\ c_1 & c_2 & c_3 \end{pmatrix}$$

と成分表示し，$\vec{a}_1 = \begin{pmatrix} a_1 \\ b_1 \\ c_1 \end{pmatrix}, \vec{a}_2 = \begin{pmatrix} a_2 \\ b_2 \\ c_2 \end{pmatrix}, \vec{a}_3 = \begin{pmatrix} a_3 \\ b_3 \\ c_3 \end{pmatrix}, \vec{a} = \begin{pmatrix} a_1 \\ a_2 \\ a_3 \end{pmatrix},$

$\vec{b} = \begin{pmatrix} b_1 \\ b_2 \\ b_3 \end{pmatrix}, \vec{c} = \begin{pmatrix} c_1 \\ c_2 \\ c_3 \end{pmatrix}$ とおく．すると $A = (\vec{a}_1 \ \vec{a}_2 \ \vec{a}_3)$, ${}^t A = (\vec{a} \ \vec{b} \ \vec{c})$ と

列ベクトル表示される．また，

$$\vec{a}_1 \times \vec{a}_2 = \begin{pmatrix} b_1 c_2 - b_2 c_1 \\ c_1 a_2 - c_2 a_1 \\ a_1 b_2 - a_2 b_1 \end{pmatrix}, \quad \vec{a} \times \vec{b} = \begin{pmatrix} a_2 b_3 - a_3 b_2 \\ a_3 b_1 - a_1 b_3 \\ a_1 b_2 - a_2 b_1 \end{pmatrix}$$

であることにも注意すると 3 次の行列式の定義より

$$
\begin{aligned}
|A| &= (\vec{a}_1 \times \vec{a}_2, \vec{a}_3) \\
&= (b_1 c_2 - b_2 c_1) a_3 + (c_1 a_2 - c_2 a_1) b_3 + (a_1 b_2 - a_2 b_1) c_3 \\
&= a_1 b_2 c_3 + a_2 b_3 c_1 + a_3 b_1 c_2 - a_1 b_3 c_2 - a_2 b_1 c_3 - a_3 b_2 c_1 \\
&= (a_2 b_3 - a_3 b_2) c_1 + (a_3 b_1 - a_1 b_3) c_2 + (a_1 b_2 - a_2 b_1) c_3 \\
&= (\vec{a} \times \vec{b}, \vec{c}) = |{}^t A|
\end{aligned}
$$

Q.E.D.

定理 5.5 の証明 (1) 第 1 行に第 2 行の k 倍を加えた場合について証明する

(他についても同様).

$$\begin{vmatrix} \vec{\alpha}_1 + k\vec{\alpha}_2 \\ \vec{\alpha}_2 \\ \vec{\alpha}_3 \end{vmatrix} = |{}^t\vec{\alpha}_1 + k\,{}^t\vec{\alpha}_2 \ {}^t\vec{\alpha}_2 \ {}^t\vec{\alpha}_3| = |{}^t\vec{\alpha}_1 \ {}^t\vec{\alpha}_2 \ {}^t\vec{\alpha}_3| = \begin{vmatrix} \vec{\alpha}_1 \\ \vec{\alpha}_2 \\ \vec{\alpha}_3 \end{vmatrix}$$

ただし，最初と最後の等号は命題 5.7，2 番目の等号は命題 5.6 を用いた.

(2) 命題 5.3 と命題 5.7 より (1) と同様に示される.

(3) 命題 5.5 と命題 5.7 より (1) と同様に示される.   Q.E.D.

掃き出し法により行列 A が行列 B に変形されたとする．すると定理 5.5 より

$$|A| = \frac{(-1)^l}{K}|B| \tag{5.16}$$

ただし，

$\qquad l = ($ 掃き出し法の変形において行を入れ換えた回数 $)$

$\qquad K = ($ 掃き出し法の変形において行に掛けた定数すべての積 $)$

が成り立つ．なお，掃き出し法では行に 0 は掛けないので $K \neq 0$ であることに注意しよう.

掃き出し法の目標が達成される場合，つまり A が単位行列 I に変形される場合を考える．まず次の命題に注意しよう.

命題 5.8. $|I| = 1$

証明 $I = (\vec{e}_1 \ \vec{e}_2 \ \vec{e}_3)$ であることに注意すると

$$|I| = (\vec{e}_1 \times \vec{e}_2, \vec{e}_3) = (\vec{e}_3, \vec{e}_3) = |\vec{e}_3|^2 = 1 \qquad \text{Q.E.D.}$$

今の場合 $B = I$ であるので (5.16) より

$$|A| = \frac{(-1)^l}{K} \neq 0$$

となる.

次に掃き出し法の目標が達成されない場合を考える．このときは A は次の

形の行列に変形される.

$$
\begin{pmatrix}
* & * & * \\
* & * & * \\
0 & 0 & 0
\end{pmatrix}
$$

定理 5.5 (2) において $k = 0$ とすることにより，この行列の行列式の値は 0 であることがわかる．したがって，(5.16) より

$$
|A| = \frac{(-1)^l}{K}
\begin{vmatrix}
* & * & * \\
* & * & * \\
0 & 0 & 0
\end{vmatrix}
= 0
$$

以上より 3 元連立 1 次方程式において掃き出し法の目標が達成されるための必要十分条件は $|A| \neq 0$ であることがわかる.

■ n 元の場合 ■　　次に未知数が n 個の場合を考えてみる．ここでは方程式の個数も未知数と同じ n 個であるとする:

$$
\begin{cases}
a_{11}x_1 + a_{12}x_2 + \cdots + a_{1n}x_n = p_1 \\
a_{21}x_1 + a_{22}x_2 + \cdots + a_{2n}x_n = p_2 \\
\qquad\qquad \cdots\cdots\cdots\cdots \\
a_{n1}x_1 + a_{n2}x_2 + \cdots + a_{nn}x_n = p_n
\end{cases}
\tag{5.17}
$$

この場合も係数行列 A に対し 3 次の行列式と同じ性質（すなわち定理 5.5 および命題 5.8）をもつ実数値 $|A|$ が定義できれば前節と同じ論法で同じ結論を得ることができる．そこで，そのような実数値を n 次の行列式とよぶことにする．すなわち

[1] ある行に別の行の定数倍を加えても $|A|$ の値は変わらない

[2] ある行を k 倍すると $|A|$ の値も k 倍される

[3] 2 つの行を入れ換えると $|A|$ の値は -1 倍される

[4] $|I| = 1$

を満たす実数値 $|A|$ を n 次の行列式という.

　n 次正方行列に対しこのような実数値が実際に存在するということを確かめ

るため，まず，4次正方行列について考えてみる．$A = (a_{ij})$ を4次正方行列とし，その第 i 行を $(a_{i1}\ \vec{\gamma}_i)$ と表す（すなわち $\vec{\gamma}_i = (a_{i2}\ a_{i3}\ a_{i4})$）．今，簡単のため $a_{11} \neq 0$ であるとする．[1]〜[4] を満たす実数値 $|A|$ が存在するとすると性質 [1]，[2] から

$$
|A| = \begin{vmatrix} a_{11} & \vec{\gamma}_1 \\ a_{21} & \vec{\gamma}_2 \\ a_{31} & \vec{\gamma}_3 \\ a_{41} & \vec{\gamma}_4 \end{vmatrix} \underset{[1]}{=} \begin{vmatrix} a_{11} & \vec{\gamma}_1 \\ 0 & \vec{\gamma}_2 - \dfrac{a_{21}}{a_{11}}\vec{\gamma}_1 \\ 0 & \vec{\gamma}_3 - \dfrac{a_{31}}{a_{11}}\vec{\gamma}_1 \\ 0 & \vec{\gamma}_4 - \dfrac{a_{41}}{a_{11}}\vec{\gamma}_1 \end{vmatrix} \underset{[2]}{=} a_{11} \begin{vmatrix} 1 & \dfrac{1}{a_{11}}\vec{\gamma}_1 \\ 0 & \vec{\gamma}_2 - \dfrac{a_{21}}{a_{11}}\vec{\gamma}_1 \\ 0 & \vec{\gamma}_3 - \dfrac{a_{31}}{a_{11}}\vec{\gamma}_1 \\ 0 & \vec{\gamma}_4 - \dfrac{a_{41}}{a_{11}}\vec{\gamma}_1 \end{vmatrix}
$$

となる．ところで4次の行列式が [1]〜[4] を満たすことを用いると，3次正方行列 B に対して

$$
\begin{vmatrix} 1 & \dfrac{1}{a_{11}}\vec{\gamma}_1 \\ \vec{0} & B \end{vmatrix} = |B|
$$

が成り立つことわかる（第7章，演習問題 **7-1**）．ゆえに

$$
|A| = a_{11} \begin{vmatrix} \vec{\gamma}_2 - \dfrac{a_{21}}{a_{11}}\vec{\gamma}_1 \\ \vec{\gamma}_3 - \dfrac{a_{31}}{a_{11}}\vec{\gamma}_1 \\ \vec{\gamma}_4 - \dfrac{a_{41}}{a_{11}}\vec{\gamma}_1 \end{vmatrix}
$$

を得る．ここで演習問題 **5-8** および定理 5.5(2) を用いると

$$
\begin{vmatrix} \vec{\gamma}_2 - \dfrac{a_{21}}{a_{11}}\vec{\gamma}_1 \\ \vec{\gamma}_3 - \dfrac{a_{31}}{a_{11}}\vec{\gamma}_1 \\ \vec{\gamma}_4 - \dfrac{a_{41}}{a_{11}}\vec{\gamma}_1 \end{vmatrix} = \begin{vmatrix} \vec{\gamma}_2 \\ \vec{\gamma}_3 - \dfrac{a_{31}}{a_{11}}\vec{\gamma}_1 \\ \vec{\gamma}_4 - \dfrac{a_{41}}{a_{11}}\vec{\gamma}_1 \end{vmatrix} + \begin{vmatrix} -\dfrac{a_{21}}{a_{11}}\vec{\gamma}_1 \\ \vec{\gamma}_3 - \dfrac{a_{31}}{a_{11}}\vec{\gamma}_1 \\ \vec{\gamma}_4 - \dfrac{a_{41}}{a_{11}}\vec{\gamma}_1 \end{vmatrix}
$$

$$
= \begin{vmatrix} \vec{\gamma}_2 \\ \vec{\gamma}_3 - \dfrac{a_{31}}{a_{11}}\vec{\gamma}_1 \\ \vec{\gamma}_4 - \dfrac{a_{41}}{a_{11}}\vec{\gamma}_1 \end{vmatrix} - \dfrac{a_{21}}{a_{11}} \begin{vmatrix} \vec{\gamma}_1 \\ \vec{\gamma}_3 - \dfrac{a_{31}}{a_{11}}\vec{\gamma}_1 \\ \vec{\gamma}_4 - \dfrac{a_{41}}{a_{11}}\vec{\gamma}_1 \end{vmatrix}
$$

これを繰り返して

$$
\begin{vmatrix} \vec{\gamma}_2 - \dfrac{a_{21}}{a_{11}}\vec{\gamma}_1 \\[2mm] \vec{\gamma}_3 - \dfrac{a_{31}}{a_{11}}\vec{\gamma}_1 \\[2mm] \vec{\gamma}_4 - \dfrac{a_{41}}{a_{11}}\vec{\gamma}_1 \end{vmatrix}
=
\begin{vmatrix} \vec{\gamma}_2 \\ \vec{\gamma}_3 \\ \vec{\gamma}_4 \end{vmatrix}
- \frac{a_{41}}{a_{11}} \begin{vmatrix} \vec{\gamma}_2 \\ \vec{\gamma}_3 \\ \vec{\gamma}_1 \end{vmatrix}
- \frac{a_{31}}{a_{11}} \begin{vmatrix} \vec{\gamma}_2 \\ \vec{\gamma}_1 \\ \vec{\gamma}_4 \end{vmatrix}
$$

$$
+ \frac{a_{31}}{a_{11}}\frac{a_{41}}{a_{11}} \begin{vmatrix} \vec{\gamma}_2 \\ \vec{\gamma}_1 \\ \vec{\gamma}_1 \end{vmatrix}
- \frac{a_{21}}{a_{11}} \begin{vmatrix} \vec{\gamma}_1 \\ \vec{\gamma}_3 \\ \vec{\gamma}_4 \end{vmatrix}
+ \frac{a_{21}}{a_{11}}\frac{a_{41}}{a_{11}} \begin{vmatrix} \vec{\gamma}_1 \\ \vec{\gamma}_3 \\ \vec{\gamma}_1 \end{vmatrix}
$$

$$
+ \frac{a_{21}}{a_{11}}\frac{a_{31}}{a_{11}} \begin{vmatrix} \vec{\gamma}_1 \\ \vec{\gamma}_1 \\ \vec{\gamma}_4 \end{vmatrix}
- \frac{a_{21}}{a_{11}}\frac{a_{31}}{a_{11}}\frac{a_{41}}{a_{11}} \begin{vmatrix} \vec{\gamma}_1 \\ \vec{\gamma}_1 \\ \vec{\gamma}_1 \end{vmatrix}
$$

ところで同じ行を含む 3 次行列式の値は 0 （命題 5.4 と命題 5.7 から導かれる）であるので

$$
|A| = a_{11} \begin{vmatrix} \vec{\gamma}_2 - \dfrac{a_{21}}{a_{11}}\vec{\gamma}_1 \\[2mm] \vec{\gamma}_3 - \dfrac{a_{31}}{a_{11}}\vec{\gamma}_1 \\[2mm] \vec{\gamma}_4 - \dfrac{a_{41}}{a_{11}}\vec{\gamma}_1 \end{vmatrix}
$$

$$
= a_{11} \begin{vmatrix} \vec{\gamma}_2 \\ \vec{\gamma}_3 \\ \vec{\gamma}_4 \end{vmatrix}
- a_{21} \begin{vmatrix} \vec{\gamma}_1 \\ \vec{\gamma}_3 \\ \vec{\gamma}_4 \end{vmatrix}
+ a_{31} \begin{vmatrix} \vec{\gamma}_1 \\ \vec{\gamma}_2 \\ \vec{\gamma}_4 \end{vmatrix}
- a_{41} \begin{vmatrix} \vec{\gamma}_1 \\ \vec{\gamma}_2 \\ \vec{\gamma}_3 \end{vmatrix} \qquad (5.18)
$$

が成り立つことがわかる（ここではさらに定理 5.5 (3) を用いて行を入れ換えた）.

　このように 4 次の行列式 $|A|$ は（存在すれば）かならず (5.18) の形で与えられなければいけない. 逆に,（3 次の行列式が [1]～[4] を満たすことを用いると）(5.18) で与えられた式が [1]～[4] を満たすことを直接確かめることができる. つまり 4 次正方行列に対しては [1]～[4] を満たす実数値は実際に存在し, しかも (5.18) の形に限られることがわかる.

一般に n 次正方行列に対しても [1]〜[4] を満たす実数値は実際に存在し，しかも一通りであることがわかっている（詳細は第 7 章を参照のこと）．

したがって，連立 1 次方程式 (5.17) についても係数行列の行列式を考えることにより 3 元の場合と同じ論法で同じ結論を得る．まとめると次の定理となる．

定理 5.6. n 元連立 1 次方程式 (5.17) について，掃き出し法の目標が達成されるための必要十分条件は $|A| \neq 0$ である．

[付録] 行列式の計算方法

行列式はその定義から上記の [1]〜[4] が成り立つ．また，[1]〜[4] から下記の (5) が行に対して成立することも導き出される（命題 7.1 参照）．

(5.18) の右辺に現れる行列式は A の第 1 列と順に A の第 1 行，第 2 行，第 3 行，第 4 行を取り除いた 3 次の行列式である．一般に n 次正方行列 A に対し

$\tilde{a}_{ij} = (-1)^{i+j}|A_{ij}|$

$A_{ij} = (A$ の第 i 行と第 j 列を取り除いてできる $n-1$ 次正方行列$)$

とおく．このとき (5.18) は $|A| = a_{11}\tilde{a}_{11} + a_{21}\tilde{a}_{21} + a_{31}\tilde{a}_{31} + a_{41}\tilde{a}_{41}$ と表される．そして，この式は n 次の行列式でも成り立つことが知られている．さらに，より一般に行列式の展開定理とよばれる下記の (6)（第 7 章，定理 7.3）が成り立つことがわかっている．(6) の用語を用いると (5.18) は A の第 1 列に関する展開ということになる．

また，行列式については下記の (7)（第 7 章，定理 7.4）が成り立つことが知られているがこのことを用いると [1]〜[3] および (5) に対応することが列に対しても成立することがわかる（第 7 章，定理 7.5）．このほか行列式に対して (8)（第 7 章，定理 7.6）が成り立つことが知られている．

行列式の計算には掃き出し法に由来する [1]〜[3] の性質および対応する列の性質と行列式の展開定理が特に重要な役割を果たす．

(1)　1つの行に他の行の k 倍を加えても行列式の値は変わらない：

$$\begin{vmatrix} a_{11} & a_{12} & a_{13} & a_{14} \\ a_{21}+ka_{41} & a_{22}+ka_{42} & a_{23}+ka_{43} & a_{24}+ka_{44} \\ a_{31} & a_{32} & a_{33} & a_{34} \\ a_{41} & a_{42} & a_{43} & a_{44} \end{vmatrix}$$

$$= \begin{vmatrix} a_{11} & a_{12} & a_{13} & a_{14} \\ a_{21} & a_{22} & a_{23} & a_{24} \\ a_{31} & a_{32} & a_{33} & a_{34} \\ a_{41} & a_{42} & a_{43} & a_{44} \end{vmatrix}$$

1つの列に他の列の k 倍を加えても行列式の値は変わらない：

$$\begin{vmatrix} a_{11}+ka_{12} & a_{12} & a_{13} & a_{14} \\ a_{21}+ka_{22} & a_{22} & a_{23} & a_{24} \\ a_{31}+ka_{32} & a_{32} & a_{33} & a_{34} \\ a_{41}+ka_{42} & a_{42} & a_{43} & a_{44} \end{vmatrix} = \begin{vmatrix} a_{11} & a_{12} & a_{13} & a_{14} \\ a_{21} & a_{22} & a_{23} & a_{24} \\ a_{31} & a_{32} & a_{33} & a_{34} \\ a_{41} & a_{42} & a_{43} & a_{44} \end{vmatrix}$$

(2)　1つの行を k 倍すると行列式の値は k 倍になる：

$$\begin{vmatrix} a_{11} & a_{12} & a_{13} & a_{14} \\ a_{21} & a_{22} & a_{23} & a_{24} \\ ka_{31} & ka_{32} & ka_{33} & ka_{34} \\ a_{41} & a_{42} & a_{43} & a_{44} \end{vmatrix} = k \begin{vmatrix} a_{11} & a_{12} & a_{13} & a_{14} \\ a_{21} & a_{22} & a_{23} & a_{24} \\ a_{31} & a_{32} & a_{33} & a_{34} \\ a_{41} & a_{42} & a_{43} & a_{44} \end{vmatrix}$$

1つの列を k 倍すると行列式の値は k 倍になる：

$$\begin{vmatrix} a_{11} & ka_{12} & a_{13} & a_{14} \\ a_{21} & ka_{22} & a_{23} & a_{24} \\ a_{31} & ka_{32} & a_{33} & a_{34} \\ a_{41} & ka_{42} & a_{43} & a_{44} \end{vmatrix} = k \begin{vmatrix} a_{11} & a_{12} & a_{13} & a_{14} \\ a_{21} & a_{22} & a_{23} & a_{24} \\ a_{31} & a_{32} & a_{33} & a_{34} \\ a_{41} & a_{42} & a_{43} & a_{44} \end{vmatrix}$$

(3)　2 つの行を入れ換えると行列式の値は -1 倍になる：

$$
\begin{vmatrix}
a_{21} & a_{22} & a_{23} & a_{24} \\
a_{11} & a_{12} & a_{13} & a_{14} \\
a_{31} & a_{32} & a_{33} & a_{34} \\
a_{41} & a_{42} & a_{43} & a_{44}
\end{vmatrix}
= -
\begin{vmatrix}
a_{11} & a_{12} & a_{13} & a_{14} \\
a_{21} & a_{22} & a_{23} & a_{24} \\
a_{31} & a_{32} & a_{33} & a_{34} \\
a_{41} & a_{42} & a_{43} & a_{44}
\end{vmatrix}
$$

(第 1 行と第 2 行の入れ換え)

2 つの列を入れ換えると行列式の値は -1 倍になる：

$$
\begin{vmatrix}
a_{11} & a_{13} & a_{12} & a_{14} \\
a_{21} & a_{23} & a_{22} & a_{24} \\
a_{31} & a_{33} & a_{32} & a_{34} \\
a_{41} & a_{43} & a_{42} & a_{44}
\end{vmatrix}
= -
\begin{vmatrix}
a_{11} & a_{12} & a_{13} & a_{14} \\
a_{21} & a_{22} & a_{23} & a_{24} \\
a_{31} & a_{32} & a_{33} & a_{34} \\
a_{41} & a_{42} & a_{43} & a_{44}
\end{vmatrix}
$$

(第 2 列と第 3 列の入れ換え)

(4)　$|I| = 1$

(5)　ある 1 つの行以外はまったく等しい 2 つの行列式の値の和とその 2 つの行を加えた行列の行列式の値は等しい：

$$
\begin{vmatrix}
a_{11} & a_{12} & a_{13} & a_{14} \\
a_{21}+b_{21} & a_{22}+b_{22} & a_{23}+b_{23} & a_{24}+b_{24} \\
a_{31} & a_{32} & a_{33} & a_{34} \\
a_{41} & a_{42} & a_{43} & a_{44}
\end{vmatrix}
$$

$$
=
\begin{vmatrix}
a_{11} & a_{12} & a_{13} & a_{14} \\
a_{21} & a_{22} & a_{23} & a_{24} \\
a_{31} & a_{32} & a_{33} & a_{34} \\
a_{41} & a_{42} & a_{43} & a_{44}
\end{vmatrix}
+
\begin{vmatrix}
a_{11} & a_{12} & a_{13} & a_{14} \\
b_{21} & b_{22} & b_{23} & b_{24} \\
a_{31} & a_{32} & a_{33} & a_{34} \\
a_{41} & a_{42} & a_{43} & a_{44}
\end{vmatrix}
$$

ある 1 つの列以外はまったく等しい 2 つの行列式の値の和とその 2 つの

列を加えた行列の行列式の値は等しい：

$$\begin{vmatrix} a_{11} + b_{11} & a_{12} & a_{13} & a_{14} \\ a_{21} + b_{21} & a_{22} & a_{23} & a_{24} \\ a_{31} + b_{31} & a_{32} & a_{33} & a_{34} \\ a_{41} + b_{41} & a_{42} & a_{43} & a_{44} \end{vmatrix}$$

$$= \begin{vmatrix} a_{11} & a_{12} & a_{13} & a_{14} \\ a_{21} & a_{22} & a_{23} & a_{24} \\ a_{31} & a_{32} & a_{33} & a_{34} \\ a_{41} & a_{42} & a_{43} & a_{44} \end{vmatrix} + \begin{vmatrix} b_{11} & a_{12} & a_{13} & a_{14} \\ b_{21} & a_{22} & a_{23} & a_{24} \\ b_{31} & a_{32} & a_{33} & a_{34} \\ b_{41} & a_{42} & a_{43} & a_{44} \end{vmatrix}$$

(6)　（行列式の展開定理）

$$|A| = a_{i1}\tilde{a}_{i1} + a_{i2}\tilde{a}_{i2} + \cdots + a_{in}\tilde{a}_{in} \quad （第\ i\ 行に関する展開）$$

$$|A| = a_{1j}\tilde{a}_{1j} + a_{2j}\tilde{a}_{2j} + \cdots + a_{nj}\tilde{a}_{nj} \quad （第\ j\ 列に関する展開）$$

(7)　$|{}^t\!A| = |A|$

(8)　$|AB| = |A||B|$

　行列式の値を具体的に求めるためにはこれらの諸性質を用いる.

注意 1　　行列式の性質の (2) からある行（または列）の成分がすべて 0 であるとき行列式の値は 0 であることがわかる（演習問題 **7-2**, **7-8** 参照）：

$$\begin{vmatrix} a_{11} & a_{12} & a_{13} & a_{14} \\ a_{21} & a_{22} & a_{23} & a_{24} \\ 0 & 0 & 0 & 0 \\ a_{41} & a_{42} & a_{43} & a_{44} \end{vmatrix} = 0 \qquad \begin{vmatrix} a_{11} & 0 & a_{13} & a_{14} \\ a_{21} & 0 & a_{23} & a_{24} \\ a_{31} & 0 & a_{33} & a_{34} \\ a_{41} & 0 & a_{43} & a_{44} \end{vmatrix} = 0$$

注意 2　　行列式の性質の (3) から 2 つの行（または列）が等しいときは行列式

の値は 0 であることがわかる（演習問題 **7-3**, **7-9** 参照）：

$$
\begin{vmatrix}
a_{11} & a_{12} & a_{13} & a_{14} \\
a_{11} & a_{12} & a_{13} & a_{14} \\
a_{31} & a_{32} & a_{33} & a_{34} \\
a_{41} & a_{42} & a_{43} & a_{44}
\end{vmatrix} = 0 \qquad \text{（第 1 行と第 2 行が等しい）}
$$

$$
\begin{vmatrix}
a_{11} & a_{12} & a_{12} & a_{14} \\
a_{21} & a_{22} & a_{22} & a_{24} \\
a_{31} & a_{32} & a_{32} & a_{34} \\
a_{41} & a_{42} & a_{42} & a_{44}
\end{vmatrix} = 0 \qquad \text{（第 2 列と第 3 列が等しい）}
$$

注意3 $A = (\vec{a}_1\ \vec{a}_2\ \vec{a}_3)$ を 3 次正方行列とする．第 3 章で述べたように 3 次の行列式の定義は $|A| = (\vec{a}_1 \times \vec{a}_2, \vec{a}_3)$ であるが，外積の成分表示（定理 3.3 (5)）より

$$
|A| = (a_{21}a_{32} - a_{22}a_{31})a_{13} - (a_{11}a_{32} - a_{12}a_{31})a_{23} + (a_{11}a_{22} - a_{12}a_{21})a_{33}
$$

である．一方，

$$
\tilde{a}_{13} = (-1)^{1+3}|A_{13}| = (-1)^{1+3}
\begin{vmatrix}
a_{21} & a_{22} \\
a_{31} & a_{32}
\end{vmatrix} = a_{21}a_{32} - a_{22}a_{31}
$$

$$
\tilde{a}_{23} = (-1)^{2+3}|A_{23}| = (-1)^{2+3}
\begin{vmatrix}
a_{11} & a_{12} \\
a_{31} & a_{32}
\end{vmatrix} = -(a_{11}a_{32} - a_{12}a_{31})
$$

$$
\tilde{a}_{33} = (-1)^{3+3}|A_{33}| = (-1)^{3+3}
\begin{vmatrix}
a_{11} & a_{12} \\
a_{21} & a_{22}
\end{vmatrix} = a_{11}a_{22} - a_{12}a_{21}
$$

であるので第 3 章で述べた 3 次の行列式の定義は $|A| = a_{13}\tilde{a}_{13} + a_{23}\tilde{a}_{23} + a_{33}\tilde{a}_{33}$ となる．つまり，第 3 列に関する展開式である．

例題 5.6.
$\begin{vmatrix} -1 & 2 & -1 & 3 \\ 8 & -1 & 5 & 6 \\ 2 & 0 & 1 & 0 \\ -3 & 6 & -3 & 10 \end{vmatrix}$ の値を求めよ.

解答 行番号を丸囲みの番号で表したように列番号は四角囲みの番号で表す.

$\begin{vmatrix} -1 & 2 & -1 & 3 \\ 8 & -1 & 5 & 6 \\ 2 & 0 & 1 & 0 \\ -3 & 6 & -3 & 10 \end{vmatrix}$

$\underset{\boxed{1} + \boxed{3} \times (-2)}{=}$

$\begin{vmatrix} 1 & 2 & -1 & 3 \\ -2 & -1 & 5 & 6 \\ 0 & 0 & 1 & 0 \\ 3 & 6 & -3 & 10 \end{vmatrix}$

$\underset{\text{第 3 行で展開}}{=} \quad (-1)^{3+3} \cdot 1 \cdot \begin{vmatrix} 1 & 2 & 3 \\ -2 & -1 & 6 \\ 3 & 6 & 10 \end{vmatrix}$

$\underset{\substack{②+①\times 2 \\ ③+①\times(-3)}}{=} \begin{vmatrix} 1 & 2 & 3 \\ 0 & 3 & 12 \\ 0 & 0 & 1 \end{vmatrix} = 3$

(終)

注意 一般に三角行列に対しては

$$\begin{vmatrix} a_{11} & & & * \\ & a_{22} & & \\ & & \ddots & \\ \mathbf{O} & & & a_{nn} \end{vmatrix} = a_{11}a_{22}\cdots a_{nn} \tag{5.19}$$

が成立する (演習問題 **5-9** 参照).

例題 **5.7.** $\begin{vmatrix} 1 & 1 & 1 \\ a & b & c \\ a^2 & b^2 & c^2 \end{vmatrix}$ を計算し因数分解せよ.

解答

$$\begin{vmatrix} 1 & 1 & 1 \\ a & b & c \\ a^2 & b^2 & c^2 \end{vmatrix} \underset{\substack{\boxed{2}+\boxed{1}\times(-1) \\ \boxed{3}+\boxed{1}\times(-1)}}{=} \begin{vmatrix} 1 & 0 & 0 \\ a & b-a & c-a \\ a^2 & b^2-a^2 & c^2-a^2 \end{vmatrix}$$

$$\underset{\text{第 1 行で展開}}{=} (-1)^{1+1} \cdot 1 \cdot \begin{vmatrix} b-a & c-a \\ b^2-a^2 & c^2-a^2 \end{vmatrix}$$

$$= (b-a)(c-a) \begin{vmatrix} 1 & 1 \\ b+a & c+a \end{vmatrix}$$

$$= (b-a)(c-a)\{1 \cdot (c+a) - 1 \cdot (b+a)\}$$

$$= (b-a)(c-a)(c-b)$$

$$= (a-b)(b-c)(c-a)$$

（終）

例題 **5.8.** 3 次式 $x^3 + y^3 + z^3 - 3xyz$ を因数分解せよ.

解答　まず

$$x^3 + y^3 + z^3 - 3xyz = \begin{vmatrix} x & y & z \\ z & x & y \\ y & z & x \end{vmatrix}$$

であることに注意しよう．したがって

$$x^3 + y^3 + z^3 - 3xyz = \begin{vmatrix} x & y & z \\ z & x & y \\ y & z & x \end{vmatrix} \underset{\boxed{1}+\boxed{3}\times 1}{\underset{\boxed{1}+\boxed{2}\times 1}{=}} \begin{vmatrix} x+y+z & y & z \\ x+y+z & x & y \\ x+y+z & z & x \end{vmatrix}$$

$$\underset{\substack{②+①\times(-1) \\ ③+①\times(-1)}}{=} \begin{vmatrix} x+y+z & y & z \\ 0 & x-y & y-z \\ 0 & z-y & x-z \end{vmatrix}$$

$$\underset{\text{第1列で展開}}{=} (x+y+z)\begin{vmatrix} x-y & y-z \\ z-y & x-z \end{vmatrix}$$

$$= (x+y+z)\{(x-y)(x-z)-(y-z)(z-y)\}$$

$$= (x+y+z)(x^2-xy-xz+yz+y^2-2yz+z^2)$$

$$= (x+y+z)(x^2+y^2+z^2-xy-yz-zx)$$

（終）

■ 5.4 掃き出し法の目標が達成される場合

前節では掃き出し法の目標が達成されるための必要十分条件について述べたが，この節では掃き出し法の目標が達成される場合についてもう少し考察を深めてみよう．定理 5.6 によりそのための必要十分条件は $|A| \neq 0$ であることがわかったが，ここで注意したいことは方程式の右辺が何であっても $|A| \neq 0$ であれば掃き出し法の目標が達成される，したがって，解が 1 通りに定まる，ということである．つまり，右辺が何であっても $|A| \neq 0$ であれば解が求まるということになる．さらに，このことから以下のようにして係数行列 A が逆行列をもつことがわかる．

まず $\vec{p}$ が基本ベクトル $\vec{e}_j$ である場合を考えてみよう[2]：

$$A\vec{x} = \vec{e}_j.$$

この場合も解が求まるのでそれを $\vec{x}_j$ とする．すなわち $A\vec{x}_j = \vec{e}_j$．これらを並べて n 次正方行列を作る：

$$(A\vec{x}_1 \ A\vec{x}_2 \ \cdots \ A\vec{x}_n) = (\vec{e}_1 \ \vec{e}_2 \ \cdots \ \vec{e}_n) = I.$$

ここで $X = (\vec{x}_1 \ \vec{x}_2 \ \cdots \ \vec{x}_n)$ とおくと定理 5.2 より

$$(A\vec{x}_1 \ A\vec{x}_2 \ \cdots \ A\vec{x}_n) = A(\vec{x}_1 \ \vec{x}_2 \ \cdots \ \vec{x}_n) = AX,$$

すなわち，$AX = I$ を得る．今，$|A| \neq 0$ であるので前節 [付録] で述べた行列式の性質 (7)（第 7 章，定理 7.4）より $|{}^t A| \neq 0$ でもある．したがって，定理 5.6 より連立 1 次方程式 ${}^t A\vec{x} = \vec{p}$ も掃き出し法の目標が達成され，ゆえに $\vec{p}$ が何であっても解が 1 通りに定まる．そこで $YA = I$ を満たす行列 Y を X と同じようにして求めてみる．$YA = I$ の両辺の転置行列を考えると ${}^t A{}^t Y = I$ である．そこで連立 1 次方程式 ${}^t A\vec{x} = \vec{e}_j$ を解き，その解を $\vec{\xi}_j$ とする．そして $Y = {}^t(\vec{\xi}_1 \ \vec{\xi}_2 \ \cdots \ \vec{\xi}_n)$ とおくと ${}^t A{}^t Y = I$，すなわち $YA = I$ が成立する．したがって，$AX = I, YA = I$ を満たす行列 X, Y がそれぞれ求まったが，命題 5.1 (1) より $X = Y$ である．したがって，$AX = XA = I$ が成立する．つまり，X は A の逆行列である．以上より，$|A| \neq 0$ ならば A は逆行列をもつことがわかった．

(5.17) において $\vec{p} = \vec{0}$ の場合を考えてみよう：

$$\begin{cases} a_{11}x_1 + a_{12}x_2 + \cdots + a_{1n}x_n = 0 \\ a_{21}x_1 + a_{22}x_2 + \cdots + a_{2n}x_n = 0 \\ \qquad \cdots\cdots\cdots\cdots\cdots \\ a_{n1}x_1 + a_{n2}x_2 + \cdots + a_{nn}x_n = 0 \end{cases} \qquad (5.17)'$$

このような方程式を斉次連立 1 次方程式という．このときは $\vec{x} = \vec{0}$（つまり $x_1 = x_2 = \cdots = x_n = 0$）は明らかに解である．この解を (5.17)' の自明な解と

---

[2] 第 j 成分が 1，その他の成分が 0 である列ベクトルを $\vec{e}_j$ と表す．また，空間ベクトルと同様にこれらの列ベクトルを基本ベクトルという（3.3 節参照）．

いう. 掃き出し法の目標が達成されるときは解は 1 通りに定まるので (5.17)' は自明な解しかもたない.

　以上をまとめると次の命題を得る.

命題 5.9. 連立 1 次方程式 (5.17) について $|A| \neq 0$ のとき次が成立する.
(1) 連立 1 次方程式 (5.17) は任意の右辺に対し解をもつ
(2) 行列 A は逆行列をもつ
(3) 斉次連立 1 次方程式 (5.17)' の解は自明な解のみである

注意　A が逆行列をもつとき (5.17) の行列表示 $A\vec{x} = \vec{p}$ の両辺に左から A^{-1} を掛けることにより

$$\vec{x} = A^{-1}\vec{p}$$

と (5.17) の解を表示することができる.

[付録] 逆行列の求め方

　前述したように $|A| \neq 0$ のとき $AX = I$ を満たす X を求めればそれが A の逆行列であった. そしてこれは n 個の連立 1 次方程式 $A\vec{x} = \vec{e}_j$ ($j = 1, 2, \cdots, n$) を解くことと同じである. この解を $\vec{x}_j$ とおくと, これが X の第 j 列である. 掃き出し法では

$$(A|\vec{e}_j) \quad \longrightarrow \quad (I|\vec{x}_j)$$
$$\Uparrow$$
$$[\mathrm{I}] \sim [\mathrm{III}]$$

と変形される. ところで, これらの n 個の連立 1 次方程式の係数行列はどれも A である. したがって, 例題 5.3 のあとで注意したように掃き出し法の変形を同時に行なうことができる. すなわち

$$(A|\vec{e}_1 \ \vec{e}_2 \ \cdots \ \vec{e}_n) \quad \longrightarrow \quad (I|\vec{x}_1 \ \vec{x}_2 \ \cdots \ \vec{x}_n)$$
$$\Uparrow$$
$$[\mathrm{I}] \sim [\mathrm{III}]$$

とできる. ここで $I = (\vec{e}_1 \ \vec{e}_2 \ \cdots \ \vec{e}_n), X = (\vec{x}_1 \ \vec{x}_2 \ \cdots \ \vec{x}_n)$ であるので, 結

局，掃き出し法により

$$(A|I) \quad \longrightarrow \quad (I|X)$$

$$\Uparrow$$

$$[\mathrm{I}] \sim [\mathrm{III}]$$

と変形したときに縦線の右側に現れる正方行列が A の逆行列ということになる．

例題 5.9. 行列

$$\begin{pmatrix} 1 & 2 & 0 \\ -3 & 1 & -4 \\ 1 & 0 & 1 \end{pmatrix}$$

の逆行列を掃き出し法で求めよ．

解答

$$\begin{pmatrix} 1 & 2 & 0 & 1 & 0 & 0 \\ -3 & 1 & -4 & 0 & 1 & 0 \\ 1 & 0 & 1 & 0 & 0 & 1 \end{pmatrix} \xrightarrow[\textcircled{3} + \textcircled{1} \times (-1)]{\textcircled{2} + \textcircled{1} \times 3} \begin{pmatrix} 1 & 2 & 0 & 1 & 0 & 0 \\ 0 & 7 & -4 & 3 & 1 & 0 \\ 0 & -2 & 1 & -1 & 0 & 1 \end{pmatrix}$$

$$\xrightarrow[\textcircled{2} + \textcircled{3} \times 3]{} \begin{pmatrix} 1 & 2 & 0 & 1 & 0 & 0 \\ 0 & 1 & -1 & 0 & 1 & 3 \\ 0 & -2 & 1 & -1 & 0 & 1 \end{pmatrix} \xrightarrow[\textcircled{3} + \textcircled{2} \times 2]{\textcircled{1} + \textcircled{2} \times (-2)}$$

$$\begin{pmatrix} 1 & 0 & 2 & 1 & -2 & -6 \\ 0 & 1 & -1 & 0 & 1 & 3 \\ 0 & 0 & -1 & -1 & 2 & 7 \end{pmatrix} \xrightarrow[\textcircled{3} \times (-1)]{} \begin{pmatrix} 1 & 0 & 2 & 1 & -2 & -6 \\ 0 & 1 & -1 & 0 & 1 & 3 \\ 0 & 0 & 1 & 1 & -2 & -7 \end{pmatrix}$$

$$\underset{\substack{① + ③ \times (-2) \\ ② + ③ \times 1}}{\longrightarrow} \left(\begin{array}{ccc|ccc} 1 & 0 & 0 & -1 & 2 & 8 \\ 0 & 1 & 0 & 1 & -1 & -4 \\ 0 & 0 & 1 & 1 & -2 & -7 \end{array} \right)$$

答 $\left(\begin{array}{ccc} -1 & 2 & 8 \\ 1 & -1 & -4 \\ 1 & -2 & -7 \end{array} \right)$ (終)

掃き出し法を使う方法の他に余因子行列を計算して逆行列を求める方法もある（第 8 章 8.1 節参照）．ただしこの方法は行列の次数が大きくなると計算量が増えて実用的ではなくなる．

■ 5.5 方程式と未知数の個数が一致しない場合

この節では未知数と方程式の個数が一致していない場合も含めた (5.11) について考察する．

一般には (5.11) は解をもつとは限らないが解をもつときはどうなっているであろうか．A を (5.11) の係数行列とし，$\vec{x}_0$ を (5.11) の解としよう．すなわち

$$A\vec{x}_0 = \vec{p} \tag{5.20}$$

が成り立っているとする．次に (5.11) で右辺がすべて 0 の場合

$$\begin{cases} a_{11}x_1 + a_{12}x_2 + \cdots + a_{1n}x_n = 0 \\ a_{21}x_1 + a_{22}x_2 + \cdots + a_{2n}x_n = 0 \\ \qquad \cdots\cdots\cdots\cdots \\ a_{m1}x_1 + a_{m2}x_2 + \cdots + a_{mn}x_n = 0 \end{cases} \tag{5.11}'$$

を考える．そして $\vec{y}$ を (5.11)' の任意の解とする．すなわち

$$A\vec{y} = \vec{0} \tag{5.21}$$

とする. すると $\vec{x} = \vec{x}_0 + \vec{y}$ とおくと

$$A\vec{x} = A(\vec{x}_0 + \vec{y}) = A\vec{x}_0 + A\vec{y} = \vec{p} + \vec{0} = \vec{p}$$

となり $\vec{x}$ も (5.11) の解であることがわかる. 逆に $\vec{x}$ が (5.11) の任意の解であるとすると $\vec{y} = \vec{x} - \vec{x}_0$ とおくと

$$A\vec{y} = A(\vec{x} - \vec{x}_0) = A\vec{x} - A\vec{x}_0 = \vec{p} - \vec{p} = \vec{0}$$

となり $\vec{y}$ は (5.11)' の解であることがわかる. 以上より次の事実が成り立つことがわかる.

定理 5.7.　((5.11) の一般解) = ((5.11) の特殊解) + ((5.11)' の一般解)

定理 5.7 より (5.11) の解の構造を知るには (5.11)' の解の構造がわかればよい. そこで, 以下では斉次連立 1 次方程式 (5.11)' を考察する.

掃き出し法により (5.11)' の係数行列 A は次の形に変形される:

$$
\begin{pmatrix}
0 & \cdots & 0 & 1 & * & \cdots & * & 0 & * & \cdots & \cdots & * & 0 & * & \cdots & * \\
0 & \cdots & 0 & 0 & 0 & \cdots & 0 & 1 & * & \cdots & \cdots & * & 0 & * & \cdots & * \\
\vdots & \ddots & \vdots & \vdots & \vdots & \vdots & \vdots & \vdots & \vdots & \ddots & \ddots & \vdots & \vdots & \vdots & \ddots & \vdots \\
0 & \cdots & 0 & 0 & 0 & \cdots & 0 & 0 & 0 & \cdots & \cdots & 0 & 1 & * & \cdots & * \\
0 & \cdots & 0 & 0 & 0 & \cdots & 0 & 0 & 0 & \cdots & \cdots & 0 & 0 & 0 & \cdots & 0 \\
\vdots & \ddots & \vdots & \vdots & \vdots & \vdots & \vdots & \vdots & \vdots & \ddots & \ddots & \vdots & \vdots & \vdots & \ddots & \vdots \\
0 & \cdots & 0 & 0 & 0 & \cdots & 0 & 0 & 0 & \cdots & \cdots & 0 & 0 & 0 & \cdots & 0
\end{pmatrix}
$$

すなわち

(a) 列ベクトルには基本ベクトル $\vec{e}_1, \vec{e}_2, \ldots, \vec{e}_r$ $(r \leqq n)$ が含まれる

(b) $i < j$ のとき $\vec{e}_i$ は $\vec{e}_j$ の左側にある

(c) $\vec{e}_1$ の左側の列ベクトルはすべて零ベクトル $\vec{0}$ である

(d) $\vec{e}_i$ と $\vec{e}_{i+1}$ の間にある列ベクトルの第 $i+1$ 成分から第 m 成分まですべて 0 である

(e) $\vec{e}_r$ の右側にある列ベクトルの第 $r+1$ 成分から第 m 成分まですべて 0 である

（演習問題 **5-11**）.

連立 1 次方程式では未知数の順番を入れ換えても本質的には違わない．未知数の順番を入れ換えると係数行列の列が入れ換わることに注意しよう．したがって，(5.11)' において未知数の順番を入れ換えると最終的には次の形に変形される．

$$
\begin{pmatrix}
1 & 0 & \cdots & 0 & d_{1\,r+1} & d_{1\,r+2} & \cdots & d_{1n} \\
0 & 1 & \cdots & 0 & d_{2\,r+1} & d_{2\,r+2} & \cdots & d_{2n} \\
\vdots & \vdots & \ddots & \vdots & \vdots & \vdots & \ddots & \vdots \\
0 & 0 & \cdots & 1 & d_{r\,r+1} & d_{r\,r+2} & \cdots & d_{rn} \\
0 & 0 & \cdots & 0 & 0 & 0 & \cdots & 0 \\
\vdots & \vdots & \ddots & \vdots & \vdots & \vdots & \ddots & \vdots \\
0 & 0 & \cdots & 0 & 0 & 0 & \cdots & 0
\end{pmatrix}
\tag{5.22}
$$

なお，一般には $r = n$ の場合もありえる[3]．

さて係数行列を 5.22 まで変形したあと連立 1 次方程式の形に戻すと次のようになる．ただし，未知数の順番は入れ換えているが，あらためて番号を付け直し順番に $x_1, x_2, \cdots, x_n$ となっているとする．

$$
\left\{
\begin{aligned}
x_1 \qquad\qquad\qquad + d_{1\,r+1}x_{r+1} + d_{1\,r+2}x_{r+2} + \cdots + d_{1n}x_n &= 0 \\
x_2 \qquad\qquad + d_{2\,r+1}x_{r+1} + d_{2\,r+2}x_{r+2} + \cdots + d_{2n}x_n &= 0 \\
\vdots \qquad\qquad\qquad\qquad \\
x_r + d_{r\,r+1}x_{r+1} + d_{r\,r+2}x_{r+2} + \cdots + d_{rn}x_n &= 0 \\
0 &= 0 \\
\vdots \qquad \\
0 &= 0
\end{aligned}
\right.
\tag{5.23}
$$

---

[3] $m = n$ で $r = n$ となる場合は掃き出し法の目標が達成される場合である．

これより，この方程式の解は

$$
\begin{cases}
x_1 \ &= -(d_{1\,r+1}t_1 + d_{1\,r+2}t_2 + \cdots + d_{1n}t_{n-r}) \\
x_2 \ &= -(d_{2\,r+1}t_1 + d_{2\,r+2}t_2 + \cdots + d_{2n}t_{n-r}) \\
&\ \ \vdots \\
x_r \ &= -(d_{r\,r+1}t_1 + d_{r\,r+2}t_2 + \cdots + d_{rn}t_{n-r}) \\
x_{r+1} &= t_1 \\
x_{r+2} &= t_2 \\
&\ \ \vdots \\
x_n \ &= t_{n-r}
\end{cases} \tag{5.24}
$$

（ただし $t_1, t_2, \cdots, t_{n-r}$ は任意の数）であることがわかる．

　上の連立 1 次方程式では解に $n-r$ 個の任意のパラメータが含まれている．一般に，解に含まれる任意のパラメータの個数を連立 1 次方程式の解の自由度という．

　なお，定理 5.7 より (5.11) が解をもてば，その解に含まれる任意のパラメータの個数は (5.11)' の解の自由度に一致することがわかる．ただ，(5.11) では (5.22) まで掃き出し法で変形したあともとの連立 1 次方程式に直したとき，(5.23) とは違い右辺には 0 以外の数字も表れる．特に $r < m$ のときは $r+1$ 番目以降の式は左辺は 0 であるが，右辺は 0 でないという場合が起こりうる．このようなとき (5.11) は解をもたないことになる．

■ 階数 ■　上でみたように斉次連立一次方程式 (5.11)' を解くと一定の自由度をもつ解が得られる．一方，$m \times n$ 行列 A が任意に与えられたときに，この行列を係数行列とする斉次 n 元連立一次方程式 (5.11)' を考えることができる．するとこの方程式に対して解の自由度が定まる．したがって，(5.11)' の解の自由度は行列 A の性質の一つであると考えられる．一般に $m \times n$ 行列 A に対し

$$
\mathrm{rank}\,A = n - ((5.11)'\text{ の解の自由度}) \tag{5.25}
$$

と表し，行列 A の階数という．ここでなぜ自由度そのものではなく n から自由度を引いた値を考えるのかであるが，それは，(5.11)' を解くプロセスを思い出してみると納得できる．前節では (5.11)' の係数行列を掃き出し法で変形し，

さらに未知数の順番を入れ替えることにより最終的に (5.22) の形まで変形した．この行列は

$$\begin{pmatrix} I_r & * \\ O & O \end{pmatrix}$$

という形をしていることに注意しよう．そして解の自由度とは $*$ の部分の列の個数である．したがって n から解の自由度を引いた値というのは左上に現れている単位行列の次数に他ならない．つまり行列の階数というのはまさに左上に現れる単位行列の次数のことである．階数およびその求め方については 5.7 節で詳しく述べたいと思う．

注意　(5.25) より，連立 1 次方程式 (5.11)' の係数行列を A とすると

$$((5.11)' \text{ の解の自由度}) = n - \operatorname{rank} A$$

である．

　A を n 次正方行列とする．このとき A が掃き出し法の目標を達成することは (5.11)' の解の自由度が 0 となることを意味する．そして解の自由度が 0 というのは (5.25) よりつまり $\operatorname{rank} A = n$ を意味する．したがって，定理 5.6 より次の事実を得る[4]．

命題 5.10. A を n 次正方行列とする．このとき $|A| \neq 0$ と $\operatorname{rank} A = n$ は同値である．

5.6 掃き出し法の目標が達成されない場合

　この節では未知数と方程式の個数が一致する場合 (5.17) で掃き出し法の目標が達成されない場合を考える．このときは定理 5.6 より係数行列 A について $|A| = 0$ が成り立っている．また，まず斉次方程式 (5.17)' は (5.11)' の特殊な場合であるので定理 5.7 からただちに次の系を得る：

系 5.1.　　$((5.17) \text{ の一般解}) = ((5.17) \text{ の特殊解}) + ((5.17)' \text{ の一般解})$

---

[4] 詳しいことは第 8 章の命題 8.2, 命題 8.3 を参照していただきたい．なお，命題 5.10 は命題 8.3 の一部である．

さて，前節の結果を (5.17), (5.17)'，つまり $m = n$ の場合について考えてみよう．掃き出し法の目標は達成されないのでこの場合には $r < n$ である．したがって (5.17)' の解の自由度は $n - r \geqq 1$ となり，自明でない解が必ず存在することがわかる．また (5.17) はこの場合には $r < n = m$ であるので解をもたないという場合が起こりうる．以上と系 5.2 の後の注意をまとめると次の命題を得る．

命題 5.11. 連立1次方程式 (5.17) について $|A| = 0$ のとき次が成立する．

(1) 連立1次方程式 (5.17) は右辺によっては解をもたない場合がある

(2) 行列 A は逆行列をもたない

(3) 斉次連立1次方程式 (5.17)' は自明でない解をもつ

証明　(2) だけ示されていないので (2) を示す．対偶「A が逆行列をもてば $|A| \neq 0$」を示す．A が逆行列をもつとする．$A^{-1} = X$ とおくと $AX = I$ なのでこれの両辺の行列式を考える．5.3 節 [付録] で述べた行列式の性質 (8)（第7章，定理 7.6）より $|AX| = |A||X|$ である．一方，行列式の定義 [4] より $|I| = 1$ であるので $|A||X| = 1$. これより $|A| \neq 0$ が成立する．　　Q.E.D.

命題 5.11 (2) の証明では $AX = I$ であることから $|A| \neq 0$ を導き出しているが，同様にして $XA = I$ からでも $|A| \neq 0$ が導き出せる．したがって命題 5.9 (2) および命題 5.1 (1) より次の系を得る．

系 5.2. $AX = I$ または $XA = I$ のどちらか一方が成り立てば A は逆行列をもち，さらに $A^{-1} = X$ である．

[付録] 5.4 節と 5.6 節のまとめ

命題 5.11 は命題 5.9 の逆（の対偶）であることに注意しよう．したがって，これらの命題から次の定理を得る．これは2元連立1次方程式に対する定理 4.3（第4章 4.3 節）の n 元への一般化である．

定理 5.8. 連立 1 次方程式 (5.17) について次の各条件は同値である：

(a) 行列 A は逆行列をもつ

(b) 斉次連立 1 次方程式 (5.17)' の解は自明な解のみである

(c) 連立 1 次方程式 (5.17) は任意の右辺に対し解をもつ

(d) $|A| \neq 0$

次の定理は定理 5.8 の対偶である．

定理 5.9. 連立 1 次方程式 (5.17) について次の各条件は同値である：

(a) 行列 A は逆行列をもたない

(b) 斉次連立 1 次方程式 (5.17)' は自明でない解をもつ

(c) 連立 1 次方程式 (5.17) は右辺によっては解をもたない場合がある

(d) $|A| = 0$

▎ 5.7 行列の基本変形

掃き出し法は次の 3 種類の変形を拡大係数行列に対して施して連立 1 次方程式を解く方法であった．

[I] 1 つの行に他の行の定数倍を加える．

[II] 1 つの行に 0 でない定数を掛ける．

[III] 2 つの行を入れ換える．

さらに 5.5 節ではこれらの変形の他に列の入れ換えも行なって (5.22) まで変形した．列の入れ換えの他にも上の各変形に対応する列の変形を考えることができる．すなわち

[I]' 1 つの列に他の列の定数倍を加える．

[II]' 1 つの列に 0 でない定数を掛ける．

[III]' 2 つの列を入れ換える．

[I] 〜 [III] を行基本変形，[I]' 〜 [III]' を列基本変形という．そして [I] 〜 [III]，

[I]' ～ [III]' の 6 種類の変形をまとめて基本変形という.

　行列の基本変形は掃き出し法の他, すでにみたように行列式の計算にも応用される. さらに 5.6 節の最後に述べた階数を求めるときも基本変形は有用である.

　すでに述べたように任意の行列は行基本変形 [I]～[III] と列の入れ換え [III]' により (5.22) の形に変形できた. ここで行と列の役割を入れ換えると, 任意の行列は列基本変形 [I]'～[III]' と行の入れ換え [III] により

$$\begin{pmatrix} I_r & O \\ * & O \end{pmatrix} \tag{5.26}$$

の形に変形できることがわかる.

　行列 A が (5.22) に変形されたとする. これは $(\vec{e}_1 \ \cdots \ \vec{e}_r \ \vec{c}_{r+1} \ \cdots \ \vec{c}_n)$ の形に列ベクトル表示できる. すると

$$A$$

$$\downarrow \qquad\qquad \Longleftarrow \text{[I]～[III], [III]'}$$

$$(\vec{e}_1 \ \cdots \ \vec{e}_r \ \vec{c}_{r+1} \ \cdots \ \vec{c}_n)$$

$$\downarrow \qquad\qquad \Longleftarrow \boxed{r+1} + \boxed{1} \times (-d_{1\,r+1}) + \boxed{2} \times (-d_{2\,r+1}) + \\ \cdots + \boxed{r} \times (-d_{r\,r+1})$$

$$(\vec{e}_1 \ \cdots \ \vec{e}_r \ \vec{0} \ \vec{c}_{s+2} \ \cdots \ \vec{c}_r)$$

$$\downarrow \qquad\qquad \Longleftarrow \boxed{r+2} + \boxed{1} \times (-d_{1\,r+2}) + \boxed{2} \times (-d_{2\,r+2}) + \\ \cdots + \boxed{r} \times (-d_{r\,r+2})$$

$$\vdots$$

$$\downarrow \qquad\qquad \Longleftarrow \boxed{n} + \boxed{1} \times (-d_{1\,n}) + \boxed{2} \times (-d_{2\,n}) + \\ \cdots + \boxed{r} \times (-d_{r\,n})$$

$$(\vec{e}_1 \ \cdots \ \vec{e}_r \ \vec{0} \ \vec{0} \ \cdots \ \vec{0})$$

$$\|$$

$$\begin{pmatrix} I_r & O \\ O & O \end{pmatrix}$$

と変形できる. 以上をまとめると

命題 5.12. A を $m \times n$ 行列とする. このとき

(1) A は [I]〜[III], [III]' により $\begin{pmatrix} I_r & * \\ O & O \end{pmatrix}$ の形に変形される.

(2) A は [III], [I]'〜[III]' により $\begin{pmatrix} I_r & O \\ * & O \end{pmatrix}$ の形に変形される.

(3) A は [I]〜[III], [I]'〜[III]' により $\begin{pmatrix} I_r & O \\ O & O \end{pmatrix}$ の形に変形される.

この命題の (1) の形の行列を行標準形, (2) の形の行列を列標準形, (3) の形の行列を基本標準形という.

命題 5.12 の前の議論により A が $\begin{pmatrix} I_r & * \\ O & O \end{pmatrix}$ の形に変形されるならば, 基本変形により $\begin{pmatrix} I_r & O \\ O & O \end{pmatrix}$ の形に変形される. 同様にして A が $\begin{pmatrix} I_r & O \\ * & O \end{pmatrix}$ の形に変形されるならば, 基本変形により $\begin{pmatrix} I_r & O \\ O & O \end{pmatrix}$ の形に変形されることがわかる. しかしこれだけでは行標準形の左上に現れる単位行列の次数と列標準形の左上に現れる単位行列の次数が一致するかどうかわからない. 実は, 次の定理が成立するので各標準形の左上に現れる単位行列の次数はどの標準形も一致することがわかる. この定理は 8.2 節において証明する.

定理 5.10. $m \times n$ 行列を基本標準形に変形したときに左上に現れる単位行列の次数は変形の仕方によらず一定である.

A を [I]〜[III], [III]' により変形することと ${}^t\!A$ を [III], [I]'〜[III]' により変形す

ることは行と列が入れ換わっているだけで実質的には同じである．したがって，A の行標準形の左上に現れる単位行列の次数と ${}^t\!A$ の列標準形の左上に現れる単位行列の次数は一致する．すると定理 5.10 からただちに次に事実を得る．

系 5.3. $\mathrm{rank}\ {}^t\!A = \mathrm{rank}\ A$

■ 階数を求める ■　5.5 節の議論より行列の階数は行標準形に表れる単位行列の次数に一致することがわかるが，さらに定理 5.10 により基本標準形に表れる単位行列の次数に一致することがわかる．

　ここで

$$\begin{pmatrix} 2 & 5 & 1 & -1 \\ 4 & 4 & -4 & 4 \\ 3 & 1 & 0 & -1 \\ 3 & 8 & -3 & 4 \end{pmatrix}$$

を例に考えてみよう．この行列の行標準形を行基本変形のみで求めると次のようになる：

$$\begin{pmatrix} 2 & 5 & 1 & -1 \\ 4 & 4 & -4 & 4 \\ 3 & 1 & 0 & -1 \\ 3 & 8 & -3 & 4 \end{pmatrix} \xrightarrow[\;②\times\frac{1}{4}\;]{} \begin{pmatrix} 2 & 5 & 1 & -1 \\ 1 & 1 & -1 & 1 \\ 3 & 1 & 0 & -1 \\ 3 & 8 & -3 & 4 \end{pmatrix}$$

$$\xrightarrow[\;①\leftrightarrow②\;]{} \begin{pmatrix} 1 & 1 & -1 & 1 \\ 2 & 5 & 1 & -1 \\ 3 & 1 & 0 & -1 \\ 3 & 8 & -3 & 4 \end{pmatrix} \xrightarrow[\substack{②+①\times(-2)\\③+①\times(-3)\\④+①\times(-3)}]{} \begin{pmatrix} 1 & 1 & -1 & 1 \\ 0 & 3 & 3 & -3 \\ 0 & -2 & 3 & -4 \\ 0 & 5 & 0 & 1 \end{pmatrix}$$

$$
\underset{\substack{② \times \frac{1}{3}}}{\longrightarrow}
\begin{pmatrix}
1 & 1 & -1 & 1 \\
0 & 1 & 1 & -1 \\
0 & -2 & 3 & -4 \\
0 & 5 & 0 & 1
\end{pmatrix}
\underset{\substack{① + ② \times (-1) \\ ③ + ② \times 2 \\ ④ + ② \times (-5)}}{\longrightarrow}
\begin{pmatrix}
1 & 0 & -2 & 2 \\
0 & 1 & 1 & -1 \\
0 & 0 & 5 & -6 \\
0 & 0 & -5 & 6
\end{pmatrix}
$$

$$
\underset{\substack{③ \times \frac{1}{5}}}{\longrightarrow}
\begin{pmatrix}
1 & 0 & -2 & 2 \\
0 & 1 & 1 & -1 \\
0 & 0 & 1 & -6/5 \\
0 & 0 & -5 & 6
\end{pmatrix}
\underset{\substack{① + ③ \times 2 \\ ② + ③ \times (-1) \\ ④ + ③ \times 5}}{\longrightarrow}
\begin{pmatrix}
1 & 0 & 0 & -2/5 \\
0 & 1 & 0 & 1/5 \\
0 & 0 & 1 & -6/5 \\
0 & 0 & 0 & 0
\end{pmatrix}
$$

となり階数は 3 であることがわかった.

今度はこの行列を行および列基本変形を用いて基本標準形に変形してみよう:

$$
\begin{pmatrix}
2 & 5 & 1 & -1 \\
4 & 4 & -4 & 4 \\
3 & 1 & 0 & -1 \\
3 & 8 & -3 & 4
\end{pmatrix}
\underset{\substack{② \times \frac{1}{4}}}{\longrightarrow}
\begin{pmatrix}
2 & 5 & 1 & -1 \\
1 & 1 & -1 & 1 \\
3 & 1 & 0 & -1 \\
3 & 8 & -3 & 4
\end{pmatrix}
\underset{\substack{① \leftrightarrow ②}}{\longrightarrow}
$$

$$
\begin{pmatrix}
1 & 1 & -1 & 1 \\
2 & 5 & 1 & -1 \\
3 & 1 & 0 & -1 \\
3 & 8 & -3 & 4
\end{pmatrix}
\underset{\substack{② + ① \times (-2) \\ ③ + ① \times (-3) \\ ④ + ① \times (-3)}}{\longrightarrow}
\begin{pmatrix}
1 & 1 & -1 & 1 \\
0 & 3 & 3 & -3 \\
0 & -2 & 3 & -4 \\
0 & 5 & 0 & 1
\end{pmatrix}
$$

$$\underset{\substack{\boxed{2}+\boxed{1}\times(-1) \\ \boxed{3}+\boxed{1}\times1 \\ \boxed{4}+\boxed{1}\times(-1)}}{\longrightarrow} \begin{pmatrix} 1 & 0 & 0 & 0 \\ 0 & 3 & 3 & -3 \\ 0 & -2 & 3 & -4 \\ 0 & 5 & 0 & 1 \end{pmatrix} \underset{\boxed{2}\times\frac{1}{3}}{\longrightarrow} \begin{pmatrix} 1 & 0 & 0 & 0 \\ 0 & 1 & 1 & -1 \\ 0 & -2 & 3 & -4 \\ 0 & 5 & 0 & 1 \end{pmatrix}$$

$$\underset{\substack{\boxed{3}+\boxed{2}\times2 \\ \boxed{4}+\boxed{2}\times(-5)}}{\longrightarrow} \begin{pmatrix} 1 & 0 & 0 & 0 \\ 0 & 1 & 1 & -1 \\ 0 & 0 & 5 & -6 \\ 0 & 0 & -5 & 6 \end{pmatrix} \underset{\substack{\boxed{3}+\boxed{2}\times(-1) \\ \boxed{4}+\boxed{2}\times1}}{\longrightarrow}$$

$$\begin{pmatrix} 1 & 0 & 0 & 0 \\ 0 & 1 & 0 & 0 \\ 0 & 0 & 5 & -6 \\ 0 & 0 & -5 & 6 \end{pmatrix} \underset{\boxed{3}\times\frac{1}{5}}{\longrightarrow} \begin{pmatrix} 1 & 0 & 0 & 0 \\ 0 & 1 & 0 & 0 \\ 0 & 0 & 1 & -6/5 \\ 0 & 0 & -5 & 6 \end{pmatrix} \underset{\boxed{4}+\boxed{3}\times5}{\longrightarrow}$$

$$\begin{pmatrix} 1 & 0 & 0 & 0 \\ 0 & 1 & 0 & 0 \\ 0 & 0 & 1 & -6/5 \\ 0 & 0 & 0 & 0 \end{pmatrix} \underset{\boxed{4}+\boxed{3}\times\frac{6}{5}}{\longrightarrow} \begin{pmatrix} 1 & 0 & 0 & 0 \\ 0 & 1 & 0 & 0 \\ 0 & 0 & 1 & 0 \\ 0 & 0 & 0 & 0 \end{pmatrix}$$

となる．この場合，変形のプロセスは行標準形よりも増えているが，4番目の
変形

$$\begin{pmatrix} 1 & 1 & -1 & 1 \\ 0 & 3 & 3 & -3 \\ 0 & -2 & 3 & -4 \\ 0 & 5 & 0 & 1 \end{pmatrix} \underset{\substack{\boxed{2}+\boxed{1}\times(-1) \\ \boxed{3}+\boxed{1}\times1 \\ \boxed{4}+\boxed{1}\times(-1)}}{\longrightarrow} \begin{pmatrix} 1 & 0 & 0 & 0 \\ 0 & 3 & 3 & -3 \\ 0 & -2 & 3 & -4 \\ 0 & 5 & 0 & 1 \end{pmatrix}$$

のようにある列が基本ベクトルになるとその列の 1 を含む行と同じ行の成分はすべて 0 に変形される. この変形はかなり自動的に行なうことができ, 実質的な計算はほとんど必要ない. これは 7 番目, 10 番目の変形でも同じである. つまり行基本変形と列基本変形の両方を用いて基本標準形に変形することは行基本変形 (と列の入れ換え) のみで行標準形に変形するよりも実際の計算量は少なくなっているといえる.

■ 列基本変形による掃き出し法 ■   すでにみたように掃き出し法は拡大係数行列に行基本変形を施して連立 1 次方程式を解く方法である. しかしながら, 実は行基本変形であることはそれほど本質的ではない. 次のようにすれば列基本変形でも連立 1 次方程式を解くことができる.

連立 1 次方程式

$$\begin{cases} x + 2y - 3z = -3 \\ 3x - y + 4z = 11 \\ 2x + y + z = 4 \end{cases}$$

を例に考えてみよう. この各方程式を横に配置してみる

$$x + 2y - 3z = -3, \quad 3x - y + 4z = 11, \quad 2x + y + z = 4$$

するとこの方程式は

$$(x \ y \ z) \begin{pmatrix} 1 & 3 & 2 \\ 2 & -1 & 1 \\ -3 & 4 & 1 \end{pmatrix} = (-3 \ 11 \ 4)$$

と行列表示できる. ただし, ここでの係数行列は通常の係数行列の転置行列であることに注意しよう. さらにこの式の右辺を係数行列の下にもってくると拡大係数行列

$$\left(\begin{array}{ccc} 1 & 3 & 2 \\ 2 & -1 & 1 \\ -3 & 4 & 1 \\ \hline -3 & 11 & 4 \end{array} \right)$$

が得られる. すると連立 1 次方程式の式変形はこの拡大係数行列に列基本変形

を施すことに対応する. すなわち

$$
\begin{pmatrix}
1 & 3 & 2 \\
2 & -1 & 1 \\
-3 & 4 & 1 \\
\hline
-3 & 11 & 4
\end{pmatrix}
\xrightarrow[\substack{\boxed{2}+\boxed{1}\times(-3) \\ \boxed{3}+\boxed{1}\times(-2)}]{}
\begin{pmatrix}
1 & 0 & 0 \\
2 & -7 & -3 \\
-3 & 13 & 7 \\
\hline
-3 & 20 & 10
\end{pmatrix}
$$

$$
\xrightarrow[\boxed{2}\times(-1)]{}
\begin{pmatrix}
1 & 0 & 0 \\
2 & 7 & -3 \\
-3 & -13 & 7 \\
\hline
-3 & -20 & 10
\end{pmatrix}
\xrightarrow[\boxed{2}+\boxed{3}\times 2]{}
\begin{pmatrix}
1 & 0 & 0 \\
2 & 1 & -3 \\
-3 & 1 & 7 \\
\hline
-3 & 0 & 10
\end{pmatrix}
$$

$$
\xrightarrow[\substack{\boxed{1}+\boxed{2}\times(-2) \\ \boxed{3}+\boxed{2}\times 3}]{}
\begin{pmatrix}
1 & 0 & 0 \\
0 & 1 & 0 \\
-5 & 1 & 10 \\
\hline
-3 & 0 & 10
\end{pmatrix}
\xrightarrow[\boxed{3}\times\frac{1}{10}]{}
\begin{pmatrix}
1 & 0 & 0 \\
0 & 1 & 0 \\
-5 & 1 & 1 \\
\hline
-3 & 0 & 1
\end{pmatrix}
$$

$$
\xrightarrow[\substack{\boxed{1}+\boxed{3}\times 5 \\ \boxed{2}+\boxed{3}\times(-1)}]{}
\begin{pmatrix}
1 & 0 & 0 \\
0 & 1 & 0 \\
0 & 0 & 1 \\
\hline
2 & -1 & 1
\end{pmatrix}
$$

したがって, $x=2, y=-1, z=1$ を得る.

　同様に n 次正方行列 A の逆行列も列基本変形で求めることができる. A と単位行列を縦に配置し

$$
\begin{pmatrix} A \\ \hline I \end{pmatrix}
\xrightarrow[\substack{\Uparrow \\ [\mathrm{I}]'\sim[\mathrm{III}]'}]{}
\begin{pmatrix} I \\ \hline X \end{pmatrix}
$$

と列基本変形を行なえば X が逆行列である.

演習問題 5

5-1. ベクトル $\vec{a}_1 = \begin{pmatrix} a_{11} \\ a_{21} \end{pmatrix}$, $\vec{a}_2 = \begin{pmatrix} a_{12} \\ a_{22} \end{pmatrix}$ に対し，行列

$$A = \begin{pmatrix} a_{11} & a_{12} \\ a_{21} & a_{22} \end{pmatrix}$$

を $A = (\vec{a}_1 \ \vec{a}_2)$ と表すことにする．また $B = \begin{pmatrix} b_{11} & b_{12} \\ b_{21} & b_{22} \end{pmatrix} = (\vec{b}_1 \ \vec{b}_2)$

とする．このとき以下を成分表示せよ．

(1) AB　　　(2) $(b_{11}\vec{a}_1 + b_{21}\vec{a}_2 \quad b_{12}\vec{a}_1 + b_{22}\vec{a}_2)$　　　(3) $(A\vec{b}_1 \ A\vec{b}_2)$

5-2. 次の連立 1 次方程式を掃き出し法で解け．

(1) $\begin{cases} 3x + y + 2z = 2 \\ x - y + 6z = 2 \\ x + y - 3z = 1 \end{cases}$　　　(2) $\begin{cases} x - 2y - 3z = 4 \\ 3x - 5y + z = 4 \\ 2x + y + 6z = 6 \end{cases}$

(3) $\begin{cases} 3x - 2y + z = 1 \\ x + y - z = 0 \\ 5x + 4y - 4z = 1 \end{cases}$　　　(4) $\begin{cases} 3x + y + 2z = 2 \\ x - y + 6z = 2 \\ x + y - 2z = 1 \end{cases}$

(5) $\begin{cases} x + y - z = 2 \\ 4x + 2y - 3z = 4 \\ 2x + 4y - 3z = 1 \end{cases}$　　　(6) $\begin{cases} 3x + y + 2z = 2 \\ x - y + 6z = 2 \\ x + y - 2z = 0 \end{cases}$

(7) $\begin{cases} x - 2y + 3z = 1 \\ -x + 4y - 5z = -1 \\ x + 2y - z = 1 \end{cases}$　　　(8) $\begin{cases} 3x + y + 2z = 1 \\ 4x + 3y + 6z = -2 \\ x + 2y + 4z = -3 \end{cases}$

(9) $\begin{cases} x + 3y + z = 2 \\ 2y - z + 4w = -1 \\ -x + y + 2w = 2 \\ 2x + 4y - z + 2w = -2 \end{cases}$　　　(10) $\begin{cases} x + 3y + z = 0 \\ 2y - z + 4w = 0 \\ -x + y + 2w = 0 \\ 2x + 4y - z + 2w = 0 \end{cases}$

(11) $\begin{cases} x + y + z + 2w = 11 \\ 2x + 2y - z + w = 10 \\ -2y + z - w = -2 \\ -x - y + 2z + w = 1 \end{cases}$

(12) $\begin{cases} x + 3y + 2z = 1 \\ 2x + y - z = -3 \end{cases}$

(13) $\begin{cases} x - 2y = -8 \\ 2x + y = -1 \\ 3x + 4y = 6 \end{cases}$

(14) $\begin{cases} x - 2y + 3z - w = 1 \\ -x + 4y - 5z + w = 1 \\ x + 2y - z - w = 5 \end{cases}$

(15) $\begin{cases} x - 2y + 3z - w = 1 \\ -x + 4y - 5z + w = 1 \\ x + 2y - z - w = 9 \end{cases}$

(16) $\begin{cases} x + y - 2z = 2 \\ 2x + 3y - 3z = 8 \\ 3x + y - 8z = -2 \\ x + 4y + z = 14 \end{cases}$

(17) $\begin{cases} 2x + 3y + 5z - 2v + 11w = 17 \\ x + 2y + 4z - 3v + 9w = 11 \\ 3x + 3y + 4z + v + 8w = 19 \\ 2x + 7y + 16z - 16v + 37w = 36 \end{cases}$

5-3. 次の行列式の値を計算せよ.

(1) $\begin{vmatrix} -1 & 9 & -5 & 4 \\ 0 & 2 & -3 & -1 \\ 0 & 4 & 1 & 2 \\ 0 & -7 & 11 & 3 \end{vmatrix}$

(2) $\begin{vmatrix} -1 & 1 & 1 & 1 \\ 1 & -1 & 1 & 1 \\ 1 & 1 & -1 & 1 \\ 1 & 1 & 1 & -1 \end{vmatrix}$

(3) $\begin{vmatrix} 1 & 4 & 3 & -1 \\ -2 & -6 & 3 & 6 \\ 0 & 7 & 5 & 3 \\ -1 & 2 & -2 & 9 \end{vmatrix}$

(4) $\begin{vmatrix} 4 & 3 & 3 & 4 \\ 5 & 2 & 0 & 3 \\ 4 & 1 & 1 & 4 \\ 3 & 3 & -2 & 4 \end{vmatrix}$

$$(5) \quad \begin{vmatrix} 0 & 2 & 3 & 0 & 1 \\ 3 & 0 & 0 & 1 & 0 \\ 0 & 8 & 11 & 0 & 3 \\ 2 & 0 & 0 & 4 & 0 \\ 0 & 5 & 8 & 0 & 2 \end{vmatrix}$$

5-4. 次の行列式を計算し，さらに因数分解せよ．

$$(1) \quad \begin{vmatrix} x+1 & 2 & -4 \\ 1 & x-3 & 1 \\ -1 & 2 & x-2 \end{vmatrix} \qquad (2) \quad \begin{vmatrix} 1 & 1 & 1 & 1 \\ 1 & a & 1 & 1 \\ 1 & 1 & a+1 & 1 \\ 1 & 1 & 1 & a+2 \end{vmatrix}$$

$$(3) \quad \begin{vmatrix} 1 & 1 & 1 & 1 \\ a & b & c & d \\ a^2 & b^2 & c^2 & d^2 \\ a^3 & b^3 & c^3 & d^3 \end{vmatrix} \qquad (4) \quad \begin{vmatrix} x & 1 & 2 & 3 \\ 1 & x & 2 & 3 \\ 1 & 2 & x & 3 \\ 1 & 2 & 3 & x \end{vmatrix}$$

5-5. 次の各行列の逆行列を求めよ．

$$(1) \quad \begin{pmatrix} 1 & 2 & 5 \\ 1 & 1 & 3 \\ -1 & 3 & -6 \end{pmatrix} \qquad (2) \quad \begin{pmatrix} 3 & 1 & 2 \\ 1 & -1 & 5 \\ 1 & 1 & -1 \end{pmatrix}$$

$$(3) \quad \begin{pmatrix} 1 & 0 & 0 & 0 \\ 1 & 1 & 0 & 2 \\ 2 & 0 & 2 & 2 \\ 2 & 0 & 0 & 2 \end{pmatrix} \qquad (4) \quad \begin{pmatrix} 0 & 0 & 0 & 1 & 0 \\ 0 & 0 & 1 & 0 & 0 \\ 0 & 0 & 0 & 0 & 1 \\ 1 & 0 & 0 & 0 & 0 \\ 0 & 1 & 0 & 0 & 0 \end{pmatrix}$$

5-6. x を実数とし，

$$A = \begin{pmatrix} 1 & 2 & x+2 \\ -2 & x-5 & -6 \\ x-4 & -3 & -6 \end{pmatrix}$$

とする．次の問いに答えよ．

(1) A が正則行列とならないような x の値をすべて求めよ.

(2) $x = 3$ のとき，A の逆行列を掃き出し法で求めよ.

5-7. 次の各行列の階数を求めよ.

$$(1) \begin{pmatrix} 4 & 9 & 2 \\ 3 & 5 & 7 \\ 8 & 1 & 6 \end{pmatrix} \qquad (2) \begin{pmatrix} 2 & 5 & 1 \\ 1 & 2 & 1 \\ -2 & -7 & 1 \end{pmatrix}$$

$$(3) \begin{pmatrix} 2 & -1 & 1 & -1 \\ -1 & 2 & 1 & -1 \\ 1 & 1 & 0 & 2 \\ 3 & 0 & 2 & -1 \end{pmatrix}$$

5-8. $\vec{\alpha}_1, \vec{\alpha}_2, \vec{\alpha}_3, \vec{\beta}_1, \vec{\beta}_2, \vec{\beta}_3$ を 3 項行ベクトルとするとき，

$$\begin{vmatrix} \vec{\alpha}_1 + \vec{\beta}_1 \\ \vec{\alpha}_2 \\ \vec{\alpha}_3 \end{vmatrix} = \begin{vmatrix} \vec{\alpha}_1 \\ \vec{\alpha}_2 \\ \vec{\alpha}_3 \end{vmatrix} + \begin{vmatrix} \vec{\beta}_1 \\ \vec{\alpha}_2 \\ \vec{\alpha}_3 \end{vmatrix}, \quad \begin{vmatrix} \vec{\alpha}_1 \\ \vec{\alpha}_2 + \vec{\beta}_2 \\ \vec{\alpha}_3 \end{vmatrix} = \begin{vmatrix} \vec{\alpha}_1 \\ \vec{\alpha}_2 \\ \vec{\alpha}_3 \end{vmatrix} + \begin{vmatrix} \vec{\alpha}_1 \\ \vec{\beta}_2 \\ \vec{\alpha}_3 \end{vmatrix},$$

$$\begin{vmatrix} \vec{\alpha}_1 \\ \vec{\alpha}_2 \\ \vec{\alpha}_3 + \vec{\beta}_3 \end{vmatrix} = \begin{vmatrix} \vec{\alpha}_1 \\ \vec{\alpha}_2 \\ \vec{\alpha}_3 \end{vmatrix} + \begin{vmatrix} \vec{\alpha}_1 \\ \vec{\alpha}_2 \\ \vec{\beta}_3 \end{vmatrix}$$

が成り立つことを示せ.

（Hint：命題 5.2 と命題 5.7 を用いれば簡単に導き出せる）

5-9. (5.19) が成り立つことを示せ.

（Hint：行列の次数 n に関する数学的帰納法）

5-10. 4 次の行列式を (5.18) で定義したとする．このとき，[1]～[4] が成り立つことを示せ.

5-11. すべての $m \times n$ 行列は掃き出し法により次の (a)～(e) を満たす行列に変形されることを示せ.

(a) 列ベクトルには基本ベクトル $\vec{e}_1, \vec{e}_2, \ldots, \vec{e}_r$ $(r \leqq n)$ が含まれる

(b) $i < j$ のとき $\vec{e}_i$ は $\vec{e}_j$ の左側にある

(c) $\vec{e}_1$ の左側の列ベクトルはすべて零ベクトル $\vec{0}$ である

(d) $\vec{e}_i$ と $\vec{e}_{i+1}$ の間にある列ベクトルの第 $i+1$ 成分から第 m 成分まですべて 0 である

(e) $\vec{e}_r$ の右側にある列ベクトルの第 $r+1$ 成分から第 m 成分まですべて 0 である

（Hint：行列の列の個数 n に関する数学的帰納法）

⑥ 数ベクトルとその1次変換

第 5 章 5.1 節で述べたように行ベクトルと列ベクトルを総称して数ベクトルという．本章では列ベクトルに限定して述べるが，行ベクトルでも本質的な違いはない．

■ 6.1 1次独立・1次従属

■列ベクトルの1次結合■ r 個の n 項列ベクトルの組 $\{\vec{a}_1, \vec{a}_2, \cdots, \vec{a}_r\}$ に対して

$$k_1\vec{a}_1 + k_2\vec{a}_2 + \cdots + k_r\vec{a}_r$$

$(k_1, k_2, \cdots, k_r$ はスカラー）の形で表されるベクトルを $\vec{a}_1, \vec{a}_2, \cdots, \vec{a}_r$ の1次結合という．また $\vec{a}_1, \vec{a}_2, \cdots, \vec{a}_r$ の1次結合の全体を $< \vec{a}_1, \vec{a}_2, \cdots, \vec{a}_r >$ と表す．集合の記号を用いて表せば

$$< \vec{a}_1, \vec{a}_2, \cdots, \vec{a}_r >= \{k_1\vec{a}_1 + k_2\vec{a}_2 + \cdots + k_r\vec{a}_r \; ; \; k_1, k_2, \cdots, k_r \text{ はスカラー} \}$$

である．これを n 項列ベクトル $\vec{a}_1, \vec{a}_2, \cdots, \vec{a}_r$ が生成する部分空間という．ここで「部分」というのはもちろん n 項列ベクトルの一部分という意味である．また，ここでの「空間」という用語は空間のベクトルや空間図形というときの「空間」とは意味合いが異なるので注意されたい．

例 1 $\vec{a} = \begin{pmatrix} 1 \\ 4 \\ -4 \end{pmatrix}$ とする．このとき

$$< \vec{a} >= \{k\vec{a}; k \text{ はスカラー} \}$$

であるので, $\vec{x} = \begin{pmatrix} x \\ y \\ z \end{pmatrix} \in <\vec{a}>$ であるとは $\vec{x} = k\vec{a}$ なる k が存在するということである. すなわち

$$x = k, \quad y = 4k, \quad z = -4k,$$

k を消去すると

$$\frac{x}{1} = \frac{y}{4} = \frac{z}{-4}$$

となる. つまり $<\vec{a}>$ は（空間ベクトルの成分表示と空間の座標とを同一視すると）原点を通り $\vec{a}$ を方向ベクトルとする直線であることがわかる.

例2 $\vec{a} = \begin{pmatrix} 1 \\ 3 \\ -1 \end{pmatrix}, \vec{b} = \begin{pmatrix} 2 \\ 4 \\ 1 \end{pmatrix}$ とする. このとき

$$<\vec{a}, \vec{b}> = \{k\vec{a} + l\vec{b}; k, l \text{ はスカラー} \}$$

であるので, $\vec{x} \in <\vec{a}, \vec{b}>$ に対し

$$(\vec{x}, \vec{a} \times \vec{b}) = (k\vec{a} + l\vec{b}, \vec{a} \times \vec{b}) = k(\vec{a}, \vec{a} \times \vec{b}) + l(\vec{b}, \vec{a} \times \vec{b}) = 0,$$

すなわち, $\vec{x} \perp \vec{a} \times \vec{b}$ であり, $\vec{a} \times \vec{b} = \begin{pmatrix} 7 \\ -3 \\ -2 \end{pmatrix}$ であるので

$$7x - 3y - 2z = 0$$

が成り立つ. つまり $<\vec{a}, \vec{b}>$ は（空間ベクトルの成分表示と空間の座標とを同一視すると）原点を通り $\vec{a} \times \vec{b}$ を法線ベクトルとする平面である.

例3 第5章5.6節でみたように斉次連立1次方程式 (5.11)' の一般解は (5.24)

で与えられた. ここで

$$\vec{d_1} = \begin{pmatrix} -d_{1\,r+1} \\ -d_{2\,r+1} \\ \vdots \\ -d_{r\,r+1} \\ 1 \\ 0 \\ \vdots \\ 0 \end{pmatrix}, \ \vec{d_2} = \begin{pmatrix} -d_{1\,r+2} \\ -d_{2\,r+2} \\ \vdots \\ -d_{r\,r+2} \\ 0 \\ 1 \\ \vdots \\ 0 \end{pmatrix}, \ \cdots, \ \vec{d_{n-r}} = \begin{pmatrix} -d_{1n} \\ -d_{2n} \\ \vdots \\ -d_{rn} \\ 0 \\ 0 \\ \vdots \\ 1 \end{pmatrix}$$

とおくと (5.24) は

$$\vec{x} = t_1\vec{d_1} + t_2\vec{d_2} + \cdots + t_{n-r}\vec{d_{n-r}}$$

となる. つまり (5.11)' の一般解の全体は $\vec{d_1}, \vec{d_2}, \cdots, \vec{d_{n-r}}$ が生成する部分空間

$$< \vec{d_1}, \vec{d_2}, \cdots, \vec{d_{n-r}} >$$

であることがわかる. この部分空間を斉次連立 1 次方程式 (5.11)' の解空間という.

注意　空間内で原点を通る平面の方程式は $ax+by+cz = 0$（ただし $(a\,b\,c) \neq (0\,0\,0)$）で与えられるが, これは 1×3 行列 $(a\,b\,c)$ を係数行列とする斉次連立 1 次方程式とみなすことができる. そして, 考えている平面はこの方程式の解空間である. $(a\,b\,c) \neq (0\,0\,0)$ よりこの係数行列の階数は 1 であるのでこの方程式の解空間は $3 - 1 = 2$ 個のベクトルから生成される部分空間となる. つまり, 原点を通る平面は必ず 2 個のベクトルを用いて $< \vec{d_1}, \vec{d_2} >$ と表される.

■ 1 次独立・1 次従属 ■　第 2 章 2.5 節および第 3 章 3.2 節において平面および空間の 1 次独立・1 次従属について述べた. これは複数個のベクトルの位置関係を表す概念であったが, ここではこの概念を列ベクトルにもち込むことを考える. そのためにまず空間ベクトルの 1 次独立性, 1 次従属性について少し考察を深める.

$\vec{a} = \overrightarrow{OA}, \vec{b} = \overrightarrow{OB}, \vec{c} = \overrightarrow{OC}$ を空間のベクトルとし，$\{\vec{a}, \vec{b}, \vec{c}\}$ が1次独立であるとする．すなわち，4点 O, A, B, C が同一平面上にないとする．ベクトルの始点は自由に変えられるので O は原点であるとしてよい．O, A, B が同一直線上にあれば

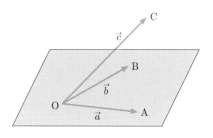

$\{\vec{a}, \vec{b}, \vec{c}\}$ は1次従属であるのでこの3点は同一直線上にはない．するとこの3点を含む平面上の任意の点 P に対し

$$\overrightarrow{OP} = s\overrightarrow{OA} + t\overrightarrow{OB} = s\vec{a} + t\vec{b}$$

が成り立つ（第3章 3.6 節参照）．つまりこの平面は $<\vec{a}, \vec{b}>$ である．一方，1次独立性から C はこの平面上にはない．つまり $\vec{c} \not\in <\vec{a}, \vec{b}>$ である．同様にして $\vec{a} \not\in <\vec{b}, \vec{c}>, \vec{b} \not\in <\vec{c}, \vec{a}>$ もわかる．

次に $\{\vec{a}, \vec{b}, \vec{c}\}$ が1次従属である場合を考えてみよう．すなわち，4点 O, A, B, C が同一平面上にあるとする．例3のあとの注意で述べたように空間内の原点を通る平面は必ず $<\vec{d_1}, \vec{d_2}>$ と表される．これが

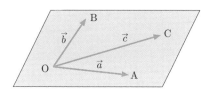

4点 O, A, B, C を含む平面であるならば $\vec{a}, \vec{b}, \vec{c}$ はどれも $<\vec{d_1}, \vec{d_2}>$ に含まれる．したがって，特に $<\vec{a}, \vec{b}, \vec{c}> \subset <\vec{d_1}, \vec{d_2}>$ であることがわかる．

第3章 3.5 節において $\{\vec{a}, \vec{b}, \vec{c}\}$ が1次独立であることと $|A| \neq 0$（ただし $A = (\vec{a}\ \vec{b}\ \vec{c})$）が同値であることを述べた．一方，命題 5.10 より $|A| \neq 0$ は rank $A = 3$ と同値である．

以上の事実を一般化して n 項列ベクトルの組に対して1次独立・1次従属の考え方を導入しよう．

定理 6.1. n 項列ベクトルの組 $\{\vec{a}_1, \vec{a}_2, \cdots, \vec{a}_r\}$ について次の各条件は同値である.

(a) $A = (\vec{a}_1 \ \vec{a}_2 \ \cdots \ \vec{a}_r)$ としたとき $\mathrm{rank}\,A = r$

(b) $\vec{a}_i \notin\ <\vec{a}_1, \cdots, \vec{a}_{i-1}, \vec{a}_{i+1}, \cdots, \vec{a}_r>\ (i = 1, 2, \cdots, r)$

(c) どのように $\vec{b}_1, \vec{b}_2, \cdots, \vec{b}_{r-1}$ を選んでも

$$<\vec{a}_1, \vec{a}_2, \cdots, \vec{a}_r>\ \not\subset\ <\vec{b}_1, \vec{b}_2, \cdots, \vec{b}_{r-1}>$$

(d) $k_1\vec{a}_1 + k_2\vec{a}_2 + \cdots + k_r\vec{a}_r = \vec{0} \Longrightarrow (k_1, k_2, \cdots, k_r) = (0, 0, \cdots, 0)$

定義 6.1. 定理 6.1 の条件のうちどれか 1 つ（したがって，全部）が成り立つとき「n 項列ベクトルの組 $\{\vec{a}_1, \vec{a}_2, \cdots, \vec{a}_r\}$ は 1 次独立である」という.

1 次独立の反対語が 1 次従属である．対偶を考えれば次の定理は定理 6.1 と同値であることがわかる.

定理 6.2. n 項列ベクトルの組 $\{\vec{a}_1, \vec{a}_2, \cdots, \vec{a}_r\}$ について次の各条件は同値である.

(a)' $A = (\vec{a}_1 \ \vec{a}_2 \ \cdots \ \vec{a}_r)$ としたとき $\mathrm{rank}\,A < r$

(b)' ある i について $\vec{a}_i \in\ <\vec{a}_1, \cdots, \vec{a}_{i-1}, \vec{a}_{i+1}, \cdots, \vec{a}_r>$

(c)' $<\vec{a}_1, \vec{a}_2, \cdots, \vec{a}_r>\ \subset\ <\vec{b}_1, \vec{b}_2, \cdots, \vec{b}_{r-1}>$ を満たす $\vec{b}_1, \vec{b}_2, \cdots, \vec{b}_{r-1}$ が存在する.

(d)' $k_1\vec{a}_1 + k_2\vec{a}_2 + \cdots + k_r\vec{a}_r = \vec{0}$ かつ $(k_1, k_2, \cdots, k_r) \neq (0, 0, \cdots, 0)$ なる実数の順序対 $(k_1, k_2, \cdots, k_r)$ が存在する.

定義 6.2. 定理 6.2 の条件のうちどれか 1 つ（したがって，全部）が成り立つとき「n 項列ベクトルの組 $\{\vec{a}_1, \vec{a}_2, \cdots, \vec{a}_r\}$ は 1 次従属である」という.

注意　通常の線形代数学の教科書では 1 次独立性，1 次従属性はそれぞれ (d)，(d)' を用いて定義される．しかし本書では幾何ベクトルとの関連性を重視しこれと同値な条件を 3 種類並列させた.

定理 6.1, 6.2 の証明

(a) ⇔ (d) および **(a)' ⇔ (d)'** の証明　両者は同値であるのでここでは (a) ⇔ (d) を示す．ここで，$k_1\vec{a}_1 + k_2\vec{a}_2 + \cdots + k_r\vec{a}_r = \vec{0}$ は $k_1, k_2, \cdots, k_r$ を未知数と考えると n 個の式からなる r 元連立 1 次方程式のベクトル表示であることに注意しよう．そしてこの方程式の係数行列が $A = (\vec{a}_1\ \vec{a}_2\ \cdots\ \vec{a}_r)$ である．したがって，5.6 節で述べたようにこの方程式の解の自由度は $r - \operatorname{rank} A$ である．

<u>(a) ⇒ (d)</u>　$\operatorname{rank} A = r$ より解の自由度は 0，すなわち自明な解のみである．ゆえに $(k_1, k_2, \cdots, k_r) = (0, 0, \cdots, 0)$ を得る．

<u>(d) ⇒ (a)</u>　(d) の条件は解の自由度が 0 であることを意味する．したがって，$r - \operatorname{rank} A = 0$ となり (a) を得る．

(b) ⇔ (d) および **(b)' ⇔ (d)'** の証明　ここでは (b)' ⇔ (d)' を示す．

<u>(d)' ⇒ (b)'</u>　(d)' の条件を満たす $k_1, k_2, \cdots, k_r$ を考える．どれか 1 つは 0 でないのでそれを k_i とする．このとき

$$\vec{a}_i = -\frac{1}{k_i}(k_1\vec{a}_1 + \cdots + k_{i-1}\vec{a}_{i-1} + k_{i+1}\vec{a}_{i+1} + \cdots + k_r\vec{a}_r)$$
$$\in\ <\vec{a}_1, \cdots, \vec{a}_{i-1}, \vec{a}_{i+1}, \cdots, \vec{a}_r>$$

<u>(b)' ⇒ (d)'</u>　$\vec{a}_i \in\ <\vec{a}_1, \cdots, \vec{a}_{i-1}, \vec{a}_{i+1}, \cdots, \vec{a}_r>$ とする．すなわち $\vec{a}_i$ は $\vec{a}_1, \cdots, \vec{a}_{i-1}, \vec{a}_{i+1}, \cdots, \vec{a}_r$ の 1 次結合である：

$$\vec{a}_i = l_1\vec{a}_1 + \cdots + l_{i-1}\vec{a}_{i-1} + l_{i+1}\vec{a}_{i+1} + \cdots + l_r\vec{a}_r$$

このとき $l_1\vec{a}_1 + \cdots + l_{i-1}\vec{a}_{i-1} + (-1)\vec{a}_i + l_{i+1}\vec{a}_{i+1} + \cdots + l_r\vec{a}_r = \vec{0}$，すなわち $(k_1, \cdots, k_{i-1}, k_i, k_{i+1}, \cdots, k_r) = (l_1, \cdots, l_{i-1}, -1, l_{i+1}, \cdots, l_r)$ として (d)' が成立する．

(c) ⇔ (d) および **(c)' ⇔ (d)'** の証明　ここでは (c)' ⇔ (d)' を示す．

<u>(c)' ⇒ (d)'</u>　(c)' の条件より

$$\begin{aligned}
\vec{a}_1 &= c_{11}\vec{b}_1 + c_{21}\vec{b}_2 + \cdots + c_{r-1\,1}\vec{b}_{r-1}\\
\vec{a}_2 &= c_{12}\vec{b}_1 + c_{22}\vec{b}_2 + \cdots + c_{r-1\,2}\vec{b}_{r-1}\\
&\ \vdots\\
\vec{a}_r &= c_{1r}\vec{b}_1 + c_{2r}\vec{b}_2 + \cdots + c_{r-1\,r}\vec{b}_{r-1}
\end{aligned} \tag{6.1}$$

ここで $k_1, k_2, \cdots, k_r$ を未知数とする連立1次方程式

$$
\begin{cases}
c_{11}k_1 + c_{12}k_2 + \cdots + c_{1r}k_r = 0 \\
c_{21}k_1 + c_{22}k_2 + \cdots + c_{2r}k_r = 0 \\
\vdots \\
c_{r-1\,1}k_1 + c_{r-1\,2}k_2 + \cdots + c_{r-1\,r}k_r = 0
\end{cases}
\tag{6.2}
$$

を考える.このとき (6.1) より $k_1\vec{a}_1 + k_2\vec{a}_2 + \cdots + k_r\vec{a}_r = \vec{0}$ が成立するので (6.2) が自明でない解をもてば (d)' が成立する.(6.2) の係数行列は $(r-1) \times r$ 行列なので $\mathrm{rank}\,(c_{ij}) \leqq r - 1$ である.したがって

$$
(6.2) \text{ の解の自由度} = r - \mathrm{rank}\,(c_{ij}) \geqq r - (r-1) = 1
$$

すなわち (6.2) は自明でない解をもつ.

<u>(d)' $\Rightarrow$ (c)'</u>   (d)' $\Rightarrow$ (b)' の証明のところで述べたように $k_i \neq 0$ があり,そのとき $\vec{a}_i \in <\vec{a}_1, \cdots, \vec{a}_{i-1}, \vec{a}_{i+1}, \cdots, \vec{a}_r>$ である.したがって

$$
<\vec{a}_1, \cdots, \vec{a}_{i-1}, \vec{a}_i, \vec{a}_{i+1}, \cdots, \vec{a}_r> \subset <\vec{a}_1, \cdots, \vec{a}_{i-1}, \vec{a}_{i+1}, \cdots, \vec{a}_r>
$$

となり,$\vec{a}_1 = \vec{b}_1, \cdots, \vec{a}_{i-1} = \vec{b}_{i-1}, \vec{a}_{i+1} = \vec{b}_i, \cdots, \vec{a}_r = \vec{b}_{r-1}$ とすればよい.

Q.E.D.

例 n 個の基本ベクトルの組 $\{\vec{e}_1, \vec{e}_2, \ldots, \vec{e}_n\}$ は明らかに定理 6.1 の (d) を満たす.したがってこの n 項列ベクトルの組は1次独立である.

注意   1個のベクトルからなる組 $\{\vec{a}\}$ が1次独立であるための必要十分条件は $\vec{a} \neq \vec{0}$ である.これは1次独立の定義からほぼ明らかであろう.

命題 6.1. n 項列ベクトルの組 $\{\vec{p}_1, \vec{p}_2, \ldots, \vec{p}_n\}$ に対し $P = (\vec{p}_1\ \vec{p}_2\ \cdots\ \vec{p}_n)$ とおく.このとき,$\{\vec{p}_1, \vec{p}_2, \ldots, \vec{p}_n\}$ が1次独立であることと P が正則行列であることとは同値である.

証明   定理 6.1 の (a) より $\{\vec{p}_1, \vec{p}_2, \ldots, \vec{p}_n\}$ が1次独立であることと $\mathrm{rank}\,P = n$ は同値である.また,命題 5.10 より $\mathrm{rank}\,P = n$ は $|P| \neq 0$ と同値であり,さらに定理 5.8 から P が正則行列であることと同値であることがわかる.

Q.E.D.

■ 次元 ■   定理 6.1 により $\{\vec{a}_1, \vec{a}_2, \cdots, \vec{a}_r\}$ が 1 次独立であるかどうかを調べるためには rank A $(A = (\vec{a}_1\ \vec{a}_2\ \cdots\ \vec{a}_r))$ を計算すればよいことがわかった. この値が r であれば 1 次独立であり, r より小さければ 1 次従属である. では rank A の値自体は何を表しているか考えてみよう.

まず次の事実に注意しよう. n 項列ベクトルの組 $\{\vec{a}_1, \vec{a}_2, \cdots, \vec{a}_r\}$ について

(i) $\{\vec{a}_1, \vec{a}_2, \cdots, \vec{a}_s\}$ は 1 次独立

(ii) $\vec{a}_{s+1}, \cdots, \vec{a}_r$ は $\{\vec{a}_1, \vec{a}_2, \cdots, \vec{a}_s\}$ の 1 次結合で表される（すなわち $\vec{a}_{s+1} \in <\vec{a}_1, \vec{a}_2, \cdots, \vec{a}_s>, \cdots, \vec{a}_r \in <\vec{a}_1, \vec{a}_2, \cdots, \vec{a}_s>$）

が成り立っているとする. このとき

$$A = (\vec{a}_1\ \vec{a}_2\ \cdots\ \vec{a}_r),\quad A_1 = (\vec{a}_1\ \vec{a}_2\ \cdots\ \vec{a}_s),\quad A_2 = (\vec{a}_{s+1}\ \vec{a}_{s+2}\ \cdots\ \vec{a}_r)$$

とおくと, (ii) より $\vec{a}_{s+1} = k_{1\,s+1}\vec{a}_1 + \cdots + k_{s\,s+1}\vec{a}_s, \cdots, \vec{a}_r = k_{1r}\vec{a}_1 + \cdots + k_{sr}\vec{a}_s$ と表されるので

$$A$$

$$\downarrow \Longleftarrow\quad \boxed{s+1} + \boxed{1}\times(-k_{1\,s+1}), \boxed{s+1} + \boxed{2}\times(-k_{2\,s+1}),$$
$$\cdots, \boxed{s+1} + \boxed{s}\times(-k_{s\,s+1})$$

$$(A_1\ \vec{0}\ \vec{a}_{s+2}\ \cdots\ \vec{a}_r)$$

$$\downarrow \Longleftarrow\quad \boxed{s+2} + \boxed{1}\times(-k_{1\,s+2}), \boxed{s+2} + \boxed{2}\times(-k_{2\,s+2}),$$
$$\cdots, \boxed{s+2} + \boxed{s}\times(-k_{s\,s+2})$$

$$\vdots$$

$$\downarrow \Longleftarrow\quad \boxed{r} + \boxed{1}\times(-k_{1r}), \boxed{r} + \boxed{2}\times(-k_{2r}),$$
$$\cdots, \boxed{r} + \boxed{s}\times(-k_{sr})$$

$$(A_1\ \vec{0}\ \vec{0}\ \cdots\ \vec{0})$$

$$\|$$

$$(A_1 O)$$

と基本変形される．さらに $\{\vec{a}_1, \vec{a}_2, \cdots, \vec{a}_s\}$ は 1 次独立であるので定理 6.1 より rank $A_1 = s$. したがって，$A_1 \to \begin{pmatrix} I_s \\ O \end{pmatrix}$ （ただし $s = n$ のときは下の O は現れない）と基本変形される．同じ基本変形を $(A_1 O)$ に施しても第 $s + 1$ 列以降の列は零ベクトルのままなので

$$A \to \begin{pmatrix} I_s & O \\ O & O \end{pmatrix}$$

と基本変形され，rank $A = s$ であることがわかる．

どのようなベクトルの組であってもベクトルの順番を入れ換えて番号を付け換えれば (i), (ii) を満たすベクトルの組が必ず存在する．そして rank A はそのようなベクトルの組に含まれるベクトルの個数であることがわかる．

(i), (ii) の状況のとき

$$< \vec{a}_1, \vec{a}_2, \cdots, \vec{a}_s > = < \vec{a}_1, \vec{a}_2, \cdots, \vec{a}_r > \tag{6.3}$$

が成り立つことに注意しよう．今，

$$< \vec{b}_1, \vec{b}_2, \cdots, \vec{b}_q > = < \vec{a}_1, \vec{a}_2, \cdots, \vec{a}_r > \tag{6.4}$$

が成り立っているとする．すると (6.3) と $\{\vec{a}_1, \vec{a}_2, \cdots, \vec{a}_s\}$ が 1 次独立であることから，定理 6.1 (c) により $q \geqq s$ であることがわかる．言い換えると s は (6.4) が成り立つようなベクトルの組 $\{\vec{b}_1, \vec{b}_2, \cdots, \vec{b}_q\}$ に含まれるベクトルの個数の最小値である．この値を $< \vec{a}_1, \vec{a}_2, \cdots, \vec{a}_r >$ の次元という．

[注意] $\{\vec{a}_1, \vec{a}_2, \cdots, \vec{a}_r\}$ が 1 次独立であれば，(i), (ii) を満たすベクトルの組とは $\{\vec{a}_1, \vec{a}_2, \cdots, \vec{a}_r\}$ 自体である．したがって，1 次独立なベクトルの組が生成する部分空間の次元はその組のベクトルの個数に一致する．

例 1　$\vec{a} = \begin{pmatrix} 1 \\ 4 \\ -4 \end{pmatrix}$ のとき $< \vec{a} >$ は原点を通り $\vec{a}$ を方向ベクトルとする直線であった．明らかに $\{\vec{a}\}$ は 1 次独立であるので $< \vec{a} >$ の次元は 1 である．

例2 $\vec{a} = \begin{pmatrix} 1 \\ 3 \\ -1 \end{pmatrix}, \vec{b} = \begin{pmatrix} 2 \\ 4 \\ 1 \end{pmatrix}$ のとき $<\vec{a}, \vec{b}>$ は原点を通り $\vec{a} \times \vec{b}$ を法

線ベクトルとする平面であった. $\mathrm{rank}\,(\vec{a}\ \vec{b}) = 2$ であるので $\{\vec{a}, \vec{b}\}$ は1次独立である. したがって, $<\vec{a}, \vec{b}>$ の次元は2である.

例3 斉次連立1次方程式 (5.11)' の解空間は

$$\vec{d_1} = \begin{pmatrix} -d_{1\,r+1} \\ -d_{2\,r+1} \\ \vdots \\ -d_{r\,r+1} \\ 1 \\ 0 \\ \vdots \\ 0 \end{pmatrix}, \ \vec{d_2} = \begin{pmatrix} -d_{1\,r+2} \\ -d_{2\,r+2} \\ \vdots \\ -d_{r\,r+2} \\ 0 \\ 1 \\ \vdots \\ 0 \end{pmatrix}, \ \cdots, \ \vec{d_{n-r}} = \begin{pmatrix} -d_{1n} \\ -d_{2n} \\ \vdots \\ -d_{rn} \\ 0 \\ 0 \\ \vdots \\ 1 \end{pmatrix}$$

で生成される部分空間であった. $\{\vec{d_1}, \vec{d_2}, \cdots, \vec{d_{n-r}}\}$ は1次独立であることはすぐにわかる (定理 6.1 の (d) が成り立つことがすぐに確かめられる) ので次元は $n-r$ である. (5.11)' の係数行列を A とすると $r = \mathrm{rank}\,A$ なので

$$(\text{解空間の次元}) = n - \mathrm{rank}\,A$$

である. これからわかるように解の自由度とは解空間の次元のことである.

■ 基底 ■ まず次の定理に注意しよう.

定理 6.3. n 個の n 項列ベクトルの組 $\{\vec{a_1}, \vec{a_2}, \cdots, \vec{a_n}\}$ が1次独立であるならばすべての n 項列ベクトルは $\{\vec{a_1}, \vec{a_2}, \cdots, \vec{a_n}\}$ の1次結合で表される. またこの表し方は一意的である.

証明 任意の n 項列ベクトル $\vec{p}$ に対し

$$\vec{p} = k_1\vec{a_1} + k_2\vec{a_2} + \cdots + k_n\vec{a_n} \tag{6.5}$$

を満たす実数 $k_1, k_2, \cdots, k_n$ をみつければよい. (6.5) は $k_1, k_2, \cdots, k_n$ を未知数とする連立 1 次方程式のベクトル表示であり, その係数行列は $A = (a_{ij}) = (\vec{a}_1\ \vec{a}_2\ \cdots\ \vec{a}_n)$ である. 仮定より $\{\vec{a}_1, \vec{a}_2, \cdots, \vec{a}_n\}$ は 1 次独立であるので定理 6.1 より $\operatorname{rank} A = n$ であり, これは掃き出し法の目標が達成されることを意味する. したがって, (6.5) は任意の $\vec{p}$ に対し一意的な解をもつ. すなわち (6.5) を満たす $k_1, k_2, \cdots, k_n$ がみつかり, この表し方が 1 通りであることもわかった. 　　　　　　　　　　　　　　　　　　　　　　　　Q.E.D.

定理 6.3 をふまえて, <u>n 個の</u> n 項列ベクトルの組 $\{\vec{a}_1, \vec{a}_2, \cdots, \vec{a}_n\}$ が 1 次独立であるとき, 「$\{\vec{a}_1, \vec{a}_2, \cdots, \vec{a}_n\}$ は n 項列ベクトルの基底である」という.

■　6.2　列ベクトルの 1 次変換

第 4 章において平面上の 1 次変換について考察をしたが, 同様の変換は列ベクトルに対しても考えられる.

定義 6.3. $f(\vec{x})$ が n 項列ベクトルから n 項列ベクトルへの変換で, さらに

(1) n 項列ベクトル $\vec{x}_1, \vec{x}_2$ に対し $f(\vec{x}_1 + \vec{x}_2) = f(\vec{x}_1) + f(\vec{x}_2)$

(2) n 項列ベクトル $\vec{x}$, 実数 k に対し $f(k\vec{x}) = kf(\vec{x})$

が成り立っているとき「$f(\vec{x})$ は n 項列ベクトルの **1 次変換**(または**線形変換**)である」という.

1 次変換の定義からすぐに次の事実を得る.

命題 6.2. f を n 項列ベクトルの 1 次変換とするとき, r 個の実数 $k_1, k_2, \cdots, k_r$ と r 個の n 項列ベクトル $\vec{x}_1, \vec{x}_2, \cdots, \vec{x}_r$ に対し

$$f(k_1\vec{x}_1 + k_2\vec{x}_2 + \cdots + k_r\vec{x}_r) = k_1f(\vec{x}_1) + k_2f(\vec{x}_2) + \cdots + k_rf(\vec{x}_r)$$

が成立する.

証明　ベクトルの個数 r に関する数学的帰納法で示す. 1 個の場合は 1 次変換の条件 (2) そのものであり成立している. $r - 1$ 個の場合には正しいと仮定

して r 個の場合が正しいことを示す. 帰納法の仮定より

$$f(k_1\vec{x}_1 + k_2\vec{x}_2 + \cdots + k_{r-1}\vec{x}_{r-1}) = k_1 f(\vec{x}_1) + k_2 f(\vec{x}_2) + \cdots + k_{r-1}f(\vec{x}_{r-1})$$
$$\text{(6.6)}$$

である. 今, $k_1\vec{x}_1 + k_2\vec{x}_2 + \cdots + k_{r-1}\vec{x}_{r-1} = \vec{y}$ とおく. すると 1 次変換の条件 (1) より

$$f(k_1\vec{x}_1 + k_2\vec{x}_2 + \cdots + k_{r-1}\vec{x}_{r-1} + k_r\vec{x}_r) = f(\vec{y} + k_r\vec{x}_r) = f(\vec{y}) + f(k_r\vec{x}_r).$$

ここで 1 次変換の条件 (2) より $f(k_r\vec{x}_r) = k_r f(x_r)$ が成り立つ. したがって, (6.6) より定理の結論を得る. $\hspace{2cm}$ Q.E.D.

f を n 項列ベクトルの 1 次変換, $\vec{x}$ を任意の n 項列ベクトルとし, その成分

表示が $\vec{x} = \begin{pmatrix} x_1 \\ x_2 \\ \vdots \\ x_n \end{pmatrix}$ であるとする (すなわち, $\vec{x} = x_1\vec{e}_1 + x_2\vec{e}_2 + \cdots + x_n\vec{e}_n$).

このとき命題 6.2 より

$$f(\vec{x}) = f(x_1\vec{e}_1 + x_2\vec{e}_2 + \cdots + x_n\vec{e}_n) = x_1 f(\vec{e}_1) + x_2 f(\vec{e}_2) + \cdots + x_n f(\vec{e}_n)$$

となる. そこで $f(\vec{e}_1) = \vec{a}_1, f(\vec{e}_2) = \vec{a}_2, \cdots, f(\vec{e}_n) = \vec{a}_n$ とおくと定理 5.2 より

$$f(\vec{x}) = x_1\vec{a}_1 + x_2\vec{a}_2 + \cdots + x_n\vec{a}_n = (\vec{a}_1\ \vec{a}_2\ \cdots\ \vec{a}_n)\begin{pmatrix} x_1 \\ x_2 \\ \vdots \\ x_n \end{pmatrix}$$

となる. したがって

$$A = (\vec{a}_1\ \vec{a}_2\ \cdots\ \vec{a}_n)$$

とおくと

$$f(\vec{x}) = A\vec{x}$$

と n 次正方行列を用いて表される. この n 次正方行列 A を 1 次変換 f を表す行列という. 特に f を表す行列 A の第 j 列は $\vec{a}_j = f(\vec{e}_j)$

$(j = 1, 2, \cdots, n)$ である.

　n 次正方行列 A に対し $f_A(\vec{x}) = A\vec{x}$ と定めると f_A は n 項列ベクトルの 1 次変換である. したがって, n 項列ベクトルの 1 次変換と n 次正方行列とは 1 対 1 に対応する. f_A を行列 A の定める 1 次変換という.

■ 線形写像 ■　一般に 2 つの集合 X, Y と X から Y への対応が与えられているとき, すべての $x \in X$ に対し $y \in Y$ がただ 1 つ対応しているとき, この対応は X から Y への写像であるという. $X = Y$ のときは写像のことを変換ともいう. n 項列ベクトルの 1 次変換は X, Y がともに n 項列ベクトルの全体の場合であるが, X と Y のベクトルの項数が異なる場合もある. そのような場合にはもちろん変換という用語を用いず, 写像という用語を用いることになる.

> **定義 6.4.** $f(\vec{x})$ が n 項列ベクトルから m 項列ベクトルへの写像で, さらに
>
> (1) n 項列ベクトル $\vec{x}_1, \vec{x}_2$ に対し $f(\vec{x}_1 + \vec{x}_2) = f(\vec{x}_1) + f(\vec{x}_2)$
> (2) n 項列ベクトル $\vec{x}$, 実数 k に対し $f(k\vec{x}) = kf(\vec{x})$
>
> が成り立っているとき「$f(\vec{x})$ は n 項列ベクトルから m 項列ベクトルへの線形写像 (または 1 次写像) である」という.

　n 項列ベクトルの 1 次変換と同様にして n 項列ベクトルから m 項列ベクトルへの線形写像は $m \times n$ 行列 A を用いて $f(\vec{x}) = A\vec{x}$ と表されることがわかる. また, 1 次変換の場合と同様に f を表す行列 A の第 j 列は $\vec{a}_j = f(\vec{e}_j)$ $(j = 1, 2, \cdots, n)$ であることもわかる.

　$m \times n$ 行列 A に対し $f_A(\vec{x}) = A\vec{x}$ と定めると f_A は n 項列ベクトルから m 項列ベクトルへの線形写像である. したがって, n 項列ベクトルから m 項列ベクトルへの線形写像と $m \times n$ 行列とは 1 対 1 に対応する.

6.3　方向により倍率の異なる拡大・縮小

　第 4 章 4.1 節において 1 次独立な平面ベクトルの組 $\{\vec{v}_1, \vec{v}_2\}$ と実数 λ_1, λ_2 が与えられたとき, $\vec{v}_1$ 方向を λ_1 倍, $\vec{v}_2$ 方向を λ_2 倍するという変換は平面上

の 1 次変換であると述べた. このことは n 項列ベクトルの 1 次変換について
も成り立つ. つまり 1 次独立な n 項列ベクトルの組 $\{\vec{v}_1, \vec{v}_2, \cdots, \vec{v}_n\}$ と実数
$\lambda_1, \lambda_2, \cdots, \lambda_n$ が与えられたとき, $\vec{v}_1$ 方向を λ_1 倍, $\vec{v}_2$ 方向を λ_2 倍, $\cdots$,
$\vec{v}_n$ 方向を λ_n 倍するという変換は n 項列ベクトルの 1 次変換である. 4.2 節
の例題 4.2 では $\{\vec{v}_1, \vec{v}_2\}$, λ_1, λ_2 を具体的に与えてこの 1 次変換を表す行列
を求めた. この方法は n 項列ベクトルの場合にも適用できるが, その前に, ま
ず例題 4.2 の解法について再考してみる. この問題では, 与えられた $\vec{v}_1$, $\vec{v}_2$
に対し $\vec{v}_1$ 方向を 2 倍, $\vec{v}_2$ 方向を 3 倍するという変換を考えた. この変換を
f とすると, 求める行列の第 1 列が $f(\vec{e}_1)$, 第 2 列が $f(\vec{e}_2)$ である. そこで
これらを求めるため, まず

$$\vec{e}_1 = k\vec{v}_1 + l\vec{v}_2, \quad \vec{e}_2 = k'\vec{v}_1 + l'\vec{v}_2 \tag{6.7}$$

として k, l, k', l' を求め, そのあと

$$f(\vec{e}_1) = 2(k\vec{v}_1) + 3(l\vec{v}_2), \quad f(\vec{e}_2) = 2(k'\vec{v}_1) + 3(l'\vec{v}_2) \tag{6.8}$$

と具体的に計算している. ところで $I = (\vec{e}_1\ \vec{e}_2)$ であるので (6.7) より

$$I = (\vec{e}_1\ \vec{e}_2) = (k\vec{v}_1 + l\vec{v}_2\ \ k'\vec{v}_1 + l'\vec{v}_2) = (\vec{v}_1\ \vec{v}_2) \begin{pmatrix} k & k' \\ l & l' \end{pmatrix}$$

であることに注意しよう. つまり, 行列 $\begin{pmatrix} k & k' \\ l & l' \end{pmatrix}$ は $(\vec{v}_1\ \vec{v}_2)$ の逆行列で
ある.

$$P = (\vec{v}_1\ \vec{v}_2)$$

とおくと

$$P^{-1} = \begin{pmatrix} k & k' \\ l & l' \end{pmatrix}$$

となる. 一方, (6.8) も列ベクトル表示すれば (f を表す行列 A は $(f(\vec{e}_1)\ f(\vec{e}_2))$)

であるので)

$$A = (f(\vec{e}_1)\ f(\vec{e}_2)) = (2(k\vec{v}_1) + 3(l\vec{v}_2)\ 2(k'\vec{v}_1) + 3(l'\vec{v}_2))$$

$$= (2\vec{v}_1\ 3\vec{v}_2) \begin{pmatrix} k & k' \\ l & l' \end{pmatrix} \qquad (6.9)$$

と求めていることがわかる. ここで

$$(2\vec{v}_1\ 3\vec{v}_2) = (2\vec{v}_1 + 0\vec{v}_2\ 0\vec{v}_1 + 3\vec{v}_2) = (\vec{v}_1\ \vec{v}_2) \begin{pmatrix} 2 & 0 \\ 0 & 3 \end{pmatrix} = P \begin{pmatrix} 2 & 0 \\ 0 & 3 \end{pmatrix}$$

であることに注意すると (6.9) より

$$A = P \begin{pmatrix} 2 & 0 \\ 0 & 3 \end{pmatrix} P^{-1}$$

となることがわかる.

一般に, 1次独立な n 項列ベクトルの組 $\{\vec{v}_1,\ \vec{v}_2,\ \cdots,\ \vec{v}_n\}$ と実数 $\lambda_1,\ \lambda_2,\ \cdots,\ \lambda_n$ が与えられたとき, $\vec{v}_1$ 方向を λ_1 倍, $\vec{v}_2$ 方向を λ_2 倍, $\cdots$, $\vec{v}_n$ 方向を λ_n 倍するという1次変換を表す行列 A は

$$A = P \begin{pmatrix} \lambda_1 & & & O \\ & \lambda_2 & & \\ & & \ddots & \\ O & & & \lambda_n \end{pmatrix} P^{-1} \quad (ただし\ P = (\vec{v}_1\ \vec{v}_2\ \cdots\ \vec{v}_n)) \quad (6.10)$$

で与えられる.

例題 6.1. $\vec{v}_1$ 方向を1倍, $\vec{v}_2$ 方向を4倍, $\vec{v}_3$ 方向を5倍する3項列ベクトルの1次変換を表す行列を次のおのおのの場合について求めよ.

(1) $\vec{v}_1 = \begin{pmatrix} 1 \\ 1 \\ 1 \end{pmatrix}$, $\vec{v}_2 = \begin{pmatrix} 1 \\ 2 \\ 1 \end{pmatrix}$, $\vec{v}_3 = \begin{pmatrix} 1 \\ 1 \\ 2 \end{pmatrix}$

$$(2)\ \vec{v}_1 = \begin{pmatrix} 1 \\ 0 \\ 0 \end{pmatrix},\ \vec{v}_2 = \begin{pmatrix} 1 \\ -1 \\ 1 \end{pmatrix},\ \vec{v}_3 = \begin{pmatrix} 0 \\ 3 \\ -2 \end{pmatrix}$$

解答　それぞれの 1 次変換を表す行列を A とする.

$(1)\ P = \begin{pmatrix} 1 & 1 & 1 \\ 1 & 2 & 1 \\ 1 & 1 & 2 \end{pmatrix}$ とおく. すると $P^{-1} = \begin{pmatrix} 3 & -1 & -1 \\ -1 & 1 & 0 \\ -1 & 0 & 1 \end{pmatrix}$ である

（各自確かめよ）. したがって

$$A = P \begin{pmatrix} 1 & 0 & 0 \\ 0 & 4 & 0 \\ 0 & 0 & 5 \end{pmatrix} P^{-1} = \begin{pmatrix} -6 & 3 & 4 \\ -10 & 7 & 4 \\ -11 & 3 & 9 \end{pmatrix}$$

$(2)\ P = \begin{pmatrix} 1 & 1 & 0 \\ 0 & -1 & 3 \\ 0 & 1 & -2 \end{pmatrix}$ とおく. すると $P^{-1} = \begin{pmatrix} 1 & -2 & -3 \\ 0 & 2 & 3 \\ 0 & 1 & 1 \end{pmatrix}$ であ

る（各自確かめよ）. したがって

$$A = P \begin{pmatrix} 1 & 0 & 0 \\ 0 & 4 & 0 \\ 0 & 0 & 5 \end{pmatrix} P^{-1} = \begin{pmatrix} 1 & 6 & 9 \\ 0 & 7 & 3 \\ 0 & -2 & 2 \end{pmatrix}$$

（終）

■ **固有値** ■　第 4 章 4.4 節において, 2 次正方行列 A が与えられたときに A が表す 1 次変換がどの方向のベクトルをどれだけ拡大・縮小する 1 次変換かを調べた. そして, それは行列 A の固有値と対応する固有ベクトルを調べることに対応することを述べた. このことは n 項列ベクトルの 1 次変換にも通用する. つまり, n 次正方行列 A が与えられたときに A が表す 1 次変換がどのベクトルをどれだけ拡大・縮小する 1 次変換かを知るには, A の固有値と対応する固有ベクトルを調べればよい.

n 次正方行列の固有値と固有ベクトルは 2 次正方行列の場合と同様に定義される.

定義 6.5. A を n 次正方行列とする.

$$A\vec{v} = \lambda\vec{v}, \quad \vec{v} \neq \vec{0} \tag{6.11}$$

を満たす実数 λ と n 項列ベクトル $\vec{v}$ が存在するとき,λ を A の固有値,$\vec{v}$ を λ に対する A の固有ベクトルという.

λ が A の固有値であるとは $(A - \lambda I)\vec{v} = \vec{0}, \vec{v} \neq \vec{0}$ となる $\vec{v}$ が存在するということであるから,斉次連立 1 次方程式

$$\begin{cases} (a_{11} - \lambda)x_1 + a_{12}x_2 + \cdots + a_{1n}x_n = 0 \\ a_{21}x_1 + (a_{22} - \lambda)x_2 + \cdots + a_{2n}x_n = 0 \\ \cdots \\ a_{n1}x_1 + a_{2n} + \cdots + (a_{nn} - \lambda)x_n = 0 \end{cases} \tag{6.12}$$

が自明でない解をもつことと同値になる.ただし

$$A = \begin{pmatrix} a_{11} & a_{12} & \cdots & a_{1n} \\ a_{21} & a_{22} & \cdots & a_{2n} \\ \vdots & \vdots & \ddots & \vdots \\ a_{n1} & a_{n2} & \cdots & a_{nn} \end{pmatrix}, \quad \vec{v} = \begin{pmatrix} x_1 \\ x_2 \\ \vdots \\ x_n \end{pmatrix}$$

である.したがって,5.6 節の付録の定理 5.9 より λ が A の固有値であることと $|A - \lambda I| = 0$ とは同値である.2 次正方行列のときと同様に n 次多項式

$$\varphi_A(\lambda) = |\lambda I - A|$$

を A の特性多項式という.また n 次方程式 $\varphi_A(\lambda) = 0$ を A の特性方程式という.この用語を用いると上で述べた事実は次のように言い換えられる.

定理 6.4. λ が A の固有値である $\Leftrightarrow$ λ が A の特性方程式の実数解である

注意 λ が虚数であっても (6.12) を解くことはできる.ただしこの場合 $x_1, x_2, \cdots, x_n$ は複素数の範囲から求めなくてはいけない.つまり固有ベクト

ル $\vec{v}$ が複素数を成分とするベクトルとなる．このことをふまえ特性方程式の虚数解も固有値に含めることがある．

■固有空間■　一般に $\vec{v}$ が A の固有値 λ に対する固有ベクトルであるときそのスカラー倍 $c\vec{v}$（c は 0 以外の任意の数）も λ に対する固有ベクトルである．より一般に次の命題が成立する．

命題 6.3. A を n 次の正方行列，λ を A の固有値とする．$\vec{v}_1, \vec{v}_2, \cdots, \vec{v}_r$ を λ に対する A の固有ベクトルとするとき $\vec{v}_1, \vec{v}_2, \cdots, \vec{v}_r$ の 1 次結合は $\vec{0}$ でなければ λ に対する A の固有ベクトルである．

証明　$\vec{w} = c_1\vec{v}_1 + c_2\vec{v}_2 + \cdots + c_r\vec{v}_r$ とおく．このとき $A\vec{w} = \lambda\vec{w}$ であることをいえばよい．

$$A\vec{w} = A(c_1\vec{v}_1 + c_2\vec{v}_2 + \cdots + c_r\vec{v}_r) = c_1 A\vec{v}_1 + c_2 A\vec{v}_2 + \cdots + c_r A\vec{v}_r$$
$$= c_1(\lambda\vec{v}_1) + c_2(\lambda\vec{v}_2) + \cdots + c_r(\lambda\vec{v}_r) = \lambda(c_1\vec{v}_1 + c_2\vec{v}_2 + \cdots + c_r\vec{v}_r)$$
$$= \lambda\vec{w}$$

したがって，結論を得る．　　　　　　　　　　　　　　　　　　Q.E.D.

この命題より，固有値 λ に対する固有ベクトルの全体に $\vec{0}$ をつけ加えた集合はいくつかのベクトルから生成される部分空間になることがわかる（演習問題 **6-14** 参照）．この部分空間を λ に対する固有空間という．

例題 6.2. 行列 $A = \begin{pmatrix} -3 & 4 & 0 \\ -6 & 7 & 4 \\ 6 & -6 & -7 \end{pmatrix}$ の固有値とそれぞれの固有値に対する固有空間を求めよ．

解答 A の特性多項式は

$$\varphi_A(\lambda) = |\lambda I - A| = \begin{vmatrix} \lambda+3 & -4 & 0 \\ 6 & \lambda-7 & -4 \\ -6 & 6 & \lambda+7 \end{vmatrix} = (\lambda+3)(\lambda+1)(\lambda-1)$$

である. したがって, 3 次方程式 $\varphi_A(\lambda) = 0$ の解, つまり A の固有値は $\lambda = -3, -1, 1$ である.

$\lambda = -3$ に対する固有ベクトルを求める. 今の場合 (6.12) は

$$\begin{cases} (-3-(-3))x & + & 4y & & & = & 0 \\ -6x & + & (7-(-3))y & + & 4z & = & 0 \\ 6x & - & 6y & + & (-7-(-3))z & = & 0 \end{cases}$$

となり, これを解くと $x = 2c, y = 0, z = 3c$ (c は任意の数) である. したがって, $\lambda = -3$ に対する固有ベクトルは

$$c \begin{pmatrix} 2 \\ 0 \\ 3 \end{pmatrix} \quad (c \text{ は } 0 \text{ 以外の任意の数})$$

である. すなわち

$$(-3 \text{ に対する固有空間}) = \left< \begin{pmatrix} 2 \\ 0 \\ 3 \end{pmatrix} \right>$$

である.

$\lambda = -1$ に対する固有ベクトルを求める. 今の場合 (6.12) は

$$\begin{cases} (-3-(-1))x & + & 4y & & & = & 0 \\ -6x & + & (7-(-1))y & + & 4z & = & 0 \\ 6x & - & 6y & + & (-7-(-1))z & = & 0 \end{cases}$$

となり, これを解くと $x = 2c, y = c, z = c$ (c は任意の数) である. したがっ

て，$\lambda = -1$ に対する固有ベクトルは

$$c \begin{pmatrix} 2 \\ 1 \\ 1 \end{pmatrix} \quad (c \text{ は } 0 \text{ 以外の任意の数})$$

である．すなわち

$$(-1 \text{ に対する固有空間}) = < \begin{pmatrix} 2 \\ 1 \\ 1 \end{pmatrix} >$$

である．

$\lambda = 1$ に対する固有ベクトルを求める．今の場合 (6.12) は

$$\begin{cases} (-3-1)x + & 4y & = 0 \\ -6x + & (7-1)y + & 4z & = 0 \\ 6x - & 6y + & (-7-1)z & = 0 \end{cases}$$

となり，これを解くと $x = c,\, y = c,\, z = 0$（c は任意の数）である．したがっ
て，$\lambda = 1$ に対する固有ベクトルは

$$c \begin{pmatrix} 1 \\ 1 \\ 0 \end{pmatrix} \quad (c \text{ は } 0 \text{ 以外の任意の数})$$

である．すなわち

$$(1 \text{ に対する固有空間}) = < \begin{pmatrix} 1 \\ 1 \\ 0 \end{pmatrix} >$$

である． （終）

例題 6.3. 行列 $A = \begin{pmatrix} -9 & 6 & -2 \\ -20 & 13 & -4 \\ -5 & 3 & 0 \end{pmatrix}$ の固有値とそれぞれの固有値に
対する固有空間を求めよ．

解答　A の特性多項式は

$$\varphi_A(\lambda) = |\lambda I - A| = \begin{vmatrix} \lambda+9 & -6 & 2 \\ 20 & \lambda-13 & 4 \\ 5 & -3 & \lambda \end{vmatrix} = (\lambda-1)^2(\lambda-2)$$

である．したがって，3 次方程式 $\varphi_A(\lambda) = 0$ の解，つまり A の固有値は $\lambda = 1, 2$ である．ただし $\lambda = 1$ は重解である．

$\lambda = 1$ に対する固有ベクトルを求める．今の場合 (6.12) は

$$\begin{cases} (-9-1)x & + & 6y & - & 2z & = & 0 \\ -20x & + & (13-1)y & - & 4z & = & 0 \\ -5x & + & 3y & + & (0-1)z & = & 0 \end{cases}$$

となり，これを解くと $x = c, y = d, z = -5c+3d$ $(c, d$ は任意の数$)$ である．したがって，$\lambda = 1$ に対する固有ベクトルは

$$c \begin{pmatrix} 1 \\ 0 \\ -5 \end{pmatrix} + d \begin{pmatrix} 0 \\ 1 \\ 3 \end{pmatrix} \quad (c, d \text{ は } (c, d) \neq (0, 0) \text{ なる任意の数})$$

である．すなわち

$$(1 \text{ に対する固有空間}) = \left< \begin{pmatrix} 1 \\ 0 \\ -5 \end{pmatrix}, \begin{pmatrix} 0 \\ 1 \\ 3 \end{pmatrix} \right>$$

である．

$\lambda = 2$ に対する固有ベクトルを求める．今の場合 (6.12) は

$$\begin{cases} (-9-2)x & + & 6y & - & 2z & = & 0 \\ -20x & + & (13-2)y & - & 4z & = & 0 \\ -5x & + & 3y & + & (0-2)z & = & 0 \end{cases}$$

となり，これを解くと $x = 2c, y = 4c, z = c$ $(c$ は任意の数$)$ である．した

がって，$\lambda = 2$ に対する固有ベクトルは

$$c \begin{pmatrix} 2 \\ 4 \\ 1 \end{pmatrix} \quad (c \text{ は } 0 \text{ 以外の任意の数})$$

である．すなわち

$$(2 \text{ に対する固有空間}) = < \begin{pmatrix} 2 \\ 4 \\ 1 \end{pmatrix} >$$

である． (終)

■ 6.4 行列の対角化

前節において 1 次独立な n 項列ベクトルの組 $\{\vec{v}_1, \vec{v}_2, \cdots, \vec{v}_n\}$ と実数 $\lambda_1, \lambda_2, \cdots, \lambda_n$ が与えられたとき，$\vec{v}_1$ 方向を λ_1 倍，$\vec{v}_2$ 方向を λ_2 倍，$\cdots$, $\vec{v}_n$ 方向を λ_n 倍するという n 項列ベクトルの 1 次変換を扱った．そして，この 1 次変換を表す行列 A は (6.10) で与えられると述べたが，この式の両辺に左から P^{-1} を，右から P を掛けると

$$P^{-1}AP = \begin{pmatrix} \lambda_1 & & & \text{O} \\ & \lambda_2 & & \\ & & \ddots & \\ \text{O} & & & \lambda_n \end{pmatrix}$$

となる．

一般に n 次の正方行列 A が与えられたときに，$P^{-1}AP$ が対角行列になるように行列 P を適当に選ぶことを「行列 A を対角化する」という．

例　今，D は対角行列であるとする．すなわち

$$D = \begin{pmatrix} \lambda_1 & & & O \\ & \lambda_2 & & \\ & & \ddots & \\ O & & & \lambda_n \end{pmatrix}$$

であるとする．すると自然数 k に対し

$$D^k = \begin{pmatrix} \lambda_1^k & & & O \\ & \lambda_2^k & & \\ & & \ddots & \\ O & & & \lambda_n^k \end{pmatrix}$$

であることがすぐにわかる．一方，$P^{-1}AP$ について

$$(P^{-1}AP)^k = (P^{-1}AP)(P^{-1}AP)\cdots(P^{-1}AP) = P^{-1}A^kP$$

となる．したがって，$P^{-1}AP$ が対角行列のときは

$$A^k = P(P^{-1}AP)^kP^{-1} = P \begin{pmatrix} \lambda_1^k & & & O \\ & \lambda_2^k & & \\ & & \ddots & \\ O & & & \lambda_n^k \end{pmatrix} P^{-1}$$

と A^k が簡単に計算できる．

では $P^{-1}AP$ が対角行列となるのはどういう場合か考えてみよう．今 $P^{-1}AP$ は対角行列であるとし，

$$P^{-1}AP = \begin{pmatrix} \lambda_1 & & & O \\ & \lambda_2 & & \\ & & \ddots & \\ O & & & \lambda_n \end{pmatrix}$$

とする．このとき両辺に左から P を掛けると

$$AP = P \begin{pmatrix} \lambda_1 & & & O \\ & \lambda_2 & & \\ & & \ddots & \\ O & & & \lambda_n \end{pmatrix}$$

である．そこで $P = (\vec{p}_1 \ \vec{p}_2 \ \cdots \ \vec{p}_n)$ と列ベクトル表示をすると

$$A(\vec{p}_1 \ \vec{p}_2 \ \cdots \ \vec{p}_n) = (\vec{p}_1 \ \vec{p}_2 \ \cdots \ \vec{p}_n) \begin{pmatrix} \lambda_1 & & & O \\ & \lambda_2 & & \\ & & \ddots & \\ O & & & \lambda_n \end{pmatrix} \tag{6.13}$$

である．定理 5.2 より

$$A(\vec{p}_1 \ \vec{p}_2 \ \cdots \ \vec{p}_n) = (A\vec{p}_1 \ A\vec{p}_2 \ \cdots \ A\vec{p}_n)$$

および

$$(\vec{p}_1 \ \vec{p}_2 \ \cdots \ \vec{p}_n) \begin{pmatrix} \lambda_1 & & & O \\ & \lambda_2 & & \\ & & \ddots & \\ O & & & \lambda_n \end{pmatrix}$$

$$= (\lambda_1 \vec{p}_1 + 0\vec{p}_2 + \cdots + 0\vec{p}_n \ \cdots \ 0\vec{p}_1 + 0\vec{p}_2 + \cdots + \lambda_n \vec{p}_n)$$

$$= (\lambda_1 \vec{p}_1 \ \lambda_2 \vec{p}_2 \ \cdots \ \lambda_n \vec{p}_n)$$

であるので (6.13) より

$$A\vec{p}_1 = \lambda_1 \vec{p}_1, \quad A\vec{p}_2 = \lambda_2 \vec{p}_2, \quad \cdots, \quad A\vec{p}_n = \lambda_n \vec{p}_n \tag{6.14}$$

が成立する．つまり，$\lambda_1, \lambda_2, \cdots, \lambda_n$ はどれも A の固有値であり $\vec{p}_1, \vec{p}_2, \cdots, \vec{p}_n$ はそれぞれの固有値に対する固有ベクトルである．

逆に A の固有値 $\lambda_1, \lambda_2, \cdots, \lambda_n$ とそれぞれに対する固有ベクトル $\vec{p}_1, \vec{p}_2, \cdots, \vec{p}_n$ が与えられていて，さらに $P = (\vec{p}_1 \ \vec{p}_2 \ \cdots \ \vec{p}_n)$ が正則行列であるときは上の式変形を逆にたどれば $P^{-1}AP$ が対角行列になることがわ

かる．したがって，n 次正方行列 A が与えられたとき A の各固有値に対する固有ベクトルをあわせて n 個求めてこれらを並べて n 次正方行列 P を求めればよい．ただし一般にはこのとき P が正則行列になるという保証はない．命題 6.1 より正則行列になるためには n 個の固有ベクトルの組が 1 次独立になる必要がある．ここで次の命題に注意しよう：

命題 6.4. A を n 次正方行列とし $\lambda_1, \lambda_2, \cdots, \lambda_r$ を A の相異なる固有値，$\vec{p}_i$ を λ_i に対する A の固有ベクトルとする．このとき $\{\vec{p}_1, \vec{p}_2, \cdots, \vec{p}_r\}$ は 1 次独立である．

証明 r に関する数学的帰納法で示す．$r = 1$ のときは $\{\vec{p}_1\}$ であるが $\vec{p}_1$ は固有ベクトルであるので $\vec{p}_1 \neq \vec{0}$，したがって，$\{\vec{p}_1\}$ は 1 次独立である．

次に $\{\vec{p}_1, \vec{p}_2, \cdots, \vec{p}_{r-1}\}$ は 1 次独立であると仮定する．

$$k_1\vec{p}_1 + k_2\vec{p}_2 + \cdots + k_{r-1}\vec{p}_{r-1} + k_r\vec{p}_r = \vec{0} \tag{6.15}$$

であるとし，(6.15) の両辺に左から A を掛ける．すると各 $\vec{p}_i$ は λ_i に対する固有ベクトルであるので

$$k_1\lambda_1\vec{p}_1 + k_2\lambda_2\vec{p}_2 + \cdots + k_{r-1}\lambda_{r-1}\vec{p}_{r-1} + k_r\lambda_r\vec{p}_r = \vec{0} \tag{6.16}$$

となる．そこで (6.15) の両辺に λ_r を掛け (6.16) を引くと

$$k_1(\lambda_r - \lambda_1)\vec{p}_1 + k_2(\lambda_r - \lambda_2)\vec{p}_2 + \cdots + k_{r-1}(\lambda_r - \lambda_{r-1})\vec{p}_{r-1} = \vec{0}$$

を得るが，$\{\vec{p}_1, \vec{p}_2, \cdots, \vec{p}_{r-1}\}$ は 1 次独立であるので定理 6.1 の (d) が成立する．すなわち

$$k_1(\lambda_r - \lambda_1) = k_2(\lambda_r - \lambda_2) = \cdots = k_{r-1}(\lambda_r - \lambda_{r-1}) = 0.$$

ところが，固有値はすべて相異なるので特に $\lambda_r - \lambda_1 \neq 0, \lambda_r - \lambda_2 \neq 0, \cdots, \lambda_r - \lambda_{r-1} \neq 0$ であるので，$k_1 = k_2 = \cdots = k_{r-1} = 0$ を得る．したがって，(6.15) より $k_r\vec{p}_r = \vec{0}$ となるが，$\vec{p}_r$ は固有ベクトルであるので $\vec{p}_r \neq \vec{0}$ であり，$k_r = 0$ を得る．以上より $\{\vec{p}_1, \vec{p}_2, \cdots, \vec{p}_r\}$ は定理 6.1 の (d) を満たすので 1 次独立である．

Q.E.D.

命題 6.4 より A の固有値 $\lambda_1, \lambda_2, \cdots, \lambda_n$ がすべて相異なるときはそれぞれに対する固有ベクトルの組は 1 次独立となる．　したがって，次の定理を得る．

定理 6.5. A を n 次正方行列とする．A が n 個の相異なる固有値をもつとき A は対角化可能である．

例　例題 6.2 の行列 $A = \begin{pmatrix} -3 & 4 & 0 \\ -6 & 7 & 4 \\ 6 & -6 & -7 \end{pmatrix}$ の固有値は $-3, -1, 1$ でありすべて異なっている．したがって，A は対角化可能である．

$$(-3 \text{ に対する固有空間}) = < \begin{pmatrix} 2 \\ 0 \\ 3 \end{pmatrix} >$$

$$(-1 \text{ に対する固有空間}) = < \begin{pmatrix} 2 \\ 1 \\ 1 \end{pmatrix} >$$

$$(1 \text{ に対する固有空間}) = < \begin{pmatrix} 1 \\ 1 \\ 0 \end{pmatrix} >$$

であるので $\vec{p_1} = \begin{pmatrix} 2 \\ 0 \\ 3 \end{pmatrix}, \vec{p_2} = \begin{pmatrix} 2 \\ 1 \\ 1 \end{pmatrix}, \vec{p_3} = \begin{pmatrix} 1 \\ 1 \\ 0 \end{pmatrix}$, とし,

$$P = (\vec{p_1} \ \vec{p_2} \ \vec{p_3}) = \begin{pmatrix} 2 & 2 & 1 \\ 0 & 1 & 1 \\ 3 & 1 & 0 \end{pmatrix}$$

とおくと

$$P^{-1}AP = \begin{pmatrix} -3 & 0 & 0 \\ 0 & -1 & 0 \\ 0 & 0 & 1 \end{pmatrix}$$

が成立する（実際に計算して確かめてみよう）.

　実は，A の各固有値に対する固有空間の次元の和が n となることが，A が対角化可能であるための必要十分条件である．詳細は省略するが，このときは各固有値に対してその固有空間を生成する 1 次独立なベクトルの組を求め，それらをあわせた（ちょうど n 個の）ベクトルの組 $\{\vec{p}_1, \vec{p}_2, \cdots, \vec{p}_n\}$ を用いて $P = (\vec{p}_1 \ \vec{p}_2 \ \cdots \ \vec{p}_n)$ とすればよい.

例　例題 6.3 の行列 $A = \begin{pmatrix} -9 & 6 & -2 \\ -20 & 13 & -4 \\ -5 & 3 & 0 \end{pmatrix}$ の固有値は $1, 2$ であった.

$$(1 \text{ に対する固有空間}) = < \begin{pmatrix} 1 \\ 0 \\ -5 \end{pmatrix}, \begin{pmatrix} 0 \\ 1 \\ 3 \end{pmatrix} >$$

であり $\left\{ \begin{pmatrix} 1 \\ 0 \\ -5 \end{pmatrix}, \begin{pmatrix} 0 \\ 1 \\ 3 \end{pmatrix} \right\}$ は 1 次独立であるので（各自確かめてみよ），1 に対する固有空間の次元は 2 である.

$$(2 \text{ に対する固有空間}) = < \begin{pmatrix} 2 \\ 4 \\ 1 \end{pmatrix} >$$

であり $\left\{ \begin{pmatrix} 2 \\ 4 \\ 1 \end{pmatrix} \right\}$ は明らかに 1 次独立であるので，2 に対する固有空間の次元は 1 である．すると固有空間の次元の和は $2 + 1 = 3$ で行列の次数と一致しているので A は対角化可能である．$\vec{p}_1 = \begin{pmatrix} 1 \\ 0 \\ -5 \end{pmatrix}, \vec{p}_2 = \begin{pmatrix} 0 \\ 1 \\ 3 \end{pmatrix}$ （1 に対す

る固有空間を生成するベクトルの組), $\vec{p_3} = \begin{pmatrix} 2 \\ 4 \\ 1 \end{pmatrix}$ (2 に対する固有空間を

生成するベクトル) とし,

$$P = (\vec{p_1}\ \vec{p_2}\ \vec{p_3}) = \begin{pmatrix} 1 & 0 & 2 \\ 0 & 1 & 4 \\ -5 & 3 & 1 \end{pmatrix}$$

とおくと

$$P^{-1}AP = \begin{pmatrix} 1 & 0 & 0 \\ 0 & 1 & 0 \\ 0 & 0 & 2 \end{pmatrix}$$

が成立する (実際に計算して確かめてみよう).

■ 6.5 列ベクトルの内積と直交系

　第 5 章 5.1 節において n 項列ベクトルの内積を導入した. これは平面や空間における内積の成分による表示を一般化したものであった. 本節では列ベクトルの内積について考察を深めてみよう.

■ ノルム ■ 　平面や空間においては内積は $(\vec{a}, \vec{b}) = |\vec{a}||\vec{b}|\cos\theta$ と表された. ただし $|\vec{a}|$, $|\vec{b}|$ はそれぞれ $\vec{a}$, $\vec{b}$ の大きさであり θ は $\vec{a}$ と $\vec{b}$ の間の角である. ここで $\vec{a} = \vec{b}$ とすると $\theta = 0$ であるので $(\vec{a}, \vec{a}) = |\vec{a}|^2$ となりベクトルの大きさと内積との関係式が得られる. この式を念頭においてノルムを定義する. n 項列ベクトル $\vec{a}$ に対して

$$\|\vec{a}\| = \sqrt{(\vec{a}, \vec{a})}$$

と表し, $\vec{a}$ のノルムという. もちろんノルムは平面や空間のベクトルの「大きさ」の概念を列ベクトルに持ち込んだものである. 列ベクトルの内積とノルムに関しては次の定理が成立する (この定理の証明は演習問題とする).

定理 6.6. $\vec{a}$, $\vec{b}$ を n 項列ベクトルとする.

(1) （ピタゴラスの定理）$(\vec{a}, \vec{b}) = 0 \Rightarrow \|\vec{a} + \vec{b}\|^2 = \|\vec{a}\|^2 + \|\vec{b}\|^2$

(2) （中線定理）$\|\vec{a} + \vec{b}\|^2 + \|\vec{a} - \vec{b}\|^2 = 2(\|\vec{a}\|^2 + \|\vec{b}\|^2)$

(3) （シュワルツの不等式）$|(\vec{a}, \vec{b})| \leqq \|\vec{a}\|\|\vec{b}\|$

(4) （三角不等式）$\|\vec{a} + \vec{b}\| \leqq \|\vec{a}\| + \|\vec{b}\|$

　定理 6.6 の (1) を平行四辺形 OACB で $\overrightarrow{\mathrm{OA}} = \vec{a}$, $\overrightarrow{\mathrm{OB}} = \vec{b}$ の場合で考えれば, $(\vec{a}, \vec{b}) = 0$ は $\angle\mathrm{AOB} = \angle\mathrm{R}$（直角）を意味しており, このときには $\mathrm{OC}^2 = \mathrm{OA}^2 + \mathrm{OB}^2$ が成り立つということを示している. つまり (1) は平面図形におけるピタゴラスの定理に対応していることがわかる.

　同様に (2) は平行四辺形の隣り合った 2 辺のそれぞれの 2 乗の和の 2 倍が 2 つの対角線の 2 乗の和に一致するという, いわゆる中線定理を意味している.

　(3) はシュワルツの不等式とよばれ列ベクトルのノルムと内積に関しては基本的な不等式と考えられている. この不等式は次の (4) を証明するときに必要である.

　(4) は平面図形における「三角形の 2 辺の和は他の 1 辺よりも大きい」という性質を意味しており三角不等式とよばれている. これも列ベクトルのノルムに関する基本的な不等式と考えられている.

　以上のように列ベクトルに内積やノルムを導入することにより平面図形あるいは空間図形の諸性質に対応する性質が列ベクトルに対しても成立していることがわかる.

■ 2 つのベクトルの間の「角」■　平面や空間のベクトルにおいて $\vec{a} \neq \vec{0}$, $\vec{b} \neq \vec{0}$ のとき $\cos\theta = \dfrac{(\vec{a}, \vec{b})}{|\vec{a}||\vec{b}|}$ となり $\vec{a}$ と $\vec{b}$ の間の角の余弦が $\vec{a}, \vec{b}$ の内積とそれぞれの大きさから求めることができる.

　$\vec{a}, \vec{b}$ が列ベクトルのときも $\vec{a} \neq \vec{0}$, $\vec{b} \neq \vec{0}$ であれば $\dfrac{(\vec{a}, \vec{b})}{\|\vec{a}\|\|\vec{b}\|}$ を計算することができる. しかもシュワルツの不等式から

$$-1 \leqq \frac{(\vec{a}, \vec{b})}{\|\vec{a}\|\|\vec{b}\|} \leqq 1$$

であり，したがって

$$\cos\theta = \frac{(\vec{a},\vec{b})}{\|\vec{a}\|\|\vec{b}\|}, \quad 0 \le \theta \le \pi$$

を満たす θ が1つ定まる．この θ を $\vec{a}$ と $\vec{b}$ の間の「角」とみなすことはできるが，実用上は2つの列ベクトルの間の角を具体的に計算するということはあまりない．ただ，$\theta = \frac{\pi}{2}$ の場合は重要である．平面や空間のベクトルと同様に $\theta = \frac{\pi}{2}$ であることと $(\vec{a},\vec{b}) = 0$ とは同値である．そこで平面や空間のベクトルの用語をそのまま用いて，2つの n 項列ベクトル $\vec{a} \ne \vec{0}$, $\vec{b} \ne \vec{0}$ が $(\vec{a},\vec{b}) = 0$ を満たすとき「$\vec{a}$ と $\vec{b}$ は直交する」という．またこのとき $\vec{a} \perp \vec{b}$ と表す．

■ 直交系 ■ 互いに直交する $\vec{0}$ でない n 項列ベクトルの組を直交系という．$\vec{a},\vec{b}$ がともに $\vec{0}$ でなく，さらに $\vec{a} \perp \vec{b}$ であるとき

$$\vec{v} = \frac{1}{\|\vec{a}\|}\vec{a}, \quad \vec{w} = \frac{1}{\|\vec{b}\|}\vec{b}$$

とおくと $\|\vec{v}\| = \|\vec{w}\| = 1$ および $\vec{v} \perp \vec{w}$ が成立する．したがって，直交系が1つ与えられるとおのおののベクトルを自分自身のノルムで割ることにより，すべてのベクトルのノルムが1であるような直交系が得られる．一般に，すべてのベクトルのノルムが1であるような直交系を正規直交系という．

直交系については次の定理が重要である．

定理 6.7. 直交系は1次独立である．

証明 $\{\vec{a}_1, \vec{a}_2, \cdots, \vec{a}_r\}$ は直交系であるとする．今

$$k_1\vec{a}_1 + k_2\vec{a}_2 + \cdots + k_r\vec{a}_r = \vec{0} \tag{6.17}$$

であるとする．今, (6.17) の両辺と $\vec{a}_1$ との内積を考える．もちろん $(\vec{0},\vec{a}_1) = 0$ である．一方，

$$(k_1\vec{a}_1 + k_2\vec{a}_2 + \cdots + k_r\vec{a}_r, \vec{a}_1)$$
$$= k_1(\vec{a}_1,\vec{a}_1) + k_2(\vec{a}_2,\vec{a}_1) + \cdots + k_r(\vec{a}_r,\vec{a}_1) = k_1\|\vec{a}_1\|^2$$

となり，$\vec{a}_1 \ne \vec{0}$ なので $k_1 = 0$ を得る．同様に $\vec{a}_2, \cdots, \vec{a}_r$ との内積を考えると $k_2 = 0, \cdots, k_r = 0$ が得られ，$\{\vec{a}_1, \vec{a}_2, \cdots, \vec{a}_r\}$ は定理 6.1 の (d) を満たす

ことがわかる. すなわち1次独立である.   Q.E.D.

定理 6.7 より n 個の n 項列ベクトルからなる正規直交系は n 項列ベクトルの基底であることがわかる. このような基底を正規直交基底という.

注意1 $\{\vec{v}_1, \vec{v}_2, \cdots, \vec{v}_n\}$ を正規直交基底とする. このとき定義から

$$(\vec{v}_i, \vec{v}_j) = \begin{cases} 0 & (i \neq j) \\ 1 & (i = j) \end{cases}$$

が成り立つ.

注意2 $\{\vec{v}_1, \vec{v}_2, \cdots, \vec{v}_n\}$ を正規直交基底とし, これらを列ベクトルとする行列 $P = (\vec{v}_1 \ \vec{v}_2 \ \cdots \ \vec{v}_n)$ を考えると

$$
\begin{aligned}
{}^tPP &= \begin{pmatrix} {}^t\vec{v}_1 \\ {}^t\vec{v}_2 \\ \vdots \\ {}^t\vec{v}_n \end{pmatrix} (\vec{v}_1 \ \vec{v}_2 \ \cdots \ \vec{v}_n) = \begin{pmatrix} {}^t\vec{v}_1\vec{v}_1 & {}^t\vec{v}_1\vec{v}_2 & \cdots & {}^t\vec{v}_1\vec{v}_n \\ {}^t\vec{v}_2\vec{v}_1 & {}^t\vec{v}_2\vec{v}_2 & \cdots & {}^t\vec{v}_2\vec{v}_n \\ \vdots & \vdots & \ddots & \vdots \\ {}^t\vec{v}_n\vec{v}_1 & {}^t\vec{v}_n\vec{v}_2 & \cdots & {}^t\vec{v}_n\vec{v}_n \end{pmatrix} \\
&= \begin{pmatrix} (\vec{v}_1, \vec{v}_1) & (\vec{v}_1, \vec{v}_2) & \cdots & (\vec{v}_1, \vec{v}_n) \\ (\vec{v}_2, \vec{v}_1) & (\vec{v}_2, \vec{v}_2) & \cdots & (\vec{v}_2, \vec{v}_n) \\ \vdots & \vdots & \ddots & \vdots \\ (\vec{v}_n, \vec{v}_1) & (\vec{v}_n, \vec{v}_2) & \cdots & (\vec{v}_n, \vec{v}_n) \end{pmatrix} = \begin{pmatrix} 1 & & & O \\ & 1 & & \\ & & \ddots & \\ O & & & 1 \end{pmatrix} \\
&= I
\end{aligned}
$$

となり ${}^tP = P^{-1}$ であることがわかる. この性質をもつ行列を一般に直交行列という.

■ 6.6 対称行列

f を n 項列ベクトルの1次変換とし, さらに任意の n 項列ベクトル $\vec{x}, \vec{y}$ に対し

$$(f(\vec{x}), \vec{y}) = (\vec{x}, f(\vec{y}))$$

が成り立っているとする. このとき「f は対称変換である」という.

f を対称変換とし f を表す行列を A とする. このとき $(f(\vec{x}) = A\vec{x}$ であるので) $(A\vec{x}, \vec{y}) = (\vec{x}, A\vec{y})$ が成り立つ. すなわち ${}^t\!A = A$ が成立する. このとき「A は n 次対称行列である」という.

対称行列の特徴的な性質は次の定理で述べられる. この定理の証明には複素ベクトルおよび複素内積の知識が若干必要であるのでここでは省略する. 詳細は第 8 章 8.7 節を参照されたい.

定理 6.8. 対称行列に対する特性方程式の解はすべて実数である.

上の定理により対称行列に対する特性方程式の解は常に固有値であるが, 一方で次の定理が成立する.

定理 6.9. 対称行列の異なる固有値に対する固有ベクトルは互いに直交する.

証明 A を n 次の対称行列とし λ, μ を A の異なる固有値とする. また $\vec{v}$, $\vec{w}$ をそれぞれ λ, μ に対する固有ベクトルとする. すなわち $A\vec{v} = \lambda\vec{v} \,(\vec{v} \neq \vec{0})$, $A\vec{w} = \mu\vec{w} \,(\vec{w} \neq \vec{0})$. したがって

$$(A\vec{v}, \vec{w}) = (\lambda\vec{v}, \vec{w}) = \lambda(\vec{v}, \vec{w}),$$

$$(\vec{v}, A\vec{w}) = (\vec{v}, \mu\vec{w}) = \mu(\vec{v}, \vec{w}).$$

ここで, A は対称行列であるので $(\vec{v}, A\vec{w}) = (A\vec{v}, \vec{w})$ が成立する. したがって, $\lambda(\vec{v}, \vec{w}) = \mu(\vec{v}, \vec{w})$, すなわち

$$(\lambda - \mu)(\vec{v}, \vec{w}) = 0.$$

ところが $\lambda \neq \mu$ なので $(\vec{v}, \vec{w}) = 0$, すなわち, $\vec{v}$ と $\vec{w}$ は直交する.　Q.E.D.

上の定理により対称行列 A の相異なる固有値 $\lambda_1, \lambda_2, \cdots, \lambda_k$ のそれぞれに対する固有ベクトルの組 $\{\vec{p}_1, \vec{p}_2, \cdots, \vec{p}_k\}$ は直交系を成す. さらにおのおののベクトルを自分自身のノルムで割ったものを $\vec{v}_j$ とおくと, すなわち $\vec{v}_j = \dfrac{1}{\|\vec{p}_j\|}\vec{p}_j$ とおくと, 各 $\vec{v}_j$ は λ_j の固有ベクトルであり, さらに $\{\vec{v}_1, \vec{v}_2, \cdots, \vec{v}_k\}$ は正規直交系を成す. 特に $k = n$, すなわち A の固有値がすべて相異なるときは, $\{\vec{v}_1, \vec{v}_2, \cdots, \vec{v}_n\}$ は正規直交基底を成す. 以上と定理 6.5 により次の定理を得る.

定理 6.10. A を n 次の対称行列とし，A の固有値 $\lambda_1, \lambda_2, \cdots, \lambda_n$ はすべて相異なるとする．このとき

$$P^{-1}AP = \begin{pmatrix} \lambda_1 & & & \\ & \lambda_2 & & \text{\Large O} \\ & & \ddots & \\ \text{\Large O} & & & \lambda_n \end{pmatrix}$$

が成り立つように直交行列 P を選ぶことができる．

　上の定理のように行列 A に対し，$P^{-1}AP$ が対角行列になるように直交行列 P を適当に選ぶことを「行列 A を直交行列を用いて対角化する」という．

　対称行列の直交行列を用いた対角化は 2 次形式に応用される（第 8 章 8.6 節参照）．

例　3 次の対称行列

$$A = \begin{pmatrix} 4 & -1 & -1 \\ -1 & 4 & -1 \\ -1 & -1 & 2 \end{pmatrix}$$

について考えてみよう．まず A の固有値と固有ベクトルを求める．

　A の特性多項式は

$$\varphi_A(\lambda) = |\lambda I - A| = \begin{vmatrix} \lambda - 4 & 1 & 1 \\ 1 & \lambda - 4 & 1 \\ 1 & 1 & \lambda - 2 \end{vmatrix} = (\lambda - 1)(\lambda - 4)(\lambda - 5)$$

であり，したがって，A の固有値は $\lambda = 1, 4, 5$ である．

　$\lambda = 1$ に対する固有ベクトルを求める．今の場合 (6.12) は

$$\begin{cases} (4-1)x & - & y & - & z & = & 0 \\ -x & + & (4-1)y & - & z & = & 0 \\ -x & - & y & + & (2-1)z & = & 0 \end{cases}$$

となり，これを解くと $x = c, y = c, z = 2c$（c は任意の数）である．したがっ

て，$\lambda = 1$ に対する固有ベクトルは

$$c \begin{pmatrix} 1 \\ 1 \\ 2 \end{pmatrix} \quad (c \text{ は } 0 \text{ 以外の任意の数})$$

である．このベクトルのノルムは $\sqrt{c^2 + c^2 + (2c)^2} = \sqrt{6}\,|c|$ であるので，上のベクトルをこれで割ると $\lambda = 1$ に対するノルム 1 の固有ベクトルが得られる：

$$\pm \frac{1}{\sqrt{6}} \begin{pmatrix} 1 \\ 1 \\ 2 \end{pmatrix}$$

$\lambda = 4$ に対する固有ベクトルを求める．今の場合 (6.12) は

$$\begin{cases} (4-4)x & - & y & - & z & = & 0 \\ -x & + & (4-4)y & - & z & = & 0 \\ -x & - & y & + & (2-4)z & = & 0 \end{cases}$$

となり，これを解くと $x = c, y = c, z = -c$（c は任意の数）である．したがって，$\lambda = 4$ に対する固有ベクトルは

$$c \begin{pmatrix} 1 \\ 1 \\ -1 \end{pmatrix} \quad (c \text{ は } 0 \text{ 以外の任意の数})$$

である．このベクトルのノルムは $\sqrt{c^2 + c^2 + (-c)^2} = \sqrt{3}\,|c|$ であるので，上のベクトルをこれで割ると $\lambda = 4$ に対するノルム 1 の固有ベクトルが得られる：

$$\pm \frac{1}{\sqrt{3}} \begin{pmatrix} 1 \\ 1 \\ -1 \end{pmatrix}$$

$\lambda = 5$ に対する固有ベクトルを求める. 今の場合 (6.12) は

$$
\begin{cases}
(4-5)x & - & y & - & z & = & 0 \\
-x & + & (4-5)y & - & z & = & 0 \\
-x & - & y & + & (2-5)z & = & 0
\end{cases}
$$

となり, これを解くと $x = c, y = -c, z = 0$ (c は任意の数) である. したがって, $\lambda = 5$ に対する固有ベクトルは

$$
c \begin{pmatrix} 1 \\ -1 \\ 0 \end{pmatrix} \quad (c \text{ は } 0 \text{ 以外の任意の数})
$$

である. このベクトルのノルムは $\sqrt{c^2 + c^2 + 0^2} = \sqrt{2}\,|c|$ であるので, 上のベクトルをこれで割ると $\lambda = 5$ に対するノルム 1 の固有ベクトルが得られる:

$$
\pm \frac{1}{\sqrt{2}} \begin{pmatrix} 1 \\ -1 \\ 0 \end{pmatrix}
$$

が $\lambda = 5$ に対するノルム 1 の固有ベクトルである.

各固有値に対してノルム 1 の固有ベクトルを求めたが, それらを集めたベクトルの組

$$
\left\{ \frac{1}{\sqrt{6}} \begin{pmatrix} 1 \\ 1 \\ 2 \end{pmatrix}, \frac{1}{\sqrt{3}} \begin{pmatrix} 1 \\ 1 \\ -1 \end{pmatrix}, \frac{1}{\sqrt{2}} \begin{pmatrix} 1 \\ -1 \\ 0 \end{pmatrix} \right\}
$$

は正規直交系である (各自で確かめてみよ)[1]. そこでこれらを列ベクトルとす

---

[1] ここでは符号が + のものを集めている. ノルム 1 の固有ベクトルは符号が + のものと - のものと 2 通りあったので, このような組み合わせは全部で 8 通りあるが, どの場合を採用してもここでの結果は同じである.

る行列を P とする：

$$P = \begin{pmatrix} \dfrac{1}{\sqrt{6}} & \dfrac{1}{\sqrt{3}} & \dfrac{1}{\sqrt{2}} \\ \dfrac{1}{\sqrt{6}} & \dfrac{1}{\sqrt{3}} & -\dfrac{1}{\sqrt{2}} \\ \dfrac{2}{\sqrt{6}} & -\dfrac{1}{\sqrt{3}} & 0 \end{pmatrix}$$

すると P は直交行列であり，さらに

$$P^{-1}AP = \begin{pmatrix} 1 & 0 & 0 \\ 0 & 4 & 0 \\ 0 & 0 & 5 \end{pmatrix}$$

が成り立つ（実際に計算して確かめてみよう）．

注意　定理 6.10 では対称行列 A の固有値はすべて相異なると仮定したが，実は A の固有値が重複する場合でも A は直交行列を用いて対角化することができる（8.4 節参照）．

演習問題 6

6-1. 次のベクトルの組は 1 次独立であるか 1 次従属であるか．また，これらのベクトルにより生成される部分空間の次元を求めよ．

(1) $\left\{ \begin{pmatrix} 1 \\ 1 \\ 1 \end{pmatrix}, \begin{pmatrix} 0 \\ 1 \\ -2 \end{pmatrix}, \begin{pmatrix} 1 \\ 2 \\ 1 \end{pmatrix} \right\}$

(2) $\left\{ \begin{pmatrix} 1 \\ 1 \\ 0 \\ 3 \end{pmatrix}, \begin{pmatrix} -1 \\ 2 \\ 1 \\ 2 \end{pmatrix}, \begin{pmatrix} 4 \\ 1 \\ -1 \\ 7 \end{pmatrix} \right\}$

(3) $\left\{ \begin{pmatrix} 1 \\ -1 \\ -1 \\ 0 \end{pmatrix}, \begin{pmatrix} 1 \\ -1 \\ 0 \\ 1 \end{pmatrix}, \begin{pmatrix} 1 \\ 0 \\ 2 \\ -1 \end{pmatrix} \right\}$

(4) $\left\{ \begin{pmatrix} 1 \\ 2 \\ -1 \\ -3 \end{pmatrix}, \begin{pmatrix} 1 \\ 3 \\ -1 \\ -3 \end{pmatrix}, \begin{pmatrix} 3 \\ 7 \\ -3 \\ -9 \end{pmatrix} \right\}$

(5) $\left\{ \begin{pmatrix} 1 \\ 2 \\ 3 \\ 0 \end{pmatrix}, \begin{pmatrix} 1 \\ 0 \\ 1 \\ -2 \end{pmatrix}, \begin{pmatrix} 2 \\ 4 \\ 0 \\ -1 \end{pmatrix} \right\}$

6-2. 次の各行列の固有値およびそれぞれの固有値に対する固有空間を求めよ.

(1) $\begin{pmatrix} 1 & 3 \\ 4 & 2 \end{pmatrix}$ (2) $\begin{pmatrix} -1 & 8 & 2 \\ -3 & 3 & -1 \\ 3 & -12 & -2 \end{pmatrix}$ (3) $\begin{pmatrix} 0 & 1 & 1 \\ 1 & 0 & 1 \\ 1 & 1 & 0 \end{pmatrix}$

6-3. 次のベクトルの組は正規直交系であることを確かめよ.

(1) $\left\{ \dfrac{1}{\sqrt{3}} \begin{pmatrix} 1 \\ 1 \\ 1 \end{pmatrix}, \dfrac{1}{\sqrt{6}} \begin{pmatrix} 2 \\ -1 \\ -1 \end{pmatrix}, \dfrac{1}{\sqrt{2}} \begin{pmatrix} 0 \\ -1 \\ 1 \end{pmatrix} \right\}$

(2) $\left\{ \begin{pmatrix} \cos\theta \\ \sin\theta \\ 0 \\ 0 \end{pmatrix}, \begin{pmatrix} -\sin\theta \\ \cos\theta \\ 0 \\ 0 \end{pmatrix}, \begin{pmatrix} 0 \\ 0 \\ \cos\varphi \\ \sin\varphi \end{pmatrix}, \begin{pmatrix} 0 \\ 0 \\ -\sin\varphi \\ \cos\varphi \end{pmatrix} \right\}$

6-4. 次の各等式を証明せよ.

(1) $\|\vec{a} + \vec{b}\|^2 = \|\vec{a}\|^2 + 2(\vec{a}, \vec{b}) + \|\vec{b}\|^2$

(2) $\|\vec{a} - \vec{b}\|^2 = \|\vec{a}\|^2 - 2(\vec{a}, \vec{b}) + \|\vec{b}\|^2$

(3) $(\vec{a}, \vec{b}) = 0 \Rightarrow \|\vec{a} + \vec{b}\|^2 = \|\vec{a}\|^2 + \|\vec{b}\|^2$ （ピタゴラスの定理）

(4) $\|\vec{a} + \vec{b}\|^2 + \|\vec{a} - \vec{b}\|^2 = 2(\|\vec{a}\|^2 + \|\vec{b}\|^2)$ （中線定理）

(5) $(\vec{a}, \vec{b}) = \dfrac{1}{4}(\|\vec{a} + \vec{b}\|^2 - \|\vec{a} - \vec{b}\|^2)$

6-5. シュワルツの不等式（定理 6.6 (3)）を証明せよ.

（Hint：$\vec{a} = 0$ のときは （両辺）$= 0$ となり（等号で）成立している. $\vec{a} \neq 0$ のときは，実数 t に対し $f(t) = \|t\vec{a} + \vec{b}\|^2$ とおき，$f(t) \geqq 0$ が任意の t に対して成立しているので（判別式）$\leqq 0$ となることを用いる.）

6-6. 三角不等式（定理 6.6 (4)）を証明せよ.

（Hint：シュワルツの不等式を用いて $(\|\vec{a}\| + \|\vec{b}\|)^2 - \|\vec{a} + \vec{b}\|^2 \geqq 0$ を示す.）

6-7. f を n 項列ベクトルの 1 次変換とし，f を表す行列を A とする. A が直交行列であるとき（すなわち ${}^t\!A = A^{-1}$ であるとき），f はノルムを変えない，すなわち

$$\|f(\vec{x})\| = \|\vec{x}\|$$

がすべての n 項列ベクトルに対して成立することを示せ.

6-8. 逆に，n 項列ベクトルの 1 次変換 f がノルムを変えないならば，f を表す行列 A は直交行列であることを示せ.

（Hint：任意の n 項列ベクトル $\vec{x}, \vec{y}$ に対して $(A\vec{x}, A\vec{y}) = (\vec{x}, \vec{y})$ が成り立つことを示す. 第 2 章，定理 2.6 の証明を参考にせよ.）

6-9. n 次正方行列 P が直交行列であるとする. このとき P の列ベクトルの全体は n 項列ベクトルの正規直交基底であることを示せ.

6-10. 2 次の直交行列は回転移動を表す行列または折り返しを表す行列であることを示せ.

6-11. 次の各対称行列 A を直交行列を用いて対角化せよ.

(1) $\begin{pmatrix} 1 & 1 & 1 \\ 1 & 2 & 0 \\ 1 & 0 & 2 \end{pmatrix}$　(2) $\begin{pmatrix} 1 & 1 & 3 \\ 1 & 5 & 1 \\ 3 & 1 & 1 \end{pmatrix}$　(3) $\begin{pmatrix} 1 & -2 & 2 \\ -2 & 1 & 2 \\ 2 & 2 & -3 \end{pmatrix}$

6-12. （ケーリー・ハミルトンの定理）

(1) $A = \begin{pmatrix} a & b \\ c & d \end{pmatrix}$ を 2 次正方行列とする. このとき A の特性多項式は

$\varphi_A(\lambda) = \lambda^2 - (a+d)\lambda + ad - bc$ であることを示せ. さらに

$$A^2 - (a+d)A + (ad-bc)I = O$$

であることを示せ.

(2) A を 3 次正方行列とし $\varphi_A(\lambda) = \lambda^3 + p\lambda^2 + q\lambda + r$ を A の特性多項式とする. A が正則行列 P により対角化されるとき

$$A^3 + pA^2 + qA + rI = O$$

であることを示せ.

（実は，A が対角化可能でなくてもこの等式は成立する.）

6-13. $\vec{a}_1, \vec{a}_2, \cdots, \vec{a}_r$ を r 個の n 項列ベクトルとし $X = <\vec{a}_1, \vec{a}_2, \cdots, \vec{a}_r>$ とおく. このとき以下が成り立つことを示せ.

(1) $\vec{x} \in X$, $\vec{y} \in X$ ならば $\vec{x} + \vec{y} \in X$

(2) $\vec{x} \in X$ で k が実数のとき $k\vec{x} \in X$

6-14. 逆に，n 項列ベクトルの部分集合 X が前問の (1), (2) を満たすならば X はいくつかの n 項列ベクトルから生成される部分空間であることを示せ.

7

この章では行列式の諸性質について述べる．なお一般の行列式は第 5 章 5.3 節において n 元連立一次方程式を考察するときに導入，応用されているので本章ではそれ以前の知識，つまり 5.1 節，5.2 節および 5.3 節の 3 元連立一次方程式の部分の知識だけを前提として議論を進める．特に，3 次の行列式の諸性質については既知とする．

■ 7.1　行列式の定義

■ 行列を変数とする函数 ■　任意の n 次正方行列 A に対して実数 $f(A)$ がただ 1 つ対応しているとする．このとき f を n 次正方行列を変数とする函数という[1]．f を n 次正方行列を変数とする函数とする．行列 A が

$$A = \begin{pmatrix} a_{11} & a_{12} & \cdots & a_{1n} \\ a_{21} & a_{22} & \cdots & a_{2n} \\ \vdots & \vdots & \ddots & \vdots \\ a_{n1} & a_{n2} & \cdots & a_{nn} \end{pmatrix}, \quad A = \begin{pmatrix} \vec{a}_1 \\ \vec{a}_2 \\ \vdots \\ \vec{a}_n \end{pmatrix}$$

と成分表示あるいは行ベクトル表示されているとき，$f(A)$ のことを

---

[1] 本書では行列の成分は特に断らない限り実数であるとしているので f は実数値の場合を考えているが，複素数を成分とする行列やベクトルを取り扱っているときは函数の値は複素数値になる．

$$
f \begin{pmatrix} a_{11} & a_{12} & \cdots & a_{1n} \\ a_{21} & a_{22} & \cdots & a_{2n} \\ \vdots & \vdots & \ddots & \vdots \\ a_{n1} & a_{n2} & \cdots & a_{nn} \end{pmatrix}, \quad f \begin{pmatrix} \vec{a}_1 \\ \vec{a}_2 \\ \vdots \\ \vec{a}_n \end{pmatrix}
$$

と表す．これは括弧が2重になってみにくくなるのを避けるためである．

■ 行列式の定義 ■　第2章2.6節において2次の行列式を，第3章3.4節において3次の行列式を定義したが，ここでは4次以上の場合を含めて一般的に行列式を定義する．この定義は2次および3次の行列式がもつ性質をもとに一般化したものである（第5章5.3節参照）．

定義 7.1. n 次正方行列を変数とする函数 f が次の4条件 [1]〜[4] を満たすとき f を n 次の行列式という：

[1] ある行に別の行の定数倍を加えても f の値は変わらない
[2] ある行を k 倍すると f の値も k 倍される
[3] 2つの行を入れ換えると f の値は -1 倍される
[4] $f(I) = 1$

　この定義をみる限りではこのような函数 f が実際に存在するかどうかはわからない．しかしあとで示すように，このような性質をもつ函数 f は存在することがわかる．また次の定理から [1]〜[4] を満たす函数は1通りであることがわかる．そこで n 次の行列式を $f(A) = |A|$ と表す．

定理 7.1. f を n 次正方行列を変数とする函数とする．f は [1]〜[3] および

[4]$_0$ $f(I) = 0$

を満たしているとする．このとき任意の行列 A に対し $f(A) = 0$ である．

証明　A を n 次正方行列とする．掃き出し法により行列 A が行列 B に変形

されたとする. f は [1]〜[3] を満たすので

$$f(A) = \frac{(-1)^l}{K} f(B) \tag{7.1}$$

ただし,

　　　l = (掃き出し法の変形において行を入れ換えた回数)

　　　K = (掃き出し法の変形において行に掛けた定数すべての積)

が成り立つ. なお, 掃き出し法では行に 0 は掛けないので $K \neq 0$ であること
に注意しよう.

　掃き出し法の目標が達成される場合, つまり A が単位行列 I に変形される
場合から考える. この場合 $B = I$ であるので (7.1) と $[4]_0$ より

$$f(A) = \frac{(-1)^l}{K} f(I) = 0$$

となる.

　次に掃き出し法の目標が達成されない場合を考える. このときは A は次の
形の行列に変形される.

$$\begin{pmatrix} * & * & \cdots & * \\ \vdots & \vdots & \ddots & \vdots \\ * & * & \cdots & * \\ 0 & 0 & \cdots & 0 \end{pmatrix}$$

このとき, 最後の行の成分はすべて 0 であるので, この行列の f の値は 0 で
ある (演習問題 **7-2**). したがって, (7.1) より

$$f(A) = \frac{(-1)^l}{K} f \begin{pmatrix} * & * & \cdots & * \\ \vdots & \vdots & \ddots & \vdots \\ * & * & \cdots & * \\ 0 & 0 & \cdots & 0 \end{pmatrix} - 0$$

したがって, いずれにしても $f(A) = 0$ である. 　　　　　　　　Q.E.D.

系 7.1. [1]～[4] を満たす函数は 1 通りである.

証明　n 次正方行列を変数とする函数 f, g がともに [1]～[4] を満たしている とする. このとき $h = f - g$ とおくと h は [1]～[3] および [4]$_0$ を満たす. す ると定理 7.1 より任意の行列 A に対し $h(A) = 0$, すなわち, $f(A) = g(A)$ を得る.　　　　　　　　　　　　　　　　　　　　　　　　　　　　Q.E.D.

さて, [1]～[4] を満たす函数が実際に存在するかどうかであるが, そのこと を証明する前に次の事実に注意しておく.

命題 7.1. n 次正方行列を変数とする函数 f が [2], [3] を満たしていると する. このとき条件 [1] と次の条件

[5] ある 1 つの行以外はまったく等しい 2 つの行列に対する f の値の和とそ の 2 つの行を加えた行列に対する f の値は等しい

は同値である.

注意　命題 7.1 の [5] を式で表すと次のようになる：

$$
f \begin{pmatrix} \vec{\alpha}_1 \\ \vdots \\ \vec{\alpha}_i + \vec{\beta}_i \\ \vdots \\ \vec{\alpha}_n \end{pmatrix} = f \begin{pmatrix} \vec{\alpha}_1 \\ \vdots \\ \vec{\alpha}_i \\ \vdots \\ \vec{\alpha}_n \end{pmatrix} + f \begin{pmatrix} \vec{\alpha}_1 \\ \vdots \\ \vec{\beta}_i \\ \vdots \\ \vec{\alpha}_n \end{pmatrix}
$$

命題 7.1 の証明において行ベクトルに対する 1 次独立および 1 次従属の知識 が必要となる. 列ベクトルの 1 次独立・1 次従属については第 6 章で取り上げ られているが本章では第 5 章 5.3 節以前の知識しか前提としていないので（本 質的な違いはないが）ここでは簡単に行ベクトルに対する 1 次独立・1 次従属 についてまとめておく.

n 項行ベクトルの組 $\{\vec{\alpha}_1, \vec{\alpha}_2, \ldots, \vec{\alpha}_r\}$ が

$$k_1\vec{\alpha}_1 + k_2\vec{\alpha}_2 + \cdots + k_r\vec{\alpha}_r = \vec{0} \Longrightarrow (k_1, k_2, \cdots, k_r) = (0, 0, \cdots, 0)$$

を満たすとき「$\{\vec{\alpha}_1, \vec{\alpha}_2, \cdots, \vec{\alpha}_r\}$ は 1 次独立である」という. そして, これが満たされないとき, すなわち, $k_1\vec{\alpha}_1 + k_2\vec{\alpha}_2 + \cdots + k_r\vec{\alpha}_r = \vec{0}$ かつ $(k_1, k_2, \cdots, k_r) \neq (0, 0, \cdots, 0)$ なる実数の順序対 $(k_1, k_2, \cdots, k_r)$ が存在するとき, 「$\{\vec{\alpha}_1, \vec{\alpha}_2, \cdots, \vec{\alpha}_r\}$ は 1 次従属である」という[2].

補題 7.1. $\{\vec{\alpha}_1, \ldots, \vec{\alpha}_n\}$ を n 個のベクトルからなる 1 次独立な n 項行ベクトルの組とし, $\vec{\beta}$ を n 項行ベクトルとする. このとき $k_1\vec{\alpha}_1 + k_2\vec{\alpha}_2 + \cdots + k_n\vec{\alpha}_n = \vec{\beta}$ となる実数の順序対 $(k_1, k_2, \cdots, k_n)$ が一意的に存在する.

証明 $k_1\vec{\alpha}_1 + k_2\vec{\alpha}_2 + \cdots + k_n\vec{\alpha}_n = \vec{\beta}$ は $(k_1, k_2, \cdots, k_n)$ を未知数とする連立一次方程式のベクトル表示であることに注意しよう. 連立一次方程式については (5.13), (5.14) が成立する[3]. そこで $\vec{\beta} = \vec{0}$ の場合を考えてみると 1 次独立の定義から解は $(k_1, k_2, \cdots, k_r) = (0, 0, \cdots, 0)$ のみである. つまり, 一意性が成り立つので (5.13) より掃き出し法の目標が達成される. したがって $\vec{\beta} \neq \vec{0}$ の場合も掃き出し法の目標が達成され解 $(k_1, k_2, \cdots, k_n)$ が一意的に存在することがわかる. Q.E.D.

証明 $[5] \Rightarrow [1]$ の証明 A の第 i 行に第 j 行の k 倍が加えられているとす

---

[2] ここで述べた定義は第 6 章の定理 6.1(d) および定理 6.2(d)' の条件に相当する. 第 6 章ではこれらの定理においてこの条件と同値な条件をいくつか取り上げている.

[3] 第 5 章 5.2 節ではいくつかの計算例と事実のみしか述べていない. (5.13), (5.14) のきちんとした証明は第 8 章 8.2 節に与えられている.

る．このとき

$$f\begin{pmatrix}\vec{\alpha}_1 \\ \vdots \\ \vec{\alpha}_i + k\vec{\alpha}_j \\ \vdots \\ \vec{\alpha}_j \\ \vdots \\ \vec{\alpha}_n\end{pmatrix} = f\begin{pmatrix}\vec{\alpha}_1 \\ \vdots \\ \vec{\alpha}_i \\ \vdots \\ \vec{\alpha}_j \\ \vdots \\ \vec{\alpha}_n\end{pmatrix} + f\begin{pmatrix}\vec{\alpha}_1 \\ \vdots \\ k\vec{\alpha}_j \\ \vdots \\ \vec{\alpha}_j \\ \vdots \\ \vec{\alpha}_n\end{pmatrix}$$

$$= f\begin{pmatrix}\vec{\alpha}_1 \\ \vdots \\ \vec{\alpha}_i \\ \vdots \\ \vec{\alpha}_j \\ \vdots \\ \vec{\alpha}_n\end{pmatrix} + kf\begin{pmatrix}\vec{\alpha}_1 \\ \vdots \\ \vec{\alpha}_j \\ \vdots \\ \vec{\alpha}_j \\ \vdots \\ \vec{\alpha}_n\end{pmatrix} = f\begin{pmatrix}\vec{\alpha}_1 \\ \vdots \\ \vec{\alpha}_i \\ \vdots \\ \vec{\alpha}_j \\ \vdots \\ \vec{\alpha}_n\end{pmatrix}$$

ただし，最初の等号では [5] を，2 番目の等号では [2] を，3 番目の等号では同じ行を含む行列に対しては f の値が 0 になること（演習問題 **7-3**）を用いた．

[1] $\Rightarrow$ [5] の証明 簡単のため

$$a = f\begin{pmatrix}\vec{\alpha}_1 \\ \vdots \\ \vec{\alpha}_i \\ \vdots \\ \vec{\alpha}_n\end{pmatrix}, b = f\begin{pmatrix}\vec{\alpha}_1 \\ \vdots \\ \vec{\beta}_i \\ \vdots \\ \vec{\alpha}_n\end{pmatrix}, c = f\begin{pmatrix}\vec{\alpha}_1 \\ \vdots \\ \vec{\alpha}_i + \vec{\beta}_i \\ \vdots \\ \vec{\alpha}_n\end{pmatrix}$$

とおく．ここでの目的は $c = a + b$ を示すことである．ここで次の 3 つの場合に分けて考える．

Case 1 $\{\alpha_1, \ldots, \alpha_i, \ldots, \alpha_n\}$ が 1 次独立

Case 2 $\{\alpha_1, \ldots, \beta_i, \ldots, \alpha_n\}$ が 1 次独立

Case 3 $\{\alpha_1, \ldots, \alpha_i, \ldots, \alpha_n\}, \{\alpha_1, \ldots, \beta_i, \ldots, \alpha_n\}$ がともに 1 次従属

<u>Case 1</u> この場合，補題 7.1 より $\beta_i = k_1\alpha_1 + \cdots + k_i\alpha_i + \cdots + k_n\alpha_n$ と 1 次結合で表される．したがって演習問題 **7-4** と [2] より

$$
b = f\begin{pmatrix} \vec{\alpha}_1 \\ \vdots \\ \vec{\beta}_i \\ \vdots \\ \vec{\alpha}_n \end{pmatrix} = f\begin{pmatrix} \vec{\alpha}_1 \\ \vdots \\ k_1\alpha_1 + \cdots + k_i\alpha_i + \cdots + k_n\alpha_n \\ \vdots \\ \vec{\alpha}_n \end{pmatrix} = k_i f\begin{pmatrix} \vec{\alpha}_1 \\ \vdots \\ \vec{\alpha}_i \\ \vdots \\ \vec{\alpha}_n \end{pmatrix}
$$

となる．一方，$\alpha_i + \beta_i = k_1\alpha_1 + \cdots + (1 + k_i)\alpha_i + \cdots + k_n\alpha_n$ となるのでやはり演習問題 **7-4** と [2] より

$$
c = f\begin{pmatrix} \vec{\alpha}_1 \\ \vdots \\ \alpha_i + \vec{\beta}_i \\ \vdots \\ \vec{\alpha}_n \end{pmatrix} = (1 + k_i)f\begin{pmatrix} \vec{\alpha}_1 \\ \vdots \\ \alpha_i \\ \vdots \\ \vec{\alpha}_n \end{pmatrix} = a + b
$$

が従い結論を得る．

<u>Case 2</u> α_i と β_i の役割を入れ変えれば Case 1 と同様である．

<u>Case 3</u> (a) $\{\alpha_1, \ldots, \alpha_{i-1}, \alpha_{i+1}, \ldots, \alpha_n\}$ が 1 次独立のとき

このときは Case 3 の仮定から演習問題 **7-5** により α_i, β_i はどちらも $\{\alpha_1, \ldots, \alpha_{i-1}, \alpha_{i+1}, \ldots, \alpha_n\}$ の 1 次結合で表される．すると $\alpha_i + \beta_i$ も $\{\alpha_1, \ldots, \alpha_{i-1}, \alpha_{i+1}, \ldots, \alpha_n\}$ の 1 次結合で表されるので $\{\alpha_1, \ldots, \alpha_i + \beta_i, \ldots, \alpha_n\}$ も 1 次従属となり，演習問題 **7-7** より $a = b = c = 0$ が従う．よって結論を得る．

(b) $\{\alpha_1, \ldots, \alpha_{i-1}, \alpha_{i+1}, \ldots, \alpha_n\}$ が 1 次従属のとき

このときは演習問題 **7-6** により $\{\alpha_1, \ldots, \alpha_i, \ldots, \alpha_n\}, \{\alpha_1, \ldots, \beta_i, \ldots, \alpha_n\}, \{\alpha_1, \ldots, \alpha_i + \beta_i, \ldots, \alpha_n\}$ はすべて 1 次従属となる．したがって演習問題 **7-7** より $a = b = c = 0$ を得る． Q.E.D.

注意　命題 7.1 より [1] と [5] は同値であるので行列式を [2]～[5] を満たす函数
として定義することも可能である.

　さて, [1]～[4] を満たす函数が実際に存在することの証明であるが, その前
に次のことに注意しよう. 3 次の行列式については実際に [1]～[4] が成り立つ.
次に 4 次の場合であるが, f を 4 次正方行列を変数とする函数とし [1]～[4] が
成り立っているとする. $A = (a_{ij})$ を 4 次正方行列とし, その第 i 行を $(a_{i4}\ \vec{\gamma}_i)$
と表す（すなわち $\vec{\gamma}_i = (a_{i2}\ a_{i3}\ a_{i1})$）. 今, 簡単のため $a_{11} \neq 0$ であるとす
る. このとき f が [1]～[4] を満たすことと演習問題 **7-1** から

$$
f(A) = a_{11}\begin{vmatrix} \vec{\gamma}_2 \\ \vec{\gamma}_3 \\ \vec{\gamma}_4 \end{vmatrix} - a_{21}\begin{vmatrix} \vec{\gamma}_1 \\ \vec{\gamma}_3 \\ \vec{\gamma}_4 \end{vmatrix} + a_{31}\begin{vmatrix} \vec{\gamma}_1 \\ \vec{\gamma}_2 \\ \vec{\gamma}_4 \end{vmatrix} - a_{41}\begin{vmatrix} \vec{\gamma}_1 \\ \vec{\gamma}_2 \\ \vec{\gamma}_3 \end{vmatrix}
$$

が成り立つことがわかる（具体的な計算は第 5 章 5.3 節で行なっている）. こ
こで左辺に現れる行列式は順に A の第 1 列と A の第 1 行, 第 2 行, 第 3 行,
第 4 行を取り除いた 3 次の行列式である.

　このことをふまえて次の定理を証明する.

定理 7.2. n 次正方行列に対して [1]～[4] を満たす函数 f は存在する.

証明　行列の次数 n に関する数学的帰納法で示す. 2 次および 3 次の場合に
ついては具体的に行列式が定義され [1]～[4] が成り立っていることがわかって
いる. 次に $n-1$ 次の正方行列に対しては [1]～[4] を満たす函数, すなわち
$n-1$ 次の行列式が存在していると仮定する. 今, n 次正方行列 A に対し函
数 f を

$$
f(A) = a_{11}|C_1| - a_{21}|C_2| + \cdots + a_{i1}(-1)^{i-1}|C_i| + \cdots + a_{n1}(-1)^{n-1}|C_n| \quad (7.2)
$$

で定義する. ただし C_i は A の第 1 列と第 i 行を除いた行列であり, $|C_i|$ は
$n-1$ 次の行列式を表す. このとき f も [1]～[4] を満たすことを示せばよい. A

は

$$A = \begin{pmatrix} \vec{\alpha}_1 \\ \vec{\alpha}_2 \\ \vdots \\ \vec{\alpha}_n \end{pmatrix}$$

と行ベクトル表示されているとし $\vec{\alpha}_i = (a_{i1} \ \vec{\gamma}_i)$ と表すことにする.

まず [1] から示す. 第 i 行に第 j 行の k 倍を加えられているとする. このとき (7.2) より

$$f\begin{pmatrix} \vec{\alpha}_1 \\ \vdots \\ \vec{\alpha}_i + k\vec{\alpha}_j \\ \vdots \\ \vec{\alpha}_j \\ \vdots \\ \vec{\alpha}_n \end{pmatrix} = a_{11}\begin{vmatrix} \vec{\gamma}_2 \\ \vdots \\ \vec{\gamma}_i + k\vec{\gamma}_j \\ \vdots \\ \vec{\gamma}_j \\ \vdots \\ \vec{\gamma}_n \end{vmatrix} + \cdots + (a_{i1} + ka_{j1})(-1)^{i-1}|C_i| + \cdots$$

$$\cdots + a_{j1}(-1)^{j-1}\begin{vmatrix} \vec{\gamma}_1 \\ \vdots \\ \vec{\gamma}_i + k\vec{\gamma}_j \\ \vdots \\ \vec{\gamma}_n \end{vmatrix} + \cdots + a_{n1}(-1)^{n-1}\begin{vmatrix} \vec{\gamma}_1 \\ \vdots \\ \vec{\gamma}_i + k\vec{\gamma}_j \\ \vdots \\ \vec{\gamma}_j \\ \vdots \\ \vec{\gamma}_{n-1} \end{vmatrix}$$

$$= a_{11}|C_1| + \cdots + (a_{i1} + ka_{j1})(-1)^{i-1}|C_i| + \cdots$$

$$\cdots + a_{j1}(-1)^{j-1}(|C_j| + \begin{vmatrix} \vec{\gamma}_1 \\ \vdots \\ k\vec{\gamma}_j \\ \vdots \\ \vec{\gamma}_n \end{vmatrix}) + \cdots + a_{n1}(-1)^{n-1}|C_n|$$

$$= a_{11}|C_1| + \cdots + a_{i1}(-1)^{i-1}|C_i| + ka_{j1}(-1)^{i-1}|C_i| + \cdots$$

$$\cdots + a_{j1}(-1)^{j-1}|C_j| + a_{j1}(-1)^{j-1}k(-1)^{i-j+1}|C_i| + \cdots$$

$$\cdots + a_{n1}(-1)^{n-1}|C_n|$$

$$= f(A)$$

となり [1] が成立する．ここで $n-1$ 次の行列式に対しては [1] およびそれと同値な [5] が成り立つことを用いた．

　次に [2] を示す．第 i 行が k 倍されているとする．このとき (7.2) より

$$f\begin{pmatrix} \vec{\alpha}_1 \\ \vdots \\ k\vec{\alpha}_i \\ \vdots \\ \vec{\alpha}_n \end{pmatrix} = a_{11}\begin{vmatrix} \vec{\gamma}_2 \\ \vdots \\ k\vec{\gamma}_i \\ \vdots \\ \vec{\gamma}_n \end{vmatrix} + \cdots + ka_{i1}(-1)^{i-1}|C_i| + \cdots$$

$$\cdots + a_{n1}(-1)^{n-1}\begin{vmatrix} \vec{\gamma}_1 \\ \vdots \\ k\vec{\gamma}_i \\ \vdots \\ \vec{\gamma}_{n-1} \end{vmatrix}$$

$$= a_{11}k|C_1| + \cdots + ka_{i1}(-1)^{i-1}|C_i| + \cdots + a_{n1}(-1)^{n-1}k|C_n|$$

$$= kf(A)$$

となり [2] が成立する．

次に [3] を示す. 第 i 行と第 j 行が入れ代わっているとする.

$$f\begin{pmatrix}\vec{\alpha}_1\\\vdots\\\vec{\alpha}_j\\\vdots\\\vec{\alpha}_i\\\vdots\\\vec{\alpha}_n\end{pmatrix}=a_{11}\begin{vmatrix}\vec{\gamma}_2\\\vdots\\\vec{\gamma}_j\\\vdots\\\vec{\gamma}_i\\\vdots\\\vec{\gamma}_n\end{vmatrix}+\cdots+a_{j1}(-1)^{i-1}\begin{vmatrix}\vec{\gamma}_1\\\vdots\\\vec{\gamma}_i\\\vdots\\\vec{\gamma}_n\end{vmatrix}+\cdots$$

$$\cdots+a_{i1}(-1)^{j-1}\begin{vmatrix}\vec{\gamma}_1\\\vdots\\\vec{\gamma}_j\\\vdots\\\vec{\gamma}_n\end{vmatrix}+\cdots+a_{n1}(-1)^{n-1}\begin{vmatrix}\vec{\gamma}_1\\\vdots\\\vec{\gamma}_j\\\vdots\\\vec{\gamma}_i\\\vdots\\\vec{\gamma}_{n-1}\end{vmatrix}$$

$$=a_{11}\begin{vmatrix}\vec{\gamma}_2\\\vdots\\\vec{\gamma}_j\\\vdots\\\vec{\gamma}_i\\\vdots\\\vec{\gamma}_n\end{vmatrix}+\cdots+a_{j1}(-1)^{i-1}(-1)^{i-j+1}|C_j|+\cdots$$

$$\cdots + a_{i1}(-1)^{j-1}(-1)^{i-j+1}|C_i| + \cdots + a_{n1}(-1)^{n-1} \begin{vmatrix} \vec{\gamma}_1 \\ \vdots \\ \vec{\gamma}_j \\ \vdots \\ \vec{\gamma}_i \\ \vdots \\ \vec{\gamma}_{n-1} \end{vmatrix}$$

$$= -a_{11}|C_1| + \cdots + a_{j1}(-1)^{2i-j}|C_j| + \cdots$$

$$\cdots + a_{j1}(-1)^i|C_i| + \cdots - a_{n1}(-1)^{n-1}|C_n|$$

$$= -(a_{11}|C_1| + \cdots + a_{j1}(-1)^{j-1}|C_j| + \cdots$$

$$\cdots + a_{j1}(-1)^{i-1}|C_i| + \cdots + a_{n1}(-1)^{n-1}|C_n|)$$

$$= -f(A)$$

となり [3] が成立する.

次に [4] を示す.

$$f(I_n) = f \begin{pmatrix} 1 & 0 & \cdots & 0 \\ 0 & 1 & \cdots & 0 \\ \vdots & \vdots & \ddots & \vdots \\ 0 & 0 & \cdots & 1 \end{pmatrix} = 1 \cdot |I_{n-1}| = 1$$

となり [4] が成立する.   Q.E.D.

■ 行列式の具体的表示 ■ n 次の行列式は $|A|$ と表される. 行列式においては
[2] および [5] が成り立っているので数学的帰納法を用いると

$$\begin{vmatrix} \vec{\alpha}_1 \\ \vdots \\ \displaystyle\sum_{l=1}^{N} k_l \vec{\alpha}_i^{(l)} \\ \vdots \\ \vec{\alpha}_n \end{vmatrix} = \sum_{l=1}^{N} k_l \begin{vmatrix} \vec{\alpha}_1 \\ \vdots \\ \vec{\alpha}_i^{(l)} \\ \vdots \\ \vec{\alpha}_n \end{vmatrix} \tag{7.3}$$

が成立することがわかる.

$A = (a_{ij})$ を n 次正方行列とする. $\vec{\varepsilon}_1 = (1, 0, \cdots, 0), \vec{\varepsilon}_2 = (0, 1, \cdots, 0), \cdots$ $\cdots, \vec{\varepsilon}_n = (0, 0, \cdots, 1)$ とすると

$$A = \begin{pmatrix} \displaystyle\sum_{l_1=1}^{n} a_{1\,l_1} \vec{\varepsilon}_{l_1} \\ \displaystyle\sum_{l_2=1}^{n} a_{2\,l_2} \vec{\varepsilon}_{l_2} \\ \vdots \\ \displaystyle\sum_{l_n=1}^{n} a_{n\,l_n} \vec{\varepsilon}_{l_n} \end{pmatrix}$$

と行ベクトル表示される. すると (7.3) を順次用いることにより

$$|A| = \sum_{l_1=1}^{n} a_{1\,l_1} \begin{vmatrix} \vec{\varepsilon}_{l_1} \\ \displaystyle\sum_{l_2=1}^{n} a_{2\,l_2} \vec{\varepsilon}_{l_2} \\ \vdots \\ \displaystyle\sum_{l_n=1}^{n} a_{n\,l_n} \vec{\varepsilon}_{l_n} \end{vmatrix}$$

$$= \cdots = \sum_{l_1=1}^{n} \sum_{l_2=1}^{n} \cdots \sum_{l_n=1}^{n} a_{1\,l_1} a_{2\,l_2} \cdots a_{n\,l_n} \begin{vmatrix} \vec{\varepsilon}_{l_1} \\ \vec{\varepsilon}_{l_2} \\ \vdots \\ \vec{\varepsilon}_{l_n} \end{vmatrix}$$

となるが同じ行を含む行列式の値は 0 (演習問題 **7-2**) であるので $l_1, l_2, \cdots, l_n$

はすべて異なる整数である．したがって，$l_1, l_2, \cdots, l_n$ は $1, 2, \cdots, n$ の並べかえ，すなわち，順列である．$1, 2, \cdots, n$ の順列の全体を S_n と表すことにすると

$$|A| = \sum_{(l_1, l_2, \cdots, l_n) \in S_n} \sigma(l_1, l_2, \cdots, l_n) a_{1\,l_1} a_{2\,l_2} \cdots a_{n\,l_n} \tag{7.4}$$

となることがわかる．ただし

$$\sigma(l_1, l_2, \cdots, l_n) = \begin{vmatrix} \vec{\varepsilon}_{l_1} \\ \vec{\varepsilon}_{l_2} \\ \vdots \\ \vec{\varepsilon}_{l_n} \end{vmatrix}$$

であり，これは，$(1, 2, \cdots, n)$ を $(l_1, l_2, \cdots, l_n)$ に並べかえるのに数字を何回入れ換えて並べかえたかにより，入れ換える回数が偶数ならば 1，奇数ならば -1 となる．$\sigma(l_1, l_2, \cdots, l_n)$ を順列 $(l_1, l_2, \cdots, l_n)$ の符号とよぶ．

■ 行列式の定義に関する注意 ■　本書では行列式は [1]～[4] を満たす函数として定義したが，他にも以下のような定義の方法がある．他の教科書を読む際にはどの定義が採用されているか注意して読むようにしよう．

- [2]～[5] を満たす函数として定義する方法
- (7.2) を用いて帰納的に定義する方法
- 表示式 (7.4) で直接定義する方法

なお，(7.2) は「第 1 列に関する展開式」であるが「第 1 行に関する展開式」やその他の展開式を用いて帰納的に定義している教科書もある（行列式の展開の詳細については次節を参照していただきたい）．

▌　7.2　行列式の展開定理

以後では行列 A の行列式は通常の表記を用いて $|A|$ と表す．

さて，この節では行列式の値を具体的に求めるときに重要な役割を果たす行列式の展開定理（定理 7.3）を証明する．まず次の事実に注意しよう．

命題 7.2. f を n 次正方行列を変数とする函数とする. f は [1]~[3] および

$$[4]_c \ f(I) = c$$

を満たしているとする. このとき任意の行列 A に対し $f(A) = c|A|$ である.

証明 $c = 0$ のときは定理 7.1 の結果そのものである. そこで $c \neq 0$ とする. このとき n 次正方行列 A に対し $g(A) = c^{-1}f(A)$ とおく. すると g は明らかに [1]~[3] を満たす. また

$$g(I) = c^{-1}f(I) = c^{-1}c = 1$$

となり [4] も成立することがわかる. したがって, 系 7.1 より $g(A) = |A|$ となり, これより結論を得る. Q.E.D.

前節で n 次の行列式は (7.2) の形の式で与えられることがわかったが, この式では A の第 1 列の成分が現れている. では第 1 行を用いて同様に行列式を表すことはできないであろうか. まずこのことから考察する.

$$|A| = \begin{vmatrix} a_{11}\vec{\varepsilon}_1 + a_{12}\vec{\varepsilon}_2 + \cdots + a_{1n}\vec{\varepsilon}_n \\ \vec{\alpha}_2 \\ \vdots \\ \vec{\alpha}_n \end{vmatrix}$$

$$= a_{11}\begin{vmatrix} \vec{\varepsilon}_1 \\ \vec{\alpha}_2 \\ \vdots \\ \vec{\alpha}_n \end{vmatrix} + a_{12}\begin{vmatrix} \vec{\varepsilon}_2 \\ \vec{\alpha}_2 \\ \vdots \\ \vec{\alpha}_n \end{vmatrix} + \cdots + a_{1n}\begin{vmatrix} \vec{\varepsilon}_n \\ \vec{\alpha}_2 \\ \vdots \\ \vec{\alpha}_n \end{vmatrix} \tag{7.5}$$

ここで [1] を用いると

$$
\begin{vmatrix} \vec{\varepsilon}_j \\ \vec{\alpha}_2 \\ \vdots \\ \vec{\alpha}_n \end{vmatrix} = \begin{vmatrix} \vec{\varepsilon}_j \\ \vec{\alpha}_2 - a_{2j}\varepsilon_j \\ \vdots \\ \vec{\alpha}_n - a_{nj}\varepsilon_j \end{vmatrix} = \begin{vmatrix} 0 & \cdots & 0 & 1 & 0 & \cdots & 0 \\ a_{21} & \cdots & a_{2\,j-1} & 0 & a_{2\,j+1} & \cdots & a_{2n} \\ \vdots & \ddots & \vdots & \vdots & \vdots & \ddots & \vdots \\ a_{n1} & \cdots & a_{n\,j-1} & 0 & a_{n\,j+1} & \cdots & a_{nn} \end{vmatrix}
$$
(7.6)

今，$n-1$ 次正方行列 B を

$$
B = \begin{pmatrix} B^{(1)} & | & B^{(2)} \end{pmatrix}
$$
$$
\quad\quad j-1 \quad\quad n-j
$$

と分割し，$n-1$ 次正方行列 B を変数とする函数 h を

$$
h(B) = \begin{vmatrix} {}^t\vec{0} & 1 & {}^t\vec{0} \\ B^{(1)} & \vec{0} & B^{(2)} \end{vmatrix}
$$
(7.7)

と定める．A の第 1 行と第 j 列を除いた行列を B_j とすると (7.6) より

$$
\begin{vmatrix} \vec{\varepsilon}_j \\ \vec{\alpha}_2 \\ \vdots \\ \vec{\alpha}_n \end{vmatrix} = h(B_j)
$$
(7.8)

であることがわかる．また，行列式は [1]～[3] を満たすので (7.7) より h も [1]～[3] を満たすことがわかる．さらに

$$
h(I_{n-1}) = \begin{vmatrix} 0 & \cdots & 0 & 1 & 0 & \cdots & 0 \\ 1 & \cdots & 0 & 0 & 0 & \cdots & 0 \\ \vdots & \ddots & \vdots & \vdots & \vdots & \ddots & \vdots \\ 0 & \cdots & 1 & 0 & 0 & \cdots & 0 \\ 0 & \cdots & 0 & 0 & 1 & \cdots & 0 \\ \vdots & \ddots & \vdots & \vdots & \vdots & \ddots & \vdots \\ 0 & \cdots & 0 & 0 & 0 & \cdots & 1 \end{vmatrix} = \begin{vmatrix} {}^t\vec{0} & 1 & {}^t\vec{0} \\ I_{j-1} & \vec{0} & O \\ O & \vec{0} & I_{n-j} \end{vmatrix}
$$

であるが，これは I_n の第 j 行を順番に 1 つ上の行と入れ換えながら第 1 行までもってきたものである．そのときの入れ換えの回数は $j-1$ であるので [3], [4] より $h(I_{n-1}) = (-1)^{j-1}|I_n| = (-1)^{j-1}$ となる．したがって，命題 7.2 より $h(B) = (-1)^{j-1}|B|$ であり，(7.5), (7.8) より

$$|A| = a_{11}|B_1| - a_{12}|B_2| + \cdots + a_{1j}(-1)^{j-1}|B_j| + \cdots + a_{1n}(-1)^{n-1}|B_n| \quad (7.9)$$

となる．この式では (7.2) における第 1 列の役割を第 1 行が果たしている．

次に他の行あるいは列ではどうか考えてみよう．(7.9) を導き出すときは第 1 行を $\vec{\varepsilon}_1, \vec{\varepsilon}_2, \cdots, \vec{\varepsilon}_n$ の和で表したが，ここでは第 i 行で考えてみる．

$$|A| = \begin{vmatrix} \vec{\alpha}_1 \\ \vdots \\ \vec{\alpha}_{i-1} \\ a_{i1}\vec{\varepsilon}_1 + a_{i2}\vec{\varepsilon}_2 + \cdots + a_{in}\vec{\varepsilon}_n \\ \vec{\alpha}_{i+1} \\ \vdots \\ \vec{\alpha}_n \end{vmatrix}$$

$$= a_{i1}\begin{vmatrix} \vec{\alpha}_1 \\ \vdots \\ \vec{\alpha}_{i-1} \\ \vec{\varepsilon}_1 \\ \vec{\alpha}_{i+1} \\ \vdots \\ \vec{\alpha}_n \end{vmatrix} + a_{i2}\begin{vmatrix} \vec{\alpha}_1 \\ \vdots \\ \vec{\alpha}_{i-1} \\ \vec{\varepsilon}_2 \\ \vec{\alpha}_{i+1} \\ \vdots \\ \vec{\alpha}_n \end{vmatrix} + \cdots + a_{in}\begin{vmatrix} \vec{\alpha}_1 \\ \vdots \\ \vec{\alpha}_{i-1} \\ \vec{\varepsilon}_n \\ \vec{\alpha}_{i+1} \\ \vdots \\ \vec{\alpha}_n \end{vmatrix} \quad (7.10)$$

ここで [1] を用いると

$$
\begin{vmatrix} \vec{\alpha}_1 \\ \vdots \\ \vec{\alpha}_{i-1} \\ \vec{\varepsilon}_j \\ \vec{\alpha}_{i+1} \\ \vdots \\ \vec{\alpha}_n \end{vmatrix} = \begin{vmatrix} \vec{\alpha}_1 - a_{1\,j}\varepsilon_j \\ \vdots \\ \vec{\alpha}_{i-1} - a_{i-1\,j}\varepsilon_j \\ \vec{\varepsilon}_j \\ \vec{\alpha}_{i+1} - a_{i+1\,j}\varepsilon_j \\ \vdots \\ \vec{\alpha}_n - a_{n\,j}\varepsilon_j \end{vmatrix}
$$

$$
= \begin{vmatrix} a_{1\,1} & \cdots & a_{1\,j-1} & 0 & a_{1\,j+1} & \cdots & a_{1\,n} \\ \vdots & \ddots & \vdots & \vdots & \vdots & \ddots & \vdots \\ a_{i-1\,1} & \cdots & a_{i-1\,j-1} & 0 & a_{i-1\,j+1} & \cdots & a_{i-1\,n} \\ 0 & \cdots & 0 & 1 & 0 & \cdots & 0 \\ a_{i+1\,1} & \cdots & a_{i+1\,j-1} & 0 & a_{i+1\,j+1} & \cdots & a_{i+1\,n} \\ \vdots & \ddots & \vdots & \vdots & \vdots & \ddots & \vdots \\ a_{n\,1} & \cdots & a_{n\,j-1} & 0 & a_{n\,j+1} & \cdots & a_{n\,n} \end{vmatrix} \tag{7.11}
$$

そこで，$n-1$ 次正方行列 B を

$$
B = \begin{pmatrix} B_{11} & B_{12} \\ B_{21} & B_{22} \end{pmatrix} \quad \begin{matrix} \}i-1 \\ \}n-i \end{matrix}
$$
$$
j-1\ n-j
$$

と分割し，$n-1$ 次正方行列 B を変数とする函数 h を

$$
h(B) = \begin{vmatrix} B_{11} & \vec{0} & B_{12} \\ {}^t\vec{0} & 1 & {}^t\vec{0} \\ B_{21} & \vec{0} & B_{22} \end{vmatrix} \tag{7.12}
$$

と定める. A の第 i 行と第 j 列を除いた行列を A_{ij} とすると (7.11) より

$$
\begin{vmatrix}
\vec{\alpha}_1 \\
\vdots \\
\vec{\alpha}_{i-1} \\
\vec{\varepsilon}_j \\
\vec{\alpha}_{i+1} \\
\vdots \\
\vec{\alpha}_n
\end{vmatrix} = h(A_{ij}) \tag{7.13}
$$

であることがわかる. また, 行列式は [1]~[3] を満たすので (7.12) より h も [1]~[3] を満たすことがわかる. さらに

$$
h(I_{n-1}) = \begin{cases}
\begin{vmatrix}
I_{j-1} & \vec{0} & O & O \\
O & \vec{0} & I_{i-j} & O \\
{}^t\vec{0} & 1 & {}^t\vec{0} & {}^t\vec{0} \\
O & \vec{0} & O & I_{n-i}
\end{vmatrix} & (j < i \text{ のとき}) \\[3em]
\begin{vmatrix}
I_{i-1} & \vec{0} & O \\
{}^t\vec{0} & 1 & {}^t\vec{0} \\
O & \vec{0} & I_{n-i}
\end{vmatrix} = |I_n| & (j = i \text{ のとき}) \\[3em]
\begin{vmatrix}
I_{i-1} & O & \vec{0} & O \\
{}^t\vec{0} & {}^t\vec{0} & 1 & {}^t\vec{0} \\
O & I_{j-i} & \vec{0} & O \\
O & O & \vec{0} & I_{n-j}
\end{vmatrix} & (j > i \text{ のとき})
\end{cases}
$$

$j < i$ の場合には I_n の第 j 行を順番に 1 つ下の行と入れ換えながら第 i 行までもってきたものである. そのときの入れ換えの回数は $i - j$ 回である. したがって, [3], [4] より $h(I_{n-1}) = (-1)^{i-j}|I_n| = (-1)^{i-j}$ である. $j = i$ の場合には [4] より $h(I_{n-1}) = |I_n| = 1$ である. $j > i$ の場合には I_n の第 j 行を順番に 1 つ上の行と入れ換えながら第 i 行までもってきたものである. そのときの入れ換えの回数は $j - i$ 回である. したがって, [3], [4] より $h(I_{n-1}) = (-1)^{j-i}|I_n| = (-1)^{j-i}$ である. $(-1)^{i-j} = (-1)^{i-j}(-1)^{2j} =$

$(-1)^{i+j}$, $(-1)^{j-i} = (-1)^{j-i}(-1)^{2i} = (-1)^{i+j}$, $1 = (-1)^{2i} = (-1)^{i+j}$ $(i = j$ のとき) であるので $h(I_{n-1}) = (-1)^{i+j}$ となる．したがって，命題 7.2 より $h(B) = (-1)^{i+j}|B|$ であり，特に

$$
\begin{vmatrix} \vec{\alpha}_1 \\ \vdots \\ \vec{\alpha}_{i-1} \\ \vec{\varepsilon}_j \\ \vec{\alpha}_{i+1} \\ \vdots \\ \vec{\alpha}_n \end{vmatrix} = (-1)^{i+j}|A_{ij}| \tag{7.14}
$$

を得る．ゆえに (7.10), (7.13) より

$$
|A| = a_{i1}(-1)^{i+1}|A_{i1}| + a_{i2}(-1)^{i+2}|A_{i2}| + \cdots \tag{7.15}
$$
$$
\cdots + a_{ij}(-1)^{i+j}|A_{ij}| + \cdots + a_{in}(-1)^{i+n}|A_{in}|
$$

となる．これが A の第 i 行の成分が現れた $|A|$ の表現式，すなわち，行列式 A の第 i 行に関する展開である．

次に列について考えてみる．つまり, (7.2) と同様のことが第 1 列以外の列に関して成り立つかどうかを考えてみる．まず $\vec{\gamma}_i = (a_{i1} \cdots a_{i\,j-1}\ 0\ a_{i\,j+1} \cdots a_{in})$ とおく．すると $\vec{\alpha}_i = a_{ij}\vec{\varepsilon}_j + \vec{\gamma}_i$ であるので

$$
|A| = \begin{vmatrix} a_{1j}\vec{\varepsilon}_j + \vec{\gamma}_1 \\ \vec{\alpha}_2 \\ \vdots \\ \vec{\alpha}_n \end{vmatrix} = a_{1j}\begin{vmatrix} \vec{\varepsilon}_j \\ \vec{\alpha}_2 \\ \vdots \\ \vec{\alpha}_n \end{vmatrix} + \begin{vmatrix} \vec{\gamma}_1 \\ \vec{\alpha}_2 \\ \vdots \\ \vec{\alpha}_n \end{vmatrix}
$$

$$
= a_{1j}\begin{vmatrix} \vec{\varepsilon}_j \\ \vec{\alpha}_2 - a_{2j}\vec{\varepsilon}_j \\ \vdots \\ \vec{\alpha}_n - a_{nj}\vec{\varepsilon}_j \end{vmatrix} + \begin{vmatrix} \vec{\gamma}_1 \\ \vec{\alpha}_2 \\ \vdots \\ \vec{\alpha}_n \end{vmatrix} = a_{1j}\begin{vmatrix} \vec{\varepsilon}_j \\ \vec{\gamma}_2 \\ \vdots \\ \vec{\gamma}_n \end{vmatrix} + \begin{vmatrix} \vec{\gamma}_1 \\ \vec{\alpha}_2 \\ \vdots \\ \vec{\alpha}_n \end{vmatrix} \quad (\because [1])
$$

$$
= a_{1j}\begin{vmatrix}\vec{\varepsilon}_j\\\vec{\gamma}_2\\\vec{\gamma}_3\\\vdots\\\vec{\gamma}_n\end{vmatrix}+\begin{vmatrix}\vec{\gamma}_1\\a_{2j}\vec{\varepsilon}_j+\vec{\gamma}_2\\\vec{\alpha}_3\\\vdots\\\vec{\alpha}_n\end{vmatrix}
= a_{1j}\begin{vmatrix}\vec{\varepsilon}_j\\\vec{\gamma}_2\\\vec{\gamma}_3\\\vdots\\\vec{\gamma}_n\end{vmatrix}+a_{2j}\begin{vmatrix}\vec{\gamma}_1\\\vec{\varepsilon}_j\\\vec{\alpha}_3\\\vdots\\\vec{\alpha}_n\end{vmatrix}+\begin{vmatrix}\vec{\gamma}_1\\\vec{\gamma}_2\\\vec{\alpha}_3\\\vdots\\\vec{\alpha}_n\end{vmatrix}
$$

$$
= a_{1j}\begin{vmatrix}\vec{\varepsilon}_j\\\vec{\gamma}_2\\\vec{\gamma}_3\\\vdots\\\vec{\gamma}_n\end{vmatrix}+a_{2j}\begin{vmatrix}\vec{\gamma}_1\\\vec{\varepsilon}_j\\\vec{\gamma}_3\\\vdots\\\vec{\gamma}_n\end{vmatrix}+\begin{vmatrix}\vec{\gamma}_1\\\vec{\gamma}_2\\\vec{\alpha}_3\\\vdots\\\vec{\alpha}_n\end{vmatrix}\qquad(\because[1])
$$

$$
= \cdots
$$

$$
= a_{1j}\begin{vmatrix}\vec{\varepsilon}_j\\\vec{\gamma}_2\\\vec{\gamma}_3\\\vdots\\\vec{\gamma}_n\end{vmatrix}+a_{2j}\begin{vmatrix}\vec{\gamma}_1\\\vec{\varepsilon}_j\\\vec{\gamma}_3\\\vdots\\\vec{\gamma}_n\end{vmatrix}+\cdots+a_{nj}\begin{vmatrix}\vec{\gamma}_1\\\vec{\gamma}_2\\\vec{\gamma}_3\\\vdots\\\vec{\varepsilon}_j\end{vmatrix}+\begin{vmatrix}\vec{\gamma}_1\\\vec{\gamma}_2\\\vec{\gamma}_3\\\vdots\\\vec{\gamma}_n\end{vmatrix}
$$

ここで，行列式

$$
\begin{vmatrix}\vec{\gamma}_1\\\vec{\gamma}_2\\\vdots\\\vec{\gamma}_n\end{vmatrix}=\begin{vmatrix}a_{11}&\cdots&a_{1\,j-1}&0&a_{1\,j+1}&\cdots&a_{1n}\\a_{21}&\cdots&a_{2\,j-1}&0&a_{2\,j+1}&\cdots&a_{2n}\\\vdots&\ddots&\vdots&\vdots&\vdots&\ddots&\vdots\\a_{n1}&\cdots&a_{n\,j-1}&0&a_{n\,j+1}&\cdots&a_{nn}\end{vmatrix}
$$

の値を求めるために，$n-1$ 次正方行列 B を

$$
B=(\quad B^{(1)}\quad|\quad B^{(2)}\quad)
$$
$$
j-1\qquad n-j
$$

と分割し，$n-1$ 次正方行列 B を変数とする函数 h を

$$h(B) = \begin{vmatrix} a_{11} & \cdots a_{1\,j-1} & 0 & a_{1\,j+1} & \cdots & a_{1n} \\ B^{(1)} & & \vec{0} & & B^{(2)} & \end{vmatrix}$$

と定める．h が [1]〜[3] を満たすのはほぼ明らかであろう．また

$$h(I_{n-1}) = \begin{vmatrix} a_{11} & \cdots & a_{1\,j-1} & 0 & a_{1\,j+1} & \cdots & a_{1n} \\ 1 & \cdots & 0 & 0 & 0 & \cdots & 0 \\ \vdots & \ddots & \vdots & \vdots & \vdots & \ddots & \vdots \\ 0 & \cdots & 1 & 0 & 0 & \cdots & 0 \\ 0 & \cdots & 0 & 0 & 1 & \cdots & 0 \\ \vdots & \ddots & \vdots & \vdots & \vdots & \ddots & \vdots \\ 0 & \cdots & 0 & 0 & 0 & \cdots & 1 \end{vmatrix}$$

であるので，第 1 行に第 2 行の $-a_{11}$ 倍，$\cdots$，第 j 行の $-a_{1\,j-1}$ 倍，第 $j+1$ 行の $-a_{1\,j+1}$ 倍，$\cdots$，第 n 行の $-a_{1n}$ 倍を加えることにより第 1 行がすべて 0 となるのでこの行列式の値は 0 である（演習問題 **7-2**）．すなわち $h(I_{n-1}) = 0$．よって定理 7.1 より h の値は常に 0 である．特に

$$\begin{vmatrix} \vec{\gamma}_1 \\ \vec{\gamma}_2 \\ \vdots \\ \vec{\gamma}_n \end{vmatrix} = \begin{vmatrix} a_{11} & \cdots & a_{1\,j-1} & 0 & a_{1\,j+1} & \cdots & a_{1n} \\ a_{21} & \cdots & a_{2\,j-1} & 0 & a_{2\,j+1} & \cdots & a_{2n} \\ \vdots & \ddots & \vdots & \vdots & \vdots & \ddots & \vdots \\ a_{n1} & \cdots & a_{n\,j-1} & 0 & a_{n\,j+1} & \cdots & a_{nn} \end{vmatrix} = 0$$

を得る．よって

$$|A| = a_{1j} \begin{vmatrix} \vec{\varepsilon}_j \\ \vec{\gamma}_2 \\ \vec{\gamma}_3 \\ \vdots \\ \vec{\gamma}_n \end{vmatrix} + a_{2j} \begin{vmatrix} \vec{\gamma}_1 \\ \vec{\varepsilon}_j \\ \vec{\gamma}_3 \\ \vdots \\ \vec{\gamma}_n \end{vmatrix} + \cdots + a_{nj} \begin{vmatrix} \vec{\gamma}_1 \\ \vec{\gamma}_2 \\ \vec{\gamma}_3 \\ \vdots \\ \vec{\varepsilon}_n \end{vmatrix} \tag{7.16}$$

である．ここで

$$
\begin{pmatrix} \vec{\gamma}_1 \\ \vdots \\ \vec{\gamma}_{i-1} \\ \vec{\varepsilon}_j \\ \vec{\gamma}_{i+1} \\ \vdots \\ \vec{\gamma}_n \end{pmatrix} = \begin{pmatrix} a_{12} & \cdots & a_{1\,j-1} & 0 & a_{1\,j+1} & \cdots & a_{1n} \\ \vdots & \ddots & \vdots & \vdots & \vdots & \ddots & \vdots \\ a_{i-1\,2} & \cdots & a_{i-1\,j-1} & 0 & a_{i-1\,j+1} & \cdots & a_{i-1\,n} \\ 0 & \cdots & 0 & 1 & 0 & \cdots & 0 \\ a_{i+1\,2} & \cdots & a_{i+1\,j-1} & 0 & a_{i+1\,j+1} & \cdots & a_{i+1\,n} \\ \vdots & \ddots & \vdots & \vdots & \vdots & \ddots & \vdots \\ a_{n2} & \cdots & a_{n\,j-1} & 0 & a_{n\,j+1} & \cdots & a_{nn} \end{pmatrix}
$$

であることに注意すると (7.14) と同様にして

$$
\begin{vmatrix} \vec{\gamma}_1 \\ \vdots \\ \vec{\gamma}_{i-1} \\ \vec{\varepsilon}_j \\ \vec{\gamma}_{i+1} \\ \vdots \\ \vec{\gamma}_n \end{vmatrix} = (-1)^{i+j}|A_{ij}|
$$

を得る．ゆえに (7.16) より

$$
|A| = a_{1j}(-1)^{1+j}|A_{1j}| + a_{2j}(-1)^{2+j}|A_{2j}| + \cdots
$$
$$
\cdots + a_{ij}(-1)^{i+j}|A_{ij}| + \cdots + a_{nj}(-1)^{n+j}|A_{nj}| \tag{7.17}
$$

となる．これが第 j 列を用いて表した (7.2) と同様の $|A|$ の表現式，すなわち，行列式 A の第 j 列に関する展開である．

(7.15), (7.17) をまとめると次の定理を得る．

定理 7.3.（行列式の展開定理）

$A = (a_{ij})$ を n 次の正方行列とし

$$\tilde{a}_{ij} = (-1)^{i+j} |A_{ij}|$$

とおく．すると

$$|A| = a_{i1}\tilde{a}_{i1} + a_{i2}\tilde{a}_{i2} + \cdots + a_{in}\tilde{a}_{in} \quad （第 i 行に関する展開）$$
$$|A| = a_{1j}\tilde{a}_{1j} + a_{2j}\tilde{a}_{2j} + \cdots + a_{nj}\tilde{a}_{nj} \quad （第 j 列に関する展開）$$

が成立する．

|用語|　$\tilde{a}_{ij}$ を n 次正方行列 A の (i, j) 余因子という．

■　7.3　その他の行列式の性質

前節では行列式の展開定理を取り上げたがこの節ではその他の重要な性質を述べよう．

定理 7.4. $|{}^t A| = |A|$

証明　行列の次数 n に関する数学的帰納法で示す．2 次および 3 次の場合については $|{}^t A| = |A|$ が成り立つことはすでにわかっている．次に $n - 1$ 次の行列式に対しては $|{}^t A| = |A|$ が成り立っていると仮定する．

n 次正方行列 A に対し ${}^t A = B = (b_{ij})$ および

$$B_{ij} = (A の第 i 行と第 j 列を取り除いてできる n - 1 次正方行列)$$

とおく．このとき $b_{ij} = a_{ji}, B_{ij} = {}^t(A_{ji})$ であることに注意しよう．ここで ${}^t A = B$ を第 1 列に関して展開する：

$$
\begin{aligned}
|{}^t A| &= |B| \\
&= b_{11}|B_{11}| - b_{21}|B_{21}| + \cdots \\
&\quad + b_{i1}(-1)^{i+1}|B_{i1}| + \cdots + a_{n1}(-1)^{N+1}|B_{n1}| \\
&= a_{11}|{}^t(A_{11})| - a_{12}|{}^t(A_{12})| + \cdots \\
&\quad + a_{1i}(-1)^{1+j}|{}^t(A_{1i})| + \cdots + a_{1n}(-1)^{1+n}|{}^t(A_{1n})|
\end{aligned}
$$

ここで，帰納法の仮定を用いると

$$= a_{11}|A_{11}| - a_{12}|A_{12}| + \cdots$$
$$+ a_{1i}(-1)^{1+j}|A_{1i}| + \cdots + a_{1n}(-1)^{1+n}|A_{1n}|$$

これは A の第 1 行に関する展開であるので

$$= |A|$$

Q.E.D.

　行列式は $[1]\sim[4]$ の性質を満たす n 次正方行列を変数とする函数として定義したが，$[1]\sim[3]$ はどれも行に関する変形である．3 次の行列式に対して命題 5.3, 5.5, 5.6, 5.7 から定理 5.5 を導き出したのと同様にして，（行と列が逆であるが）定理 7.4 から次の定理を導き出すことができる：

定理 7.5. (1) ある列に別の列の定数倍を加えても行列式の値は変わらない．

(2) ある列を k 倍すると行列式の値も k 倍される．

(3) 2 つの列を入れ換えると行列式の値は -1 倍される．

(4) ある列が 2 つの列ベクトルの和になっているとき行列式の値はその変数をそれぞれその 2 つのベクトルで置き換えた 2 つの行列式の値の和に等しい．

注意　定理の (1)〜(3) は行に関する性質 [1]〜[3] に相当し (4) は行に関する性質 [5] に相当している．

定理 7.6. $|AB| = |A||B|$

証明　$A = \begin{pmatrix} \vec{\alpha}_1 \\ \vec{\alpha}_2 \\ \vdots \\ \vec{\alpha}_n \end{pmatrix}$ と行ベクトル表示をする．すると $AB = \begin{pmatrix} \vec{\alpha}_1 B \\ \vec{\alpha}_2 B \\ \vdots \\ \vec{\alpha}_n B \end{pmatrix}$

である．今，$f(A) = |AB|$ とおくと，

$$f\begin{pmatrix} \vec{\alpha}_1 \\ \vdots \\ k\vec{\alpha}_i \\ \vdots \\ \vec{\alpha}_n \end{pmatrix} = \begin{vmatrix} \vec{\alpha}_1 B \\ \vdots \\ k\vec{\alpha}_i B \\ \vdots \\ \vec{\alpha}_n B \end{vmatrix} = k\begin{vmatrix} \vec{\alpha}_1 B \\ \vdots \\ \vec{\alpha}_i B \\ \vdots \\ \vec{\alpha}_n B \end{vmatrix} = kf(A)$$

$$f\begin{pmatrix} \vec{\alpha}_1 \\ \vdots \\ \vec{\alpha}_j \\ \vdots \\ \vec{\alpha}_i \\ \vdots \\ \vec{\alpha}_n \end{pmatrix} = \begin{vmatrix} \vec{\alpha}_1 B \\ \vdots \\ \vec{\alpha}_j B \\ \vdots \\ \vec{\alpha}_i B \\ \vdots \\ \vec{\alpha}_n B \end{vmatrix} = -\begin{vmatrix} \vec{\alpha}_1 B \\ \vdots \\ \vec{\alpha}_i B \\ \vdots \\ \vec{\alpha}_j B \\ \vdots \\ \vec{\alpha}_n B \end{vmatrix} = -f(A)$$

$$f\begin{pmatrix} \vec{\alpha}_1 \\ \vdots \\ \vec{\alpha}_i + k\vec{\alpha}_j \\ \vdots \\ \vec{\alpha}_j \\ \vdots \\ \vec{\alpha}_n \end{pmatrix} = \begin{vmatrix} \vec{\alpha}_1 B \\ \vdots \\ (\vec{\alpha}_i + k\vec{\alpha}_j)B \\ \vdots \\ \vec{\alpha}_j B \\ \vdots \\ \vec{\alpha}_n B \end{vmatrix} = \begin{vmatrix} \vec{\alpha}_1 B \\ \vdots \\ \vec{\alpha}_i B + k\vec{\alpha}_j B \\ \vdots \\ \vec{\alpha}_j B \\ \vdots \\ \vec{\alpha}_n B \end{vmatrix} = \begin{vmatrix} \vec{\alpha}_1 B \\ \vdots \\ \vec{\alpha}_i B \\ \vdots \\ \vec{\alpha}_j B \\ \vdots \\ \vec{\alpha}_n B \end{vmatrix} = f(A)$$

$$f(I) = |IB| = |B|$$

したがって，f は $[1]$〜$[3]$ および $c = |B|$ に対し $[4]_c$ を満たす．ゆえに命題 7.2 より $f(A) = |A||B|$ となり結論を得る． Q.E.D.

7.4 クラメルの公式：行列式の応用 (1)

本節以降では本章の他，第 5 章の結果も既知とする．

第 4 章 4.3 節において 2 元連立 1 次方程式と 2 次の行列式との関係を示した定理 4.3 を証明した．その定理の証明において 2 元連立 1 次方程式の解を表示する公式を導き出した．この公式はクラメルの公式とよばれるが，本節では未知数の個数が一般の場合にこの公式を考えてみたい．

定理 7.7. 未知数と方程式の個数が一致している n 元連立 1 次方程式

$$\begin{cases} a_{11}x_1 + a_{12}x_2 + \cdots + a_{1n}x_n = p_1 \\ a_{21}x_1 + a_{22}x_2 + \cdots + a_{2n}x_n = p_2 \\ \vdots \\ a_{n1}x_1 + a_{n2}x_2 + \cdots + a_{nn}x_n = p_n \end{cases} \tag{5.17}$$

の係数行列を A とする．$|A| \neq 0$ ならば (5.17) の解は次の式で与えられる：

$$x_j = \frac{|\vec{a_1} \ \cdots \ \vec{a}_{j-1} \ \vec{p} \ \vec{a}_{j+1} \ \cdots \ \vec{a_n}|}{|A|} \qquad (j = 1, 2, \cdots, n)$$

(これを (5.17) に対するクラメルの公式という．)

証明　まず

$$\vec{a_1} = \begin{pmatrix} a_{11} \\ a_{21} \\ \vdots \\ a_{n1} \end{pmatrix}, \quad \vec{a_2} = \begin{pmatrix} a_{12} \\ a_{22} \\ \vdots \\ a_{n2} \end{pmatrix}, \quad \cdots, \quad \vec{a_n} = \begin{pmatrix} a_{1n} \\ a_{2n} \\ \vdots \\ a_{nn} \end{pmatrix}$$

とおくと (5.17) は

$$x_1\vec{a_1} + x_2\vec{a_2} + \cdots + x_n\vec{a_n} = \vec{p}$$

とベクトル表示される．ここで同じ列をもつ行列式の値は 0 であることを用い

ると

$$|\vec{p}\,\vec{a}_2\,\cdots\,\vec{a}_n| = |x_1\vec{a}_1 + x_2\vec{a}_2 + \cdots + x_n\vec{a}_n\,\vec{a}_2\,\cdots\,\vec{a}_n|$$

$$= x_1|\vec{a}_1\,\vec{a}_2\,\cdots\,\vec{a}_n| + x_2|\vec{a}_2\,\vec{a}_2\,\cdots\,\vec{a}_n| + \cdots + x_n|\vec{a}_n\,\vec{a}_2\,\cdots\,\vec{a}_n|$$

$$= x_1|\vec{a}_1\,\vec{a}_2\,\cdots\,\vec{a}_n| = x_1|A|$$

したがって，$|A| \neq 0$ のとき

$$x_1 = \frac{|\vec{p}\,\vec{a}_2\,\cdots\,\vec{a}_n|}{|A|}$$

を得る．同様にして

$$x_j = \frac{|\vec{a_1}\,\cdots\,\vec{a}_{j-1}\,\vec{p}\,\vec{a}_{j+1}\,\cdots\,\vec{a}_n|}{|A|} \qquad (j = 1, 2, \cdots, n)$$

を得る． 　　　　　　　　　　　　　　　　　　　　　　　　　Q.E.D.

例題 **7.1.** a, b, c を相異なる 3 つの数とする．次の連立 1 次方程式をクラメルの公式を用いて解け：

$$\begin{cases} x + y + z = 1 \\ ax + by + cz = 1 \\ a^2x + b^2y + c^2z = 1 \end{cases}$$

解答　係数行列を A とする．第 5 章 5.3 節，例題 5.7 より

$$|A| = \begin{vmatrix} 1 & 1 & 1 \\ a & b & c \\ a^2 & b^2 & c^2 \end{vmatrix} = (a-b)(b-c)(c-a) \neq 0.$$

したがって，クラメルの公式により

$$x = \frac{1}{|A|}\begin{vmatrix} 1 & 1 & 1 \\ 1 & b & c \\ 1 & b^2 & c^2 \end{vmatrix} = \frac{(1-b)(b-c)(c-1)}{(a-b)(b-c)(c-a)} = \frac{(1-b)(c-1)}{(a-b)(c-a)}$$

$$y = \frac{1}{|A|} \begin{vmatrix} 1 & 1 & 1 \\ a & 1 & c \\ a^2 & 1 & c^2 \end{vmatrix} = \frac{(a-1)(1-c)(c-a)}{(a-b)(b-c)(c-a)} = \frac{(a-1)(1-c)}{(a-b)(b-c)}$$

$$z = \frac{1}{|A|} \begin{vmatrix} 1 & 1 & 1 \\ a & b & 1 \\ a^2 & b^2 & 1 \end{vmatrix} = \frac{(a-b)(b-1)(1-a)}{(a-b)(b-c)(c-a)} = \frac{(b-1)(1-a)}{(b-c)(c-a)}$$

を得る. （終）

7.5　図形への応用：行列式の応用 (2)

　行列式は平行四辺形の面積や平行六面体の体積を計算することから導入された概念であり，したがって，行列式と図形はもともと密接な関係がある．この節では第 5 章の結果を用いた行列式の図形への応用について取り上げる．

　次の問題は第 3 章で取り上げたものであるが，ここでは定理 5.9 を用いてこの問題を考えてみる．

例題 7.2. 3 点 $(3,2,1), (6,3,2), (4,2,3)$ を通る平面の方程式を求めよ.

解答　求める平面の方程式を
$$ax + by + cz + d = 0 \qquad \cdots \quad ⓪$$
とおく $((a,b,c,d) \neq (0,0,0,0))$. すると $(3,2,1)$ を通るので
$$3a + 2b + c + d = 0 \qquad \cdots \quad ①$$
$(6,3,2)$ を通るので
$$6a + 3b + 2c + d = 0 \qquad \cdots \quad ②$$
$(4,2,3)$ を通るので
$$4a + 2b + 3c + d = 0 \qquad \cdots \quad ③$$
が成立する．ここで⓪〜③を a,b,c,d を未知数とする 4 元連立 1 次方程式と思うと，$(a,b,c,d) \neq (0,0,0,0)$ でないといけないので，自明でない解が存在することになる．したがって，定理 5.9 より

$$\begin{vmatrix} x & y & z & 1 \\ 3 & 2 & 1 & 1 \\ 6 & 3 & 2 & 1 \\ 4 & 2 & 3 & 1 \end{vmatrix} = 0$$

が成立する．左辺を計算すると $2x - 5y - z + 5 = 0$ となる．これが求める平面の方程式である．

答　$2x - 5y - z + 5 = 0$ （終）

この方法は平面だけではなく円や球面の方程式を求める問題にも応用できる．

例題 7.3. 平面上で 3 点 $(1, 1)$, $(-2, 1)$, $(-1, 2)$ を通る円の方程式を求めよ．

解答　求める円の方程式を
$$a(x^2 + y^2) + bx + cy + d = 0 \qquad \cdots \quad ⓪$$
とおく $((a, b, c, d) \neq (0, 0, 0, 0))$．すると $(1, 1)$ を通るので
$$2a + b + c + d = 0 \qquad \cdots \quad ①$$
$(-2, 1)$ を通るので
$$5a - 2b + c + d = 0 \qquad \cdots \quad ②$$
$(-1, 2)$ を通るので
$$5a - b + 2c + d = 0 \qquad \cdots \quad ③$$
が成立する．ここで ⓪〜③ を a, b, c, d を未知数とする 4 元連立 1 次方程式と思うと，$(a, b, c, d) \neq (0, 0, 0, 0)$ でないといけないので，自明でない解が存在することになる．したがって，定理 5.9 より

$$\begin{vmatrix} x^2 + y^2 & x & y & 1 \\ 2 & 1 & 1 & 1 \\ 5 & -2 & 1 & 1 \\ 5 & -1 & 2 & 1 \end{vmatrix} = 0$$

が成立する．左辺を計算すると $-3(x^2 + y^2) - 3x + 3y + 6 = 0$ となる．これが求める円の方程式である．-3 で割ると

答　$x^2 + y^2 + x - y + 2 = 0$ （終）

注意 平面上で 3 点 $(-2,-1)$, $(-1,1)$, $(0,3)$ を通る円の方程式を同じ方法で
求めてみよう．同様にして，この場合には

$$\begin{vmatrix} x^2+y^2 & x & y & 1 \\ 5 & -2 & -1 & 1 \\ 2 & -1 & 1 & 1 \\ 9 & 0 & 3 & 1 \end{vmatrix} = 0$$

を計算すればよいことがわかる．ところが左辺を計算すると $0 \cdot (x^2+y^2) +$
$20x - 10y + 30 = 0$ となり x^2+y^2 の係数 a が 0 になる．これは 3 点を通る
円が存在せず 3 点が同一直線上にあることを意味している．ちなみに得られた
方程式がこの直線の方程式である．10 で割ると $2x - y + 3 = 0$ である．

例題 **7.4.** 4 点 $(1,0,0)$, $(0,1,0)$, $(0,0,1)$, $(1,1,1)$ を通る球面の方程式を
求めよ．

解答 求める球面の方程式を
$$a(x^2+y^2+z^2) + bx + cy + dz + e = 0 \qquad \cdots \quad ⓪$$
とおく $((a,b,c,d,e) \neq (0,0,0,0,0))$．すると $(1,0,0)$ を通るので
$$a + b + e = 0 \qquad \cdots \quad ①$$
$(0,1,0)$ を通るので
$$a + c + e = 0 \qquad \cdots \quad ②$$
$(0,0,1)$ を通るので
$$a + d + e = 0 \qquad \cdots \quad ③$$
$(1,1,1)$ を通るので
$$3a + b + c + d + e = 0 \qquad \cdots \quad ④$$
が成立する．ここで ⓪〜④ を a,b,c,d,e を未知数とする 5 元連立 1 次方程式
と思うと，$(a,b,c,d,e) \neq (0,0,0,0,0)$ でないといけないので，自明でない解

が存在することになる．したがって，定理 5.9 より

$$\begin{vmatrix} x^2+y^2+z^2 & x & y & z & 1 \\ 1 & 1 & 0 & 0 & 1 \\ 1 & 0 & 1 & 0 & 1 \\ 1 & 0 & 0 & 1 & 1 \\ 3 & 1 & 1 & 1 & 1 \end{vmatrix} = 0$$

が成立する．左辺を計算すると $-2(x^2+y^2+z^2-x-y-z) = 0$ となる．これが求める球面の方程式である．

答　$x^2+y^2+z^2-x-y-z = 0$ （終）

注意　前例題と同様この問題でも $x^2+y^2+z^2$ の係数 a が 0 となる場合がある．この場合には与えられた 4 点を通るのは球面ではなく平面である．

▌ 7.6　重積分の置換積分：行列式の応用 (3)

重積分の置換積分は行列式の重要な応用の 1 つである．これは次の定理のように述べられるが，詳細については微分積分学の教科書を参考にしてほしい．

定理 **7.8.** D, E は

$$D \subset \{(x_1, x_2, \cdots, x_n); x_1, x_2, \cdots, x_n \text{ は実数} \}$$

$$E \subset \{(u_1, u_2, \cdots, u_n); u_1, u_2, \cdots, u_n \text{ は実数} \}$$

である．さらに変数変換

$$\begin{cases} x_1 = x_1(u_1, u_2 \cdots, u_n) \\ x_2 = x_2(u_1, u_2 \cdots, u_n) \\ \vdots \\ x_n = x_n(u_1, u_2 \cdots, u_n) \end{cases}$$

により D と E は1対1に対応しているとする．このとき

$$\iint\cdots\int_D f(x_1, x_2, \cdots, x_n)dx_1 dx_2 \cdots dx_n$$

$$= \iint\cdots\int_E f(x_1(u_1, u_2, \cdots, u_n), x_2(u_1, u_2 \cdots, u_n), \cdots$$

$$\cdots, x_n(u_1, u_2, \cdots, u_n))|\frac{\partial(x_1, x_2, \cdots, x_n)}{\partial(u_1, u_2, \cdots, u_n)}|du_1 du_2 \cdots du_n$$

が成立する．ただし

$$\frac{\partial(x_1, x_2, \cdots, x_n)}{\partial(u_1, u_2, \cdots, u_n)} = \begin{vmatrix} \dfrac{\partial x_1}{\partial u_1} & \dfrac{\partial x_1}{\partial u_2} & \cdots & \dfrac{\partial x_1}{\partial u_n} \\ \dfrac{\partial x_2}{\partial u_1} & \dfrac{\partial x_2}{\partial u_2} & \cdots & \dfrac{\partial x_2}{\partial u_n} \\ \vdots & & & \\ \dfrac{\partial x_n}{\partial u_1} & \dfrac{\partial x_n}{\partial u_2} & \cdots & \dfrac{\partial x_n}{\partial u_n} \end{vmatrix}$$

である．

例題 7.5. 次の重積分の値を求めよ．

$$I = \iiint\iint_D (x_1 + x_2)^2(x_2 + x_3)^2(x_3 + x_4)^2$$

$$(x_4 + x_5)^2(x_5 + x_1)^2 dx_1 dx_2 dx_3 dx_4 dx_5$$

ただし

$$D = \{(x_1, x_2, x_3, x_4, x_5); -1 \leqq x_1 + x_2 \leqq 1, \ -1 \leqq x_2 + x_3 \leqq 1,$$

$$-1 \leqq x_3 + x_4 \leqq 1, \ -1 \leqq x_4 + x_5 \leqq 1, \ -1 \leqq x_5 + x_1 \leqq 1\}$$

である．

解答 $u_1 = x_1 + x_2, u_2 = x_2 + x_3, u_3 = x_3 + x_4, u_4 = x_4 + x_5, u_5 = x_5 + x_1$

とおく. すなわち

$$
\begin{cases}
x_1 = \dfrac{1}{2}(u_1 - u_2 + u_3 - u_4 + u_5) \\[2mm]
x_2 = \dfrac{1}{2}(u_2 - u_3 + u_4 - u_5 + u_1) \\[2mm]
x_3 = \dfrac{1}{2}(u_3 - u_4 + u_5 - u_1 + u_2) \\[2mm]
x_4 = \dfrac{1}{2}(u_4 - u_5 + u_1 - u_2 + u_3) \\[2mm]
x_5 = \dfrac{1}{2}(u_5 - u_1 + u_2 - u_3 + u_4)
\end{cases}
$$

である. すると D は

$$
E = \{(u_1, u_2, u_3, u_4, u_5); -1 \leqq u_1 \leqq 1,\ -1 \leqq u_2 \leqq 1,
$$
$$
-1 \leqq u_3 \leqq 1,\ -1 \leqq u_4 \leqq 1,\ -1 \leqq u_5 \leqq 1\}
$$

と1対1に対応する. さらに

$$
\frac{\partial(x_1, x_2, \cdots, x_n)}{\partial(u_1, u_2, \cdots, u_n)} =
\begin{vmatrix}
\dfrac{1}{2} & -\dfrac{1}{2} & \dfrac{1}{2} & -\dfrac{1}{2} & \dfrac{1}{2} \\[2mm]
\dfrac{1}{2} & \dfrac{1}{2} & -\dfrac{1}{2} & \dfrac{1}{2} & -\dfrac{1}{2} \\[2mm]
-\dfrac{1}{2} & \dfrac{1}{2} & \dfrac{1}{2} & -\dfrac{1}{2} & \dfrac{1}{2} \\[2mm]
\dfrac{1}{2} & -\dfrac{1}{2} & \dfrac{1}{2} & \dfrac{1}{2} & -\dfrac{1}{2} \\[2mm]
-\dfrac{1}{2} & \dfrac{1}{2} & -\dfrac{1}{2} & \dfrac{1}{2} & \dfrac{1}{2}
\end{vmatrix}
$$

$$
= \frac{1}{2^5}
\begin{vmatrix}
1 & -1 & 1 & -1 & 1 \\
1 & 1 & -1 & 1 & -1 \\
-1 & 1 & 1 & -1 & 1 \\
1 & -1 & 1 & 1 & -1 \\
-1 & 1 & -1 & 1 & 1
\end{vmatrix}
$$

$$
= \frac{1}{2^5} \begin{vmatrix} 1 & -1 & 1 & -1 & 1 \\ 0 & 2 & -2 & 2 & -2 \\ 0 & 0 & 2 & -2 & 2 \\ 0 & 0 & 0 & 2 & -2 \\ 0 & 0 & 0 & 0 & 2 \end{vmatrix} = \frac{1}{2^5} 2^4 = \frac{1}{2}
$$

したがって

$$
\begin{aligned}
I &= \iiiint_E u_1{}^2 u_2{}^2 u_3{}^2 u_4{}^2 u_5{}^2 \frac{1}{2} du_1 du_2 du_3 du_4 du_5 \\
&= \frac{1}{2} \int_{-1}^{1} u_1{}^2 du_1 \int_{-1}^{1} u_2{}^2 du_2 \int_{-1}^{1} u_3{}^2 du_3 \int_{-1}^{1} u_4{}^2 du_4 \int_{-1}^{1} u_5{}^2 du_5 \\
&= \frac{1}{2} \left[\frac{1}{3} u_1{}^3 \right]_{-1}^{1} \left[\frac{1}{3} u_2{}^3 \right]_{-1}^{1} \left[\frac{1}{3} u_3{}^3 \right]_{-1}^{1} \left[\frac{1}{3} u_4{}^3 \right]_{-1}^{1} \left[\frac{1}{3} u_5{}^3 \right]_{-1}^{1} \\
&= \frac{1}{2} \left(\frac{2}{3} \right)^5 = \frac{16}{243}
\end{aligned}
$$

（終）

演習問題 7

7-1. f を 4 次正方行列を変数とする関数とする．f が定義 7.1 の [1]〜[4] を満たすとき 3 次正方行列 B に対し，

$$
f \begin{pmatrix} 1 & \vec{\gamma} \\ \vec{0} & B \end{pmatrix} = |B|
$$

（$\vec{\gamma}$ は 3 項行ベクトル）が成り立つことを示せ．

7-2. n 次正方行列を変数とする函数 f が定義 7.1 の [2] を満たしているとする．このとき，n 次正方行列 A の行のうちある行の成分がすべて 0 ならば $f(A) = 0$ であることを示せ．

7-3. n 次正方行列を変数とする函数 f が定義 7.1 の [3] を満たしているとする．このとき，n 次正方行列 A の行のうち 2 つの行が一致しているならば $f(A) = 0$ であることを示せ．

7-4. n 次正方行列を変数とする函数 f が定義 7.1 の [1] を満たしているとす

る．このとき，

$$
f\begin{pmatrix} \vec{a}_1 \\ \vdots \\ k_1\vec{a}_1 + \cdots + k_i\vec{a}_i + \cdots + k_n\vec{a}_n \\ \vdots \\ \vec{a}_n \end{pmatrix} = f\begin{pmatrix} \vec{a}_1 \\ \vdots \\ k_i\alpha_i \\ \vdots \\ \vec{a}_n \end{pmatrix}
$$

が成り立つことを示せ．

7-5. $\{\vec{\alpha}_1, \ldots, \vec{\alpha}_r\}$ を n 項行ベクトルの組，$\vec{\beta}$ を n 項行ベクトルとする．この とき，$\{\vec{\alpha}_1, \ldots, \vec{\alpha}_r\}$ が 1 次独立，$\{\vec{\alpha}_1, \ldots, \vec{\alpha}_r, \vec{\beta}\}$ が 1 次従属ならば $\vec{\beta}$ は $\{\vec{\alpha}_1, \ldots, \vec{\alpha}_r\}$ 1 次結合で表されることを示せ．

7-6. $\{\vec{\alpha}_1, \ldots, \vec{\alpha}_r\}$ を n 項行ベクトルの組，$\vec{\beta}$ を n 項行ベクトルとする．この とき，$\{\vec{\alpha}_1, \ldots, \vec{\alpha}_r\}$ が 1 次従属ならば $\{\vec{\alpha}_1, \ldots, \vec{\alpha}_r, \vec{\beta}\}$ も 1 次従属である ことを示せ．

7-7. n 次正方行列を変数とする函数 f が定義 7.1 の [1]，[3] を満たしている とする．このとき，n 次正方行列 A の行ベクトルの組が 1 次従属ならば $f(A) = 0$ であることを示せ．

7-8. n 次正方行列を変数とする函数 f が定理 7.5 の (2) を満たしているとす る．このとき，n 次正方行列 A の列のうちある列の成分がすべて 0 で あるならば $f(A) = 0$ であることを示せ．

7-9. n 次正方行列を変数とする函数 f が定理 7.5 の (3) を満たしているとす る．このとき，n 次正方行列 A の列のうち 2 つの列が一致しているなら ば $f(A) = 0$ であることを示せ．

7-10. n 次正方行列を変数とする函数 f が定理 7.5 の (1) を満たしているとす る．このとき，

$$
f(\vec{a}_1, \ldots, k_1\vec{a}_1 + \cdots + k_i\vec{a}_i + \cdots + k_n\vec{a}_n, \ldots, \vec{a}_n) = f(\vec{a}_1, \ldots, k_i\vec{a}_i, \ldots, \vec{a}_n)
$$

が成り立つことを示せ．

7-11. $\{\vec{a}_1, \ldots, \vec{a}_r\}$ を n 項列ベクトルの組，$\vec{b}$ を n 項列ベクトルとする．この とき，$\{\vec{a}_1, \ldots, \vec{a}_r\}$ が 1 次独立，$\{\vec{a}_1, \ldots, \vec{a}_r, \vec{b}\}$ が 1 次従属ならば $\vec{b}$ は

$\{\vec{a}_1, \dots, \vec{a}_r\}$ 1 次結合で表されることを示せ.

7-12. $\{\vec{a}_1, \dots, \vec{a}_r\}$ を n 項列ベクトルの組, $\vec{b}$ を n 項列ベクトルとする. このとき, $\{\vec{a}_1, \dots, \vec{a}_r\}$ が 1 次従属ならば $\{\vec{a}_1, \dots, \vec{a}_r, \vec{b}\}$ も 1 次従属であることを示せ.

7-13. n 次正方行列を変数とする函数 f が定理 7.5 の (1), (3) を満たしているとする. このとき, n 次正方行列 A の列ベクトルの組が 1 次従属ならば $f(A) = 0$ であることを示せ.

7-14. (1) A を m 次正方行列, B を n 次正方行列とする. このとき

$$\begin{vmatrix} A & C \\ O & B \end{vmatrix} = |A||B|$$

が成り立つことを示せ.

(2) A_1 を n_1 次正方行列, A_2 を n_2 次正方行列, $\cdots$, A_r を n_r 次正方行列とする. このとき

$$\begin{vmatrix} A_1 & & & * \\ & A_2 & & \\ & & \ddots & \\ O & & & A_r \end{vmatrix} = |A_1||A_2|\cdots|A_r|$$

が成り立つことを示せ.

7-15. A が逆行列をもつとき $|A^{-1}| = \dfrac{1}{|A|}$ であることを示せ.

8

補　足

8.1　余因子行列

まず，行列式の展開定理の系を 1 つ証明しよう．

系 8.1. $A = (a_{ij})$ を n 次正方行列とする．また $i \neq k$, $j \neq l$ とする．このとき

$$a_{i1}\tilde{a}_{k1} + a_{i2}\tilde{a}_{k2} + \cdots + a_{in}\tilde{a}_{kn} = 0$$

$$a_{1j}\tilde{a}_{1l} + a_{2j}\tilde{a}_{2l} + \cdots + a_{nj}\tilde{a}_{nl} = 0$$

が成立する．

証明　A の第 k 行を第 i 行に置き換えた行列を B とする．すなわち

$$B = \begin{pmatrix} a_{11} & a_{12} & \cdots & a_{1n} \\ & & \cdots & \\ a_{i1} & a_{i2} & \cdots & a_{in} \\ & & \cdots & \\ a_{i1} & a_{i2} & \cdots & a_{in} \\ & & \cdots & \\ a_{n1} & a_{n2} & \cdots & a_{n} \end{pmatrix} \begin{matrix} \\ \\ i \, 行 \\ \\ k \, 行 \\ \\ \\ \end{matrix}$$

このとき 5.3 節 [付録] 注意 2（演習問題 **7-3** 参照）より $|B| = 0$ である．

とりあえず $B = (b_{ij})$ と書くと $b_{kj} = a_{ij}$ であり，また A と B は第 k 行以外は成分が一致しているので $\tilde{b}_{kj} = \tilde{a}_{kj}$ である．したがって，B を第 k 行

に関して展開すると定理 7.3 より

$$0 = |B| = b_{k1}\tilde{b}_{k1} + b_{k2}\tilde{b}_{k2} + \cdots + b_{kn}\tilde{b}_{kn}$$

$$= a_{i1}\tilde{a}_{k1} + a_{i2}\tilde{a}_{k2} + \cdots + a_{in}\tilde{a}_{kn}$$

したがって，行についての結論を得る．列についても同様である．   Q.E.D.

n 次正方行列 A に対し

$$\tilde{A} = \begin{pmatrix} \tilde{a}_{11} & \tilde{a}_{21} & \cdots & \tilde{a}_{n1} \\ \tilde{a}_{12} & \tilde{a}_{22} & \cdots & \tilde{a}_{n2} \\ \vdots & \vdots & \ddots & \vdots \\ \tilde{a}_{1n} & \tilde{a}_{2n} & \cdots & \tilde{a}_{nn} \end{pmatrix}$$

とおく．$\tilde{A}$ を A の余因子行列という．

ここで $A\tilde{A}$ の (i,k) 成分は

$$a_{i1}\tilde{a}_{k1} + a_{i2}\tilde{a}_{k2} + \cdots + a_{in}\tilde{a}_{kn}$$

であるので定理 7.3 および系 8.1 より $i = k$ のときは $|A|$ に等しく $i \neq k$ のときは 0 に等しい．したがって

$$A\tilde{A} = |A|\, I$$

を得る．同様に $\tilde{A}A$ の (l,j) 成分は

$$\tilde{a}_{1l}a_{1j} + \tilde{a}_{2l}a_{2j} + \cdots + \tilde{a}_{nl}a_{nj}$$

であるので定理 7.3 および系 8.1 より $l = j$ のときは $|A|$ に等しく $l \neq j$ のときは 0 に等しい．したがって

$$\tilde{A}A = |A|\, I$$

を得る．これらより特に $|A| \neq 0$ のときは

$$A^{-1} = \frac{1}{|A|}\,\tilde{A}$$

であることがわかる．

▌8.2 基本行列

第 5 章 5.7 節で述べた行列の基本変形は実は行列の積として表すことができる．k を実数とし正方行列 $P_{ij}(k), Q_i(k), R_{ij}$ をそれぞれ次のように定義する：

$$
P_{ij}(k) = \begin{pmatrix} 1 & & & & & & \\ & \ddots & & & & & \\ & & 1 & \cdots & k & & \\ & & & \ddots & \vdots & & \\ & & & & 1 & & \\ & & & & & \ddots & \\ & & & & & & 1 \end{pmatrix} \begin{matrix} \\ \\ i\,行 \\ \\ j\,行 \\ \\ \end{matrix}
$$

$$
= (\vec{e}_1 \ \cdots \ \underset{i}{\vec{e}_i} \ \cdots \ \underset{j}{\vec{e}_j + k\vec{e}_i} \ \cdots \ \vec{e}_n)
$$

$$
Q_i(k) = \begin{pmatrix} 1 & & & & \\ & \ddots & & & \\ & & k & & \\ & & & \ddots & \\ & & & & 1 \end{pmatrix} i\,行 \ = \ (\vec{e}_1 \ \cdots \ \underset{i}{k\vec{e}_i} \ \cdots \ \vec{e}_n)
$$

$$
R_{ij} = \begin{pmatrix} 1 & & & & & & \\ & \ddots & & & & & \\ & & 0 & \cdots & 1 & & \\ & & \vdots & \ddots & \vdots & & \\ & & 1 & \cdots & 0 & & \\ & & & & & \ddots & \\ & & & & & & 1 \end{pmatrix} \begin{matrix} \\ \\ i\,行 \\ \\ j\,行 \\ \\ \end{matrix}
$$

$$
= (\vec{e}_1 \ \cdots \ \underset{i}{\vec{e}_j} \ \cdots \ \underset{j}{\vec{e}_i} \ \cdots \ \vec{e}_n)
$$

これらを基本行列という．基本行列について次の定理が成り立つ．証明は容易であるので省略する．

定理 8.1. A を $m \times n$ 行列とする．

(1) $P_{ij}(k), Q_i(k), R_{ij}$ は m 次正方行列とする．

(i) A に行基本変形 [I] を行なうことと $P_{ij}(k)$ を左から A に掛けることとは同値である．

(ii) A に行基本変形 [II] を行なうことと $Q_i(k)$ を左から A に掛けることとは同値である．

(iii) A に行基本変形 [III] を行なうことと R_{ij} を左から A に掛けることとは同値である．

(2) $P_{ij}(k), Q_i(k), R_{ij}$ は n 次正方行列とする．

(i) A に列基本変形 [I]' を行なうことと $P_{ij}(k)$ を右から A に掛けることとは同値である．

(ii) A に列基本変形 [II]' を行なうことと $Q_i(k)$ を右から A に掛けることとは同値である．

(iii) A に列基本変形 [III]' を行なうことと R_{ij} を右から A に掛けることとは同値である．

この定理からただちに次の系を得る：

系 8.2. A を $m \times n$ 行列とする．

(1) A に行基本変形を行なって B に変形されたとする．このとき $PA = B$ を満たす m 次正方行列 P が存在する．

(2) A に列基本変形を行なって B に変形されたとする．このとき $AQ = B$ を満たす n 次正方行列 Q が存在する．

(3) A に基本変形を行なって B に変形されたする．このとき $PAQ = B$ を満たす m 次正方行列 P と n 次正方行列 Q が存在する．

証明 (1) 定理 8.1 より行基本変形を行なうことは対応する基本行列を順次左から A に掛けることを意味する．したがって，それらの行列の積を P とすればよい．

(2), (3) についても同様． Q.E.D.

基本行列はどれも正則行列でありそれぞれの逆行列が

$$P_{ij}(k)^{-1} = P_{ij}(-k), \quad Q_i(k)^{-1} = Q_i(k^{-1}), \quad R_{ij}^{-1} = R_{ij}$$

で与えられることは容易にわかるであろう．ここで逆行列も基本行列であることに注意しよう．

系 8.2 の P, Q は基本行列の積であるのでこれらも正則行列である．さらにこれらの逆行列 P^{-1}, Q^{-1} も基本行列の積となる．

基本行列を用いると第 5 章では事実しか述べなかったが連立一次方程式 (5.17) に関する次の事実を示すことができる．

命題 8.1. n 元連立一次方程式 (5.17) について (5.13), (5.14) が成立する．

証明 (5.17) の行列表示を $A\vec{x} = \vec{p}$ とする．

まず掃き出し法の目標が達成される場合について考える．このとき系 8.2(1) より $PA = I$ を満たす n 次正則行列 P が存在する．すると (5.17) の両辺に左から P を掛けることにより $\vec{x} = P\vec{p}$ が従い，(5.17) の解が 1 通りに定まることになる．

次に，掃き出し法の目標が達成されない場合であるが，n に関する数学的帰納法で示す．$n = 1$ のときは (5.17) は $ax = p$ $(a, p$ は定数$)$ という 1 次方程式であり，$a \neq 0$ であれば両辺を a で割ることにより $x = p/a$ とできる．言い換えれば掃き出し法の目標が達成されているのである．したがって $n = 1$ の場合掃き出し法の目標が達成されないことと $a = 0$ が同値となる．$a = 0$ の場合

$$\begin{cases} p \neq 0 \implies \text{解をもたない} \\ p = 0 \implies \text{任意の } x \text{ が解である（解は無数に存在する）} \end{cases}$$

であるので結論が成立する．次に，$n - 1$ 元の連立方程式に対しては結論が正

しいと仮定する．掃き出し法の目標が達成されないので，掃き出し法により A は

$$\begin{pmatrix} * & * & \cdots & * \\ \vdots & \vdots & \ddots & \vdots \\ * & * & \cdots & * \\ 0 & 0 & \cdots & 0 \end{pmatrix}$$

の形の行列に変形される．この行列を B とすると，系 8.2(1) より $PA = B$ を満たす n 次正則行列 P が存在する．このとき (5.17) の両辺に左から P を掛けることにより (5.17) は

$$B\vec{x} = P\vec{p} \tag{8.1}$$

と同値となる．ここで $B\vec{x}$ の第 n 成分は 0 となるので，もし $P\vec{p}$ の第 n 成分が 0 でなければ (8.1) は成立せず，これと同値な (5.17) を満たす $\vec{x}$ も存在しないことになる．あとは $P\vec{p}$ の第 n 成分が 0 のときについて考えればよい．今 B を

$$B = \begin{pmatrix} B_1 & \vec{b} \\ \vec{0} & 0 \end{pmatrix}$$

と分割し，$P\vec{p}$ の第 n 成分を取り除いた $n-1$ 項列ベクトルを $\vec{q}$，$\vec{x}$ の第 n 成分を取り除いた $n-1$ 項列ベクトルを $\vec{x}'$ とおく．このとき，(8.1) は

$$B_1\vec{x}' = \vec{q} - x_n\vec{b} \tag{8.2}$$

と同値になる．ここで，$x_n = t$ とおくと (8.2) は $\vec{x}'$ を未知数とする任意パラメータ t を含む $n-1$ 元連立一次方程式

$$B_1\vec{x}' = \vec{q} - t\vec{b} \tag{8.3}$$

とみなせる．B_1 に対し掃き出し法の目標が達成されるときは，系 8.2(1) より $QB_1 = I$ を満たす $n-1$ 次正則行列 Q が存在し，(8.3) の解は $\vec{x}' = Q\vec{q} - tQ\vec{b}$ となる．このとき

$$\vec{x} = \begin{pmatrix} \vec{x}' \\ x_n \end{pmatrix} = \begin{pmatrix} Q\vec{q} \\ 0 \end{pmatrix} + t\begin{pmatrix} -Q\vec{b} \\ 1 \end{pmatrix} \tag{8.4}$$

は (8.2) を満たすが, (8.2) は (5.17) と同値であるので, 結局 (8.4) が (5.17) の解ということになる. ここで t は任意に選ぶことができるので (5.17) の解は無数に存在することになる. B_1 に対し掃き出し法の目標が達成されないときは帰納法の仮定により (8.3) の解は存在しないか複数存在するかどちらかが成立する. ただし, t は任意に選ぶことができるので t の値により状況が変わる可能性がある. すべての t に対し (8.3) の解が存在しない場合には (8.2) を満たす $\vec{x} = \begin{pmatrix} \vec{x}' \\ x_n \end{pmatrix}$ も存在しないことになり (8.2) と同値な (5.17) の解も存在しない. 一方, ある t に対して (8.3) の解が複数存在するときはその t を x_n とすれば (8.2) が複数のベクトル $\vec{x}$ に対し成立し (5.17) は同値なのでそのまま (5.17) の解も複数存在することになる. したがっていずれの場合も結論が成立する.

最後に逆であるが, これらの主張は互いに一方が他方の裏[1]になっている. したがって, それぞれの逆が成り立つことになる.   Q.E.D.

基本行列を用いると基本変形に関するいくつかの事実も導き出すことができる.

命題 8.2. n 次正方行列 A が基本変形により単位行列 I に変形されたとする. このとき行基本変形 (または列基本変形) のみで単位行列に変形できる.

証明   系 8.2 より $PAQ = I$ を満たす n 次の正則行列 P, Q が存在する. このとき両辺に右から Q^{-1} を掛けると $PA = Q^{-1}$ となるので, さらに左から Q を掛けると $QPA = I$ となる. P, Q はともに基本行列の積であるので QP も基本行列の積である. したがって, QPA は A に行基本変形を行なう事と同じである.

列基本変形についても同様.   Q.E.D.

---

[1] 「P ならば Q」という命題に対し「P でないならば Q でない」という命題をもとの命題の裏という. 裏は逆の対偶である.

命題 8.3. n 次正方行列 A について次の 3 条件は同値である：

(a) A は基本変形により単位行列 I に変形される

(b) $\operatorname{rank} A = n$

(c) $|A| \neq 0$

証明　(5.25) より (b) は (5.17)' の解の自由度が 0 であることを意味する．つまり掃き出し法の目標が達成される，すなわち，

(b)' A は行基本変形により単位行列 I に変形される

ということであるが，(b)' から (a) が成り立つのは自明である．一方，命題 8.2 より (a) から (b)' が成り立つ．また定理 5.6 により (b)' は (c) と同値である．

$$\text{Q.E.D.}$$

本節の最後に第 5 章で述べた定理 5.10 を証明する．

定理 5.10 の証明　A を $m \times n$ 行列とし，A が 2 種類の基本変形により

$$\begin{pmatrix} I_r & O \\ O & O \end{pmatrix} \text{ および } \begin{pmatrix} I_s & O \\ O & O \end{pmatrix} \text{ に変形されたとする．系 8.2 より}$$

$$P_1 A Q_1 = \begin{pmatrix} I_r & O \\ O & O \end{pmatrix}, \qquad P_2 A Q_2 = \begin{pmatrix} I_s & O \\ O & O \end{pmatrix}$$

を満たす m 次の正則行列 P_1, P_2, n 次の正則行列 Q_1, Q_2 が存在する．すると

$$A = P_1^{-1} \begin{pmatrix} I_r & O \\ O & O \end{pmatrix} Q_1^{-1} = P_2^{-1} \begin{pmatrix} I_s & O \\ O & O \end{pmatrix} Q_2^{-1}$$

となるので $P = P_2 P_1^{-1}, Q = Q_2^{-1} Q_1$ とおくと

$$P \begin{pmatrix} I_r & O \\ O & O \end{pmatrix} = \begin{pmatrix} I_s & O \\ O & O \end{pmatrix} Q \tag{8.5}$$

が成立する．

　今，$r \neq s$ であると仮定する．ここで $r > s$ として一般性を失わない．そこ

で P, Q を次のように分割する：

$$
P = \left(\begin{array}{ccc} P_{11} & P_{12} & P_{13} \\ P_{21} & P_{22} & P_{23} \\ P_{31} & P_{32} & P_{33} \end{array}\right)
\begin{array}{l} \}s \\ \}r-s \\ \}m-r \end{array}
$$

$$
\begin{array}{ccc} s & r-s & m-r \end{array}
$$

$$
Q = \left(\begin{array}{ccc} Q_{11} & Q_{12} & Q_{13} \\ Q_{21} & Q_{22} & Q_{23} \\ Q_{31} & Q_{32} & Q_{33} \end{array}\right)
\begin{array}{l} \}s \\ \}r-s \\ \}n-r \end{array}
$$

$$
\begin{array}{ccc} s & r-s & n-r \end{array}
$$

すると

$$
\left(\begin{array}{cc} I_r & O \\ O & O \end{array}\right) = \left(\begin{array}{ccc} I_s & O & O \\ O & I_{r-s} & O \\ O & O & O \end{array}\right)
\begin{array}{l} \}s \\ \}r-s \\ \}m-r \end{array}
$$

$$
\begin{array}{ccc} s & r-s & n-r \end{array}
$$

$$
\left(\begin{array}{cc} I_s & O \\ O & O \end{array}\right) = \left(\begin{array}{ccc} I_s & O & O \\ O & O & O \\ O & O & O \end{array}\right)
\begin{array}{l} \}s \\ \}r-s \\ \}m-r \end{array}
$$

$$
\begin{array}{ccc} s & r-s & n-r \end{array}
$$

であるので定理 5.2 より

$$
P \left(\begin{array}{cc} I_r & O \\ O & O \end{array}\right) = \left(\begin{array}{ccc} P_{11} & P_{12} & O \\ P_{21} & P_{22} & O \\ P_{31} & P_{32} & O \end{array}\right)
$$

$$
\left(\begin{array}{cc} I_s & O \\ O & O \end{array}\right) Q = \left(\begin{array}{ccc} Q_{11} & Q_{12} & Q_{13} \\ O & O & O \\ O & O & O \end{array}\right)
$$

両者は等しいので特に $P_{21} = O, P_{22} = O, P_{31} = O, P_{32} = O$, すなわち,

$$P = \begin{pmatrix} P_{11} & P_{12} & P_{13} \\ O & O & P_{23} \\ O & O & P_{33} \end{pmatrix} \begin{matrix} \}s \\ \}r-s \\ \}m-r \end{matrix}$$
$$\qquad\quad s \quad\ r-s \ \ m-r$$

となる. すると演習問題 **7-14** (2) より $|P| = |P_{11}||O||P_{33}| = 0$. これは P が正則行列であることに反する. Q.E.D.

■ **8.3 シュミットの直交化法**

本節では 1 次独立な r 個の n 項列ベクトルが生成する部分空間 $< \vec{a}_1, \vec{a}_2, \cdots, \vec{a}_r >$ が与えられたときに

$$< \vec{a}_1, \vec{a}_2, \cdots, \vec{a}_r > = < \vec{v}_1, \vec{v}_2, \cdots, \vec{v}_r >$$

を満たす正規直交系 $\{\vec{v}_1, \vec{v}_2, \cdots, \vec{v}_r\}$ を構成する方法について述べる.

具体的な手順は次のとおりである:

1. $\vec{v}_1 = \dfrac{1}{\|\vec{a}_1\|} \vec{a}_1$ とおく. このときもちろん $\|\vec{v}_1\| = 1$ である.

2. (1) $\vec{b}_2 = \vec{a}_2 - \beta_1^{(2)} \vec{v}_1$ とおき, $\vec{b}_2 \perp \vec{v}_1$ となるように $\beta_1^{(2)}$ を決める.

   (2) $\vec{v}_2 = \dfrac{1}{\|\vec{b}_2\|} \vec{b}_2$ とおく. このとき $\|\vec{v}_2\| = 1, \vec{v}_1 \perp \vec{v}_2$ である.

3. (1) $\vec{b}_3 = \vec{a}_3 - \beta_1^{(3)} \vec{v}_1 - \beta_2^{(3)} \vec{v}_2$ とおき, $\vec{b}_3 \perp \vec{v}_1, \vec{b}_3 \perp \vec{v}_2$ となるように $\beta_1^{(3)}, \beta_2^{(3)}$ を決める.

   (2) $\vec{v}_3 = \dfrac{1}{\|\vec{b}_3\|} \vec{b}_3$ とおく. このとき $\|\vec{v}_3\| = 1, \vec{v}_1 \perp \vec{v}_3, \vec{v}_2 \perp \vec{v}_3$ である.

   $\vdots$

j. (1) $\vec{b}_j = \vec{a}_j - \beta_1^{(j)} \vec{v}_1 - \beta_2^{(j)} \vec{v}_2 - \cdots - \beta_{j-1}^{(j)} \vec{v}_{j-1}$ とおき, $\vec{b}_j \perp \vec{v}_1,$ $\vec{b}_j \perp \vec{v}_2, \cdots, \vec{b}_j \perp \vec{v}_{j-1}$ となるように $\beta_1^{(j)}, \beta_2^{(j)}, \cdots, \beta_{j-1}^{(j)}$ を決める.

   (2) $\vec{v}_j = \dfrac{1}{\|\vec{b}_j\|} \vec{b}_j$ とおく. このとき $\|\vec{v}_j\| = 1, \vec{v}_1 \perp \vec{v}_j, \vec{v}_2 \perp \vec{v}_j, \cdots,$ $\vec{v}_{j-1} \perp \vec{v}_j$ である.

   $\vdots$

以下，この手順を $\vec{a}_r$ まで繰り返す．このとき次の定理を得る．

定理 8.2. $\{\vec{v}_1, \vec{v}_2, \cdots, \vec{v}_r\}$ を上の手順で求めたものとする．このとき次が成立する．

(1) $\{\vec{v}_1, \vec{v}_2, \cdots, \vec{v}_r\}$ は正規直交系である

　　任意の j $(1 \leqq j \leqq r)$ に対し

(2) $\beta_k^{(j)} = (\vec{a}_j, \vec{v}_k)$ $(k = 1, 2, \cdots, j-1)$

(3) $< \vec{a}_1, \vec{a}_2, \cdots, \vec{a}_j > = < \vec{v}_1, \vec{v}_2, \cdots, \vec{v}_j >$

証明　(1) は $\{\vec{v}_1, \vec{v}_2, \cdots, \vec{v}_r\}$ の構成手順から明らかであろう．

(2) $1 \leqq k \leqq j-1$ とする．

$$0 = (\vec{b}_j, \vec{v}_k) = (\vec{a}_j - \beta_1^{(j)}\vec{v}_1 - \beta_2^{(j)}\vec{v}_2 - \cdots - \beta_{j-1}^{(j)}\vec{v}_{j-1}, \vec{v}_k)$$
$$= (\vec{a}_j, \vec{v}_k) - \beta_1^{(j)}(\vec{v}_1, \vec{v}_k) - \beta_2^{(j)}(\vec{v}_2, \vec{v}_k) - \cdots - \beta_{j-1}^{(j)}(\vec{v}_{j-1}, \vec{v}_k)$$
$$= (\vec{a}_j, \vec{v}_k) - \beta_k^{(j)}(\vec{v}_k, \vec{v}_k) = (\vec{a}_j, \vec{v}_k) - \beta_k^{(j)}$$

ゆえに結論を得る．

(3) j に関する数学的帰納法で示す．$j = 1$ のときはほぼ明らかであろう．

　$j-1$ に対しては結論が成立していると仮定する．すなわち

$$< \vec{a}_1, \vec{a}_2, \cdots, \vec{a}_{j-1} > = < \vec{v}_1, \vec{v}_2, \cdots, \vec{v}_{j-1} >$$

と仮定する．

　今，$\vec{x} \in < \vec{a}_1, \vec{a}_2, \cdots, \vec{a}_j >$ とする．すなわち

$$\vec{x} = k_1\vec{a}_1 + k_2\vec{a}_2 + \cdots + k_{j-1}\vec{a}_{j-1} + k_j\vec{a}_j$$

であるとする．帰納法の仮定から

$$k_1\vec{a}_1 + k_2\vec{a}_2 + \cdots + k_{j-1}\vec{a}_{j-1} = k_1'\vec{v}_1 + k_2'\vec{v}_2 + \cdots + k_{j-1}'\vec{v}_{j-1}$$

と表される．一方，$\vec{v}_j$ の定め方から

$$\vec{a}_j = \vec{b}_j + \beta_1^{(j)}\vec{v}_1 + \beta_2^{(j)}\vec{v}_2 + \cdots + \beta_{j-1}^{(j)}\vec{v}_{j-1}$$
$$= \|\vec{b}_j\|\vec{v}_j + \beta_1^{(j)}\vec{v}_1 + \beta_2^{(j)}\vec{v}_2 + \cdots + \beta_{j-1}^{(j)}\vec{v}_{j-1}$$

したがって

$$\vec{x} = (k_1' + k_j\beta_1^{(j)})\vec{v}_1 + (k_2' + k_j\beta_2^{(j)})\vec{v}_2 +$$

$$\cdots + (k_{j-1}' + k_j\beta_{j-1}^{(j)})\vec{v}_{j-1} + k_j\|\vec{b}_j\|\vec{v}_j$$

$$\in <\vec{v}_1, \vec{v}_2, \cdots, \vec{v}_j>$$

となり $<\vec{a}_1, \vec{a}_2, \cdots, \vec{a}_j> \subset <\vec{v}_1, \vec{v}_2, \cdots, \vec{v}_j>$ を得る.

逆に $\vec{x} \in <\vec{v}_1, \vec{v}_2, \cdots, \vec{v}_{j-1}>$, すなわち,

$$\vec{x} = l_1\vec{v}_1 + l_2\vec{v}_2 + \cdots + l_{j-1}\vec{v}_{j-1} + l_j\vec{v}_j$$

であるとする. すると $\vec{v}_j$ の定め方から

$$\vec{x} = (l_1 - \frac{l_j\beta_1^{(j)}}{\|\vec{b}_j\|})\vec{v}_1 + (l_2 - \frac{l_j\beta_2^{(j)}}{\|\vec{b}_j\|})\vec{v}_2 +$$

$$\cdots + (l_{j-1} - \frac{l_j\beta_{j-1}^{(j)}}{\|\vec{b}_j\|})\vec{v}_{j-1} + \frac{l_j}{\|\vec{b}_j\|}\vec{a}_j$$

となるが, 帰納法の仮定から

$$\left(l_1 - \frac{l_j\beta_1^{(j)}}{\|\vec{b}_j\|}\right)\vec{v}_1 + \left(l_2 - \frac{l_j\beta_2^{(j)}}{\|\vec{b}_j\|}\right)\vec{v}_2 + \cdots + \left(l_{j-1} - \frac{l_j\beta_{j-1}^{(j)}}{\|\vec{b}_j\|}\right)\vec{v}_{j-1}$$

$$= l_1'\vec{a}_1 + l_2'\vec{a}_2 + \cdots + l_{j-1}'\vec{a}_{j-1}$$

と表される. したがって

$$\vec{x} = l_1'\vec{a}_1 + l_2'\vec{a}_2 + \cdots + l_{j-1}'\vec{a}_{j-1} + \frac{l_j}{\|\vec{b}_j\|}\vec{a}_j \in <\vec{a}_1, \vec{a}_2, \cdots, \vec{a}_j>$$

となり $<\vec{a}_1, \vec{a}_2, \cdots, \vec{a}_j> \supset <\vec{v}_1, \vec{v}_2, \cdots, \vec{v}_j>$ を得る. ゆえに (2) が成立する. \hfill Q.E.D.

この手順により正規直交系を求めることをシュミットの直交化という.

次はシュミットの直交化の 1 つの応用例である.

系 8.3. $\vec{v}_1$ をノルム 1 の n 項列ベクトルとする. このとき $\{\vec{v}_1, \vec{v}_2, \cdots, \vec{v}_n\}$ が正規直交基底となるように n 項列ベクトル $\{\vec{v}_2, \cdots, \vec{v}_n\}$ を選ぶことができる.

証明 $\vec{v}_1 = \begin{pmatrix} v_1 \\ v_2 \\ \vdots \\ v_n \end{pmatrix}$ であるとし n 元連立 1 次方程式

$$v_1 x_1 + v_2 x_2 + \cdots + v_n x_n = 0 \tag{8.6}$$

を考える.$\vec{v}_1 \neq \vec{0}$ なので rank $(v_1 \ v_2 \ \cdots \ v_n) = 1$ である.したがって,(8.6) の解空間の次元は $n-1$ である.したがって,$n-1$ 個の 1 次独立なベクトルの組 $\{\vec{a}_2, \cdots, \vec{a}_n\}$ を用いて (8.6) の解空間は

$$< \vec{a}_2, \cdots, \vec{a}_n >$$

と表される.

ところで $\vec{x} = \begin{pmatrix} x_1 \\ x_2 \\ \vdots \\ x_n \end{pmatrix}$ とすると (8.6) は $(\vec{v}_1, \vec{x}) = 0$ を意味する.したがって,解空間 $< \vec{a}_2, \cdots, \vec{a}_n >$ の任意のベクトルは $\vec{v}_1$ と直交する.ここでシュミットの直交化を用いると

$$< \vec{a}_2, \cdots, \vec{a}_n > = < \vec{v}_2, \cdots, \vec{v}_n >$$

となるように正規直交系 $\{\vec{v}_2, \cdots, \vec{v}_n\}$ を構成することができる.すると,$\vec{v}_2, \cdots, \vec{v}_n$ はどれも $\vec{v}_1$ と直交するので結局 $\{\vec{v}_1, \vec{v}_2, \cdots, \vec{v}_n\}$ も正規直交系であることがわかる.つまり,$\{\vec{v}_1, \vec{v}_2, \cdots, \vec{v}_n\}$ は n 項列ベクトルの正規直交基底である.   Q.E.D.

▍ 8.4　直交行列による行列の三角化

■ 平面上の座標軸の回転 ■　第 4 章 4.5 節において座標軸の回転について取り
扱った. そして座標軸を角 θ 回転させたときに行列 A で表される 1 次変換は
新しい座標系では

$$B = R(\theta)^{-1} A R(\theta) \tag{8.7}$$

で表されることを示した. ただし $R(\theta)$ は角 θ の回転移動を表す行列である.
さらに A が対称行列であるときは, A の固有値の 1 つ λ_1 の固有ベクトル $\vec{v}_1$
と x 軸との間の角を θ とすると

$$R(\theta)^{-1} A R(\theta) = \begin{pmatrix} \lambda_1 & 0 \\ 0 & \lambda_2 \end{pmatrix}$$

となることもわかった. つまり, 対称行列で表される 1 次変換は座標軸を回転
させることにより対角行列で表すことができるということであるが, このよう
な 1 次変換はそれぞれ座標軸方向に λ_1 および λ_2 倍するという大変わかりや
すい構造をもっている.

　本節では一般の 2 次正方行列に対し特性方程式の解が実数である場合につい
て同様の問題を考えたい. つまり, 2 次正方行列 A に対して A が表す 1 次変
換を f とし, 座標軸を回転させて, f を表す行列をできるだけ簡単な形のもの
にすることを考える. すなわち, 行列 A に対し θ をうまく選んで (8.7) の B
ができるだけ簡単な行列になるようにしたい. A の特性方程式の解を λ_1, λ_2
とする. これらは実数であるのでともに固有値である. $\vec{v}_1$ を λ_1 に対する大き
さ 1 の固有ベクトルとする. そして $\vec{v}_2 = R(\pi/2)\vec{v}_1$ とおく. $\vec{v}_1$ と $\vec{e}_1$ の間の
角を θ とすると $|\vec{v}_1| = 1$ であるので

$$\vec{v}_1 = R(\theta)\vec{e}_1$$

であり (p.103 の脚注と同様), これよりさらに

$$\vec{v}_2 = R\left(\frac{\pi}{2}\right) R(\theta)\vec{e}_1 = R(\theta) R\left(\frac{\pi}{2}\right) \vec{e}_1 = R(\theta)\vec{e}_2$$

となる. したがって, 原点を通り $\vec{v}_1$ を方向ベクトルとする直線を X 軸, 原
点を通り $\vec{v}_2$ を方向ベクトルとする直線を Y 軸とする座標系 O-XY は座標系

O-xy を角 θ 回転させた座標系である．一方，$\vec{v}_1$ の定め方より

$$AR(\theta) = A(\vec{v}_1 \ \vec{v}_2) = (A\vec{v}_1 \ A\vec{v}_2) = (\lambda_1\vec{v}_1 \ A\vec{v}_2)$$

となり

$$R(\theta)^{-1}AR(\theta) = (\lambda_1 R(\theta)^{-1}\vec{v}_1 \ R(\theta)^{-1}A\vec{v}_2) = (\lambda_1\vec{e}_1 \ \vec{w}),$$

ただし，$\vec{w} = R(\theta)^{-1}A\vec{v}_2$ である．$\vec{w} = \begin{pmatrix} w_1 \\ w_2 \end{pmatrix}$ と成分表示すると

$$B = R(\theta)^{-1}AR(\theta) = \begin{pmatrix} \lambda_1 & w_1 \\ 0 & w_2 \end{pmatrix}$$

である．つまり B が三角行列になることがわかる．

■ n 次正方行列の三角化 ■   平面での上の結果を n 次正方行列の場合に拡張
しよう．

定理 8.3. A を n 次正方行列とし A の特性方程式の解はすべて実数であ
るとする．このとき

$$P^{-1}AP = \begin{pmatrix} \lambda_1 & & & * \\ & \lambda_2 & & \\ & & \ddots & \\ O & & & \lambda_n \end{pmatrix} \tag{8.8}$$

が成り立つように直交行列 P を選ぶことができる．

証明   行列の次数 n に関する数学的帰納法で示す．まず 2 次の場合はすでに
示されている．そこで，$n-1$ 次の場合に正しいと仮定して n 次の場合を示す．
    λ_1 を A の特性方程式の解の 1 つとする．仮定より λ_1 は実数であるので，
A の固有値である．そこで $\vec{v}_1$ を λ_1 に対するノルム 1 の固有ベクトルとする．
系 8.3 より n 項列ベクトルの正規直交基底 $\{\vec{v}_1, \vec{v}_2, \cdots, \vec{v}_n\}$ を作ることがで
きる．そこで $P_1 = (\vec{v}_1 \ \vec{v}_2 \ \cdots \ \vec{v}_n)$ とおくと

$$P_1^{-1}AP_1 = (P_1^{-1}A\vec{v}_1 \ P_1^{-1}A\vec{v}_2 \ \cdots \ P_1^{-1}A\vec{v}_n)$$

であるが，P_1 は直交行列であるので，$\vec{v}_1$ が λ_1 に対する固有ベクトルであることを使うと

$$P_1^{-1}A\vec{v}_1 = {}^tP_1\lambda_1\vec{v}_1 = \lambda_1 \begin{pmatrix} {}^t\vec{v}_1\vec{v}_1 \\ {}^t\vec{v}_2\vec{v}_1 \\ \vdots \\ {}^t\vec{v}_n\vec{v}_1 \end{pmatrix} = \begin{pmatrix} \lambda_1 \\ 0 \\ \vdots \\ 0 \end{pmatrix}$$

となる．したがって，$(P_1^{-1}A\vec{v}_2 \cdots P_1^{-1}A\vec{v}_n) = \begin{pmatrix} \vec{\alpha} \\ B \end{pmatrix}$ （B は $n-1$ 次正方行列）とおくと

$$P_1^{-1}AP_1 = \begin{pmatrix} \lambda_1 & \vec{\alpha} \\ \vec{0} & B \end{pmatrix}$$

となる．ここで B に対して数学的帰納法の仮定を用いると適当な $n-1$ 次の直交行列 Q を用いて

$$Q^{-1}BQ = \begin{pmatrix} \lambda_2 & & * \\ & \ddots & \\ O & & \lambda_n \end{pmatrix}$$

とできる．そこで

$$P_2 = \begin{pmatrix} 1 & {}^t\vec{0} \\ \vec{0} & Q \end{pmatrix}$$

とおく．P_2 は直交行列であることは容易にわかる．さらに

$$P_2^{-1}P_1^{-1}AP_1P_2 = \begin{pmatrix} 1 & {}^t\vec{0} \\ \vec{0} & Q^{-1} \end{pmatrix}\begin{pmatrix} \lambda_1 & \vec{\alpha} \\ \vec{0} & B \end{pmatrix}\begin{pmatrix} 1 & {}^t\vec{0} \\ \vec{0} & Q \end{pmatrix}$$

$$= \begin{pmatrix} \lambda_1 & \vec{\alpha}Q \\ \vec{0} & Q^{-1}BQ \end{pmatrix}$$

$$= \begin{pmatrix} \lambda_1 & & \vec{\alpha}Q & \\ \hline & \lambda_2 & & * \\ \vec{0} & & \ddots & \\ & O & & \lambda_n \end{pmatrix}$$

を得る．したがって，$P = P_1 P_2$ とおけばよい．$P^{-1} = (P_1 P_2)^{-1} = P_2^{-1} P_1^{-1}$ であり，${}^t P = {}^t(P_1 P_2) = {}^t P_2 {}^t P_1$ であるので，P_1, P_2 がともに直交行列であることから，P も直交行列であることがわかる．   Q.E.D.

注意　行列 A を三角化したあとの行列の対角成分は A の固有値である．実際

$$\varphi_A(\lambda) = |\lambda I - A| = |P|^{-1}|\lambda I - A||P| = |P^{-1}(\lambda I - A)P|$$

$$= |\lambda I - P^{-1}AP|$$

$$= \begin{vmatrix} \lambda - \lambda_1 & & & \\ & \lambda - \lambda_2 & & * \\ & & \ddots & \\ & O & & \lambda - \lambda_n \end{vmatrix}$$

$$= (\lambda - \lambda_1)(\lambda - \lambda_2)\cdots(\lambda - \lambda_n)$$

となり各対角成分が特性方程式 $\varphi_A(\lambda) = 0$ の解となる．

定理 8.3 からただちに次の系を得る．これは第 6 章の定理 6.10 において実際には固有値が重複してもよいということを示している．

系 8.4. A を n 次の対称行列とする．このとき

$$P^{-1}AP = \begin{pmatrix} \lambda_1 & & & O \\ & \lambda_2 & & \\ & & \ddots & \\ O & & & \lambda_n \end{pmatrix} \tag{8.9}$$

が成り立つように直交行列 P を選ぶことができる．

証明　A は対称行列なので定理 6.8 より A の特性方程式の解はすべて実数

である．すると定理 8.3 が適用できるので (8.8) を満たす直交行列 P が存在する．ここで P は直交行列であるので $P^{-1} = {}^tP$, A は対称行列であるので ${}^tA = A$ が成り立つ．したがって

$$^t(P^{-1}AP) = {}^t({}^tPAP) = {}^tP\,{}^tA\,{}^t({}^tP) = P^{-1}AP,$$

すなわち

$$\begin{pmatrix} \lambda_1 & & & \\ & \lambda_2 & & \Large O \\ & & \ddots & \\ {}^t* & & & \lambda_n \end{pmatrix} = \begin{pmatrix} \lambda_1 & & & * \\ & \lambda_2 & & \\ & & \ddots & \\ \Large O & & & \lambda_n \end{pmatrix}$$

が成立する．これより $* = O$ となり，(8.9) が成り立っていることがわかる．

Q.E.D.

例題 8.1. 4 次の対称行列

$$A = \begin{pmatrix} 3 & 1 & 1 & 1 \\ 1 & 3 & 1 & 1 \\ 1 & 1 & 3 & 1 \\ 1 & 1 & 1 & 3 \end{pmatrix}$$

を直交行列を用いて対角化せよ．

解答　A の特性多項式は

$$\varphi_A(\lambda) = |\lambda I - A| = \begin{vmatrix} \lambda - 3 & -1 & -1 & -1 \\ -1 & \lambda - 3 & -1 & -1 \\ -1 & -1 & \lambda - 3 & -1 \\ -1 & -1 & -1 & \lambda - 3 \end{vmatrix} = (\lambda - 2)^3(\lambda - 6)$$

である．したがって，4 次方程式 $\varphi_A(\lambda) = 0$ の解，つまり A の固有値は $\lambda = 2, 6$ である．ただし $\lambda = 2$ は 3 重解である．

$\lambda = 2$ に対する固有ベクトルを求める. 今の場合 (6.12) は

$$
\begin{cases}
(3-2)x & + & y & + & z & + & w & = & 0 \\
x & + & (3-2)y & + & z & + & w & = & 0 \\
x & + & y & + & (3-2)z & + & w & = & 0 \\
x & + & y & + & z & + & (3-2)w & = & 0
\end{cases},
$$

すなわちどの式も $x+y+z+w=0$ となり, これを解くと $x=-(c+d+e)$, $y=c, z=d, w=e$ (c,d,e は任意の数) である. したがって, $\lambda = 2$ に対する固有ベクトルは

$$
c\begin{pmatrix} -1 \\ 1 \\ 0 \\ 0 \end{pmatrix} + d\begin{pmatrix} -1 \\ 0 \\ 1 \\ 0 \end{pmatrix} + e\begin{pmatrix} -1 \\ 0 \\ 0 \\ 1 \end{pmatrix}
$$

(c,d,e は $(c,d,e) \neq (0,0,0)$ なる任意の数) である. すなわち

$$
(2 \text{ に対する固有空間}) = \left\langle \begin{pmatrix} -1 \\ 1 \\ 0 \\ 0 \end{pmatrix}, \begin{pmatrix} -1 \\ 0 \\ 1 \\ 0 \end{pmatrix}, \begin{pmatrix} -1 \\ 0 \\ 0 \\ 1 \end{pmatrix} \right\rangle
$$

である. 特にこれらのベクトルは 1 次独立であるので 2 に対する固有空間の次元は 3 である.

$\lambda = 6$ に対する固有ベクトルを求める. 今の場合 (6.12) は

$$
\begin{cases}
(3-6)x & + & y & + & z & + & w & = & 0 \\
x & + & (3-6)y & + & z & + & w & = & 0 \\
x & + & y & + & (3-6)z & + & w & = & 0 \\
x & + & y & + & z & + & (3-6)w & = & 0
\end{cases},
$$

となり, これを解くと $x=c, y=c, z=c, w=c$ (c は任意の数) である. し

たがって，$\lambda = 6$ に対する固有ベクトルは

$$c \begin{pmatrix} 1 \\ 1 \\ 1 \\ 1 \end{pmatrix} \quad (c \text{ は } 0 \text{ 以外の任意の数})$$

である．すなわち

$$(6 \text{ に対する固有空間}) = < \begin{pmatrix} 1 \\ 1 \\ 1 \\ 1 \end{pmatrix} >$$

である．6 に対する固有空間の次元は 1 である．

さて，6.4 節の最後に述べたように固有空間の次元の和は 4 であり行列の次数に一致しているので各固有空間を生成しているベクトルを合わせて並べた行列を作れば A を対角化することができる．しかし，ここではその行列が直交行列になる必要がある．ここで定理 6.9 より異なる固有値に対する固有ベクトルは互いに直交するので各固有空間を生成する正規直交系を求めればよい．

2 に対する固有空間については

$$< \begin{pmatrix} -1 \\ 1 \\ 0 \\ 0 \end{pmatrix}, \begin{pmatrix} -1 \\ 0 \\ 1 \\ 0 \end{pmatrix}, \begin{pmatrix} -1 \\ 0 \\ 0 \\ 1 \end{pmatrix} > = < \vec{v}_1, \vec{v}_2, \vec{v}_3 >$$

を満たす正規直交系 $\{\vec{v}_1, \vec{v}_2, \vec{v}_3\}$ を求めればよい．そこでシュミットの直交化を行なうと

$$\vec{v}_1 = \frac{1}{\sqrt{2}} \begin{pmatrix} -1 \\ 1 \\ 0 \\ 0 \end{pmatrix}, \quad \vec{v}_2 = \frac{1}{\sqrt{6}} \begin{pmatrix} -1 \\ -1 \\ 2 \\ 0 \end{pmatrix}, \quad \vec{v}_3 = \frac{1}{2\sqrt{3}} \begin{pmatrix} -1 \\ -1 \\ -1 \\ 3 \end{pmatrix}$$

となる．

6 に対する固有空間については次元が 1 であるので $\vec{v}_4 = \dfrac{1}{2}\begin{pmatrix} 1 \\ 1 \\ 1 \\ 1 \end{pmatrix}$ とすれ

ばよい. したがって

$$P = \begin{pmatrix} -1/\sqrt{2} & -1/\sqrt{6} & -1/2\sqrt{3} & 1/2 \\ 1/\sqrt{2} & -1/\sqrt{6} & -1/2\sqrt{3} & 1/2 \\ 0 & 2/\sqrt{6} & -1/2\sqrt{3} & 1/2 \\ 0 & 0 & \sqrt{3}/2 & 1/2 \end{pmatrix}$$

とおくと P は直交行列でありさらに

$$P^{-1}AP = \begin{pmatrix} 2 & 0 & 0 & 0 \\ 0 & 2 & 0 & 0 \\ 0 & 0 & 2 & 0 \\ 0 & 0 & 0 & 6 \end{pmatrix}$$

が成立する. （終）

■ 8.5 平面上の一般の座標変換

　第 4 章 4.5 節および前節において平面上の座標軸の回転について取り上げたが, この節ではより一般の座標変換について考えてみる. 原点を通る平面上の異なる 2 直線 l_1, l_2 を考える. それらの方向ベクトルをそれぞれ $\vec{p}_1$, $\vec{p}_2$ とすると,（異なる 2 直線であることより）$\vec{p}_1 \not\parallel \vec{p}_2$, すなわち, $\{\vec{p}_1, \vec{p}_2\}$ は 1 次独立である. したがって, すべてのベクトル $\vec{x}$ は $\vec{x} = \alpha\vec{p}_1 + \beta\vec{p}_2$ と一意的に表される. 特に, 平面上の点 P に対し $\overrightarrow{\mathrm{OP}} = X\vec{p}_1 + Y\vec{p}_2$ と表すと, (X, Y) も P のひとつの座標とみなせる. したがって, 平面内に l_1 を X 軸, l_2 を Y 軸とする座標系 O-XY が得られる[2]. このときもとの座標 (x, y)（すなわち $\overrightarrow{\mathrm{OP}} = x\vec{e}_1 + y\vec{e}_2$）との関係は次のようになる. $\overrightarrow{\mathrm{OP}} = x\vec{e}_1 + y\vec{e}_2 = X\vec{p}_1 + Y\vec{p}_2$

---

[2] $l_1 \perp l_2$ のとき直交座標系, そうでないとき斜交座標系という.

であるので

$$\left(\begin{array}{c} x \\ y \end{array} \right) = \left(\begin{array}{c} p_{11}X + p_{12}Y \\ p_{21}X + p_{22}Y \end{array} \right) = \left(\begin{array}{cc} p_{11} & p_{12} \\ p_{21} & p_{22} \end{array} \right) \left(\begin{array}{c} X \\ Y \end{array} \right)$$

(ただし $\vec{p}_1 = \left(\begin{array}{c} p_{11} \\ p_{21} \end{array} \right), \vec{p}_2 = \left(\begin{array}{c} p_{12} \\ p_{22} \end{array} \right)$) である. したがって, $P = (\vec{p}_1\ \vec{p}_2) =$

$\left(\begin{array}{cc} p_{11} & p_{12} \\ p_{21} & p_{22} \end{array} \right)$ とおくと $\left(\begin{array}{c} x \\ y \end{array} \right) = P \left(\begin{array}{c} X \\ Y \end{array} \right)$ となる.

f を平面上の1次変換とし, f を表す行列を A とする. ここで $f(\vec{p}_1), f(\vec{p}_2)$ を座標系 O-XY で表すと f のこの座標系による行列表示が得られる. すなわち

$$f(\vec{p}_1) = b_{11}\vec{p}_1 + b_{21}\vec{p}_2, \quad f(\vec{p}_2) = b_{12}\vec{p}_1 + b_{22}\vec{p}_2 \tag{8.10}$$

であるとし, $B = (b_{ij})$ とおくと B は座標系 O-XY で f を表した行列である. 一方, もとの座標系 O-xy で表すと (8.10) は

$$A\vec{p}_1 = b_{11}\vec{p}_1 + b_{21}\vec{p}_2 = (\vec{p}_1\ \vec{p}_2) \left(\begin{array}{c} b_{11} \\ b_{21} \end{array} \right) = P \left(\begin{array}{c} b_{11} \\ b_{21} \end{array} \right)$$

$$A\vec{p}_2 = b_{12}\vec{p}_1 + b_{22}\vec{p}_2 = (\vec{p}_1\ \vec{p}_2) \left(\begin{array}{c} b_{12} \\ b_{22} \end{array} \right) = P \left(\begin{array}{c} b_{12} \\ b_{22} \end{array} \right)$$

となり, したがって, $AP = PB$ を得る. これより f を表す2つの行列の間の関係は

$$B = P^{-1}AP$$

となることがわかる.

定義 8.1. A, B を2つの正方行列とする. このとき

$$B = P^{-1}AP$$

を満たす正則行列 P が存在するとき「A と B は相似である」といい, $A \sim B$ と表す.

注意　A と B が相似であるときこれらの特性多項式は一致する．実際

$$\varphi_B(\lambda) = |\lambda I - B| = |\lambda I - P^{-1}AP|$$

$$= |\lambda P^{-1}P - P^{-1}AP| = |P^{-1}(\lambda I - A)P|$$

$$= |P^{-1}||\lambda I - A||P| = |P|^{-1}\varphi_A(\lambda)|P| = \varphi_A(\lambda)$$

　上で述べたことからわかるように行列 A と行列 B が相似であるとは A で表される 1 次変換が，適当に座標を取り換えることにより，B を用いて表されるということである．つまり A が表す 1 次変換と B が表す 1 次変換は構造が似ていることになる．特に B が表す 1 次変換が構造のよくわかっている 1 次変換であれば自動的に A が表す 1 次変換の構造も理解できる．したがって，A と相似な行列で（1 次変換としての）構造がよくわかっている行列をみつけることができればよい．1 次変換としての構造がよくわかっている行列としては，座標軸方向の拡大・縮小を表す $\begin{pmatrix} \lambda_1 & 0 \\ 0 & \lambda_2 \end{pmatrix}$ や回転移動を表す $\begin{pmatrix} \cos\theta & -\sin\theta \\ \sin\theta & \cos\theta \end{pmatrix}$ であろう．すべての 2 次正方行列がこれらと相似になるわけではないが，実は，座標軸方向の拡大・縮小を表す行列あるいは回転移動を表す行列の定数倍あるいはもう 1 つ別のタイプの行列のどれかと相似になる．具体的に述べると次のとおりである．

定理 8.4. （ジョルダンの標準形）2 次の正方行列は次のいずれかの行列と相似である[3]：

$$\begin{pmatrix} \lambda_1 & 0 \\ 0 & \lambda_2 \end{pmatrix}, \qquad \begin{pmatrix} \alpha & -\beta \\ \beta & \alpha \end{pmatrix}, \qquad \begin{pmatrix} \lambda & 1 \\ 0 & \lambda \end{pmatrix}$$

---

[3] 任意の実数 α, β に対し $\alpha = \sqrt{\alpha^2 + \beta^2}\cos\theta$, $\beta = \sqrt{\alpha^2 + \beta^2}\sin\theta$ を満たす θ が存在する．

証明 A を 2 次正方行列とする. このとき A の特性方程式 $\varphi_A(\lambda)$ は 2 次方程式であるので次の 3 通りの場合がある：Case 1 2 つの異なる実数解をもつ, Case 2 互いに共役な 2 つの虚数解をもつ, Case 3 重解（実数解）をもつ.

<u>Case 1</u> 2 つの解をそれぞれ λ_1, λ_2 とする. 今の場合, 解はともに固有値であるので $A\vec{p_1} = \lambda_1 \vec{p_1}, A\vec{p_2} = \lambda_2 \vec{p_2}$ を満たす $\vec{0}$ でないベクトル $\vec{p_1}, \vec{p_2}$ が存在する. そこで $P = (\vec{p_1}\ \vec{p_2})$ とすると定理 6.5 の前の議論により

$$P^{-1}AP = \begin{pmatrix} \lambda_1 & 0 \\ 0 & \lambda_2 \end{pmatrix}$$

が成立する.

<u>Case 2</u> 2 つの解を $\alpha \pm i\beta$ とする. 第 4 章 4.4 節, 定理 4.4 のあとで注意したようにこの場合でも連立 1 次方程式 (4.10) を解くことはできる. ただしこの場合 x, y は複素数の範囲から求めなくてはならず, 固有ベクトル $\vec{v}$ が複素数を成分とするベクトルとなる. まず $\alpha - i\beta$ に対してこのベクトルを求めそれを実部と虚部に分けて $\vec{q} + i\vec{r}$ と表すことにする. すなわち $A(\vec{q} + i\vec{r}) = (\alpha - i\beta)(\vec{q} + i\vec{r})$ である. ここで左辺の実部は $A\vec{q}$, 虚部は $A\vec{r}$ である. 一方, 右辺は

$$(\alpha - i\beta)(\vec{q} + i\vec{r}) = (\alpha\vec{q} + \beta\vec{r}) + i(\alpha\vec{r} - \beta\vec{q})$$

であるので,

$$A\vec{q} = \alpha\vec{q} + \beta\vec{r}, \qquad A\vec{r} = \alpha\vec{r} - \beta\vec{q} \tag{8.11}$$

が成立する（なお, このことより $\alpha + i\beta$ に対するベクトルは $\vec{q} - i\vec{r}$ であることもわかる）. そこで $P = (\vec{q}\ \vec{r})$ とおく. すると P は正則行列であり（$\vec{q} = \vec{0}$, $\vec{r} = \vec{0}$, $\vec{q}//\vec{r}$ のいずれの場合も (8.11) より A は実数の固有値をもち矛盾する）, さらに (8.11) より

$$AP = (A\vec{q}\ A\vec{r}) = (\alpha\vec{q} + \beta\vec{r}\ \alpha\vec{r} - \beta\vec{q}) = (\vec{q}\ \vec{r})\begin{pmatrix} \alpha & -\beta \\ \beta & \alpha \end{pmatrix} = P\begin{pmatrix} \alpha & -\beta \\ \beta & \alpha \end{pmatrix}$$

であり, ゆえに

$$P^{-1}AP = \begin{pmatrix} \alpha & -\beta \\ \beta & \alpha \end{pmatrix}$$

が成立する.

<u>Case 3</u> 重解を λ とする. この場合はさらに 2 つの場合に分けられる.

<u>Case 3-1</u> 固有空間の次元が 2 のとき

このとき固有空間から 1 次独立な 2 つのベクトルの組 $\{\vec{p}, \vec{q}\}$ を取り出すことができる. そこで $P = (\vec{p}\ \vec{q})$ とおく. すると $A\vec{p} = \lambda\vec{p}, A\vec{q} = \lambda\vec{q}$ なので定理 6.5 の前の議論により

$$P^{-1}AP = \begin{pmatrix} \lambda & 0 \\ 0 & \lambda \end{pmatrix}$$

が成立する.

<u>Case 3-2</u> 固有空間の次元が 1 のとき

このとき λ に対する固有空間は 1 つのベクトル $\vec{p}$ で生成される. もちろん $\vec{p}$ は固有ベクトルなので $A\vec{p} = \lambda\vec{p}$, すなわち, $(A - \lambda I)\vec{p} = \vec{0}$ が成立する. また, 仮定から $\vec{p}$ と平行ではないベクトルはどれも固有ベクトルではない. ところで λ は特性方程式 $\varphi_A(\lambda) = \lambda^2 - (a + d)\lambda + ad - bc = 0$ の解であるので解と係数の関係から $a + d = 2\lambda, \lambda^2 = ad - bc$ が成立する. したがって, ケーリー・ハミルトンの定理 (演習問題 **6-12**) より

$$O = A^2 - (a + d)A + (ad - bc)I = A^2 - 2\lambda A + \lambda^2 I = (A - \lambda I)^2$$

が成立する. そこで $\vec{x}\ (\neq 0)$ を $\vec{p}$ と平行ではないベクトルとすると

$$\vec{0} = (A - \lambda I)^2\vec{x} = (A - \lambda I)\{(A - \lambda I)\vec{x}\}$$

が成立する. すなわち, $(A - \lambda I)\vec{x}$ は A の固有ベクトルである. したがって, これは $\vec{p}$ と平行である:

$$(A - \lambda I)\vec{x} = c\vec{p}.$$

ここで $\vec{q} = c^{-1}\vec{x}$ とおくと $(A - \lambda I)\vec{q} = \vec{p}$, すなわち $A\vec{q} = \vec{p} + \lambda\vec{q}$ となるので, $P = (\vec{p}\ \vec{q})$ とおくと

$$AP = (A\vec{p}\ A\vec{q}) = (\lambda\vec{p}\ \vec{p} + \lambda\vec{q}) = (\vec{p}\ \vec{q})\begin{pmatrix} \lambda & 1 \\ 0 & \lambda \end{pmatrix} = P\begin{pmatrix} \lambda & 1 \\ 0 & \lambda \end{pmatrix}$$

となる. $\{\vec{p}, \vec{q}\}$ は 1 次独立であるので, P は正則であり, そこで両辺に左から

P^{-1} を掛けると

$$P^{-1}AP = \begin{pmatrix} \lambda & 1 \\ 0 & \lambda \end{pmatrix}$$

が成立する.　　　　　　　　　　　　　　　　　　　　　　　Q.E.D.

なお，3 次以上の正方行列についても同様の標準形があるが詳細は省略する.

8.6　n 変数の 2 次形式

斉次 2 次式のことを 2 次形式という．n 個の変数 $x_1, x_2, \cdots, x_n$ の 2 次形式の一般形は次の形である：

$$F(x_1, x_2, \cdots, x_n) = a_1 x_1{}^2 + a_2 x_2{}^2 + \cdots + a_n x_n{}^2$$
$$+ b_{12} x_1 x_2 + \cdots + b_{n-1n} x_{n-1} x_n.$$

命題 8.4. $\vec{x} = \begin{pmatrix} x_1 \\ x_2 \\ \vdots \\ x_n \end{pmatrix}$ とおくことにより，n 変数の 2 次形式は n 次対称

行列 A を用いて

$$F(x_1, x_2, \cdots, x_n) = (A\vec{x}, \vec{x})$$

と表される.

証明　$F(x_1, x_2, \cdots, x_n) = a_1 x_1{}^2 + a_2 x_2{}^2 + \cdots + a_n x_n{}^2 + b_{12} x_1 x_2 + \cdots + b_{n-1n} x_{n-1} x_n$ とする．そこで

$$a_{ij} = \begin{cases} a_i & (i = j \text{ のとき}) \\ b_{ij}/2 & (i < j \text{ のとき}) \\ b_{ji}/2 & (i > j \text{ のとき}) \end{cases}$$

とおき

$$A = \begin{pmatrix} a_{11} & a_{12} & \cdots & a_{1n} \\ a_{21} & a_{22} & \cdots & a_{2n} \\ \vdots & \vdots & \ddots & \vdots \\ a_{n1} & a_{n2} & \cdots & a_{nn} \end{pmatrix}$$

とすればよい.   Q.E.D.

　直交行列を用いて座標を変換し 2 次形式を簡単な形に書き換える.

$$\vec{X} = P^{-1}\vec{x}, \ \ \vec{x} = \begin{pmatrix} x_1 \\ x_2 \\ \vdots \\ x_n \end{pmatrix}, \ \ \vec{X} = \begin{pmatrix} X_1 \\ X_2 \\ \vdots \\ X_n \end{pmatrix}$$

とすると, すなわち, $\vec{x} = P\vec{X}$ とすると命題 8.4 により

$$F(x_1, x_2, \cdots, x_n) = (AP\vec{X}, P\vec{X}) = ({}^t\!PAP\vec{X}, \vec{X})$$

さらに定理 8.4 を用いると P をうまく選べば ${}^t\!PAP$ は対角行列になる. したがって

$$F(x_1, x_2, \cdots, x_n) = \left(\begin{pmatrix} \lambda_1 & & & O \\ & \lambda_2 & & \\ & & \ddots & \\ O & & & \lambda_n \end{pmatrix} \vec{X}, \vec{X} \right)$$

$$= \lambda_1 X_1{}^2 + \lambda_2 X_2{}^2 + \cdots + \lambda_n X_n{}^2$$

となる. この形の式を 2 次形式の標準形という.

例　3 変数の 2 次形式 $F(x_1, x_2, x_3) = 4x_1{}^2 + 4x_2{}^2 + 2x_3{}^2 - 2x_1x_2 - 2x_2x_3 - 2x_3x_1$ を考える. 命題 8.4 よりこの 2 次形式は

$$F(x_1, x_2, x_3) = (A\vec{x}, \vec{x}), \quad A = \begin{pmatrix} 4 & -1 & -1 \\ -1 & 4 & -1 \\ -1 & -1 & 2 \end{pmatrix}, \quad \vec{x} = \begin{pmatrix} x_1 \\ x_2 \\ x_3 \end{pmatrix}$$

と表される．この行列 A は定理 6.10 のあとの例で取り上げたものであり，直交行列

$$P = \begin{pmatrix} \dfrac{1}{\sqrt{6}} & \dfrac{1}{\sqrt{3}} & \dfrac{1}{\sqrt{2}} \\ \dfrac{1}{\sqrt{6}} & \dfrac{1}{\sqrt{3}} & -\dfrac{1}{\sqrt{2}} \\ \dfrac{2}{\sqrt{6}} & -\dfrac{1}{\sqrt{3}} & 0 \end{pmatrix}$$

を用いて次のように対角化された：

$$P^{-1}AP = \begin{pmatrix} 1 & 0 & 0 \\ 0 & 4 & 0 \\ 0 & 0 & 5 \end{pmatrix}$$

そこで $\vec{X} = P^{-1}\vec{x}$ とおくと

$$F(x_1, x_2, x_3) = X_1{}^2 + 4X_2{}^2 + 5X_3{}^2$$

となる．これがこの 2 次形式 $F(x_1, x_2, x_3)$ の標準形である．

　すべてが 0 ではない任意の変数 $x_1, x_2, \cdots, x_n$ に対し $F(x_1, x_2, \cdots, x_n) > 0$ が成り立つとき「2 次形式 F は正定値である」という．F を標準形に直すと

$$F(x_1, x_2, \cdots, x_n) = \lambda_1 X_1{}^2 + \lambda_2 X_2{}^2 + \cdots + \lambda_n X_n{}^2$$

であるが，$\vec{x} \neq \vec{0}$ であることと $\vec{X} = P^{-1}\vec{x} \neq \vec{0}$ であることとは同値であるので $\vec{X} \neq \vec{0}$ なる任意の $\vec{X}$ に対して標準形の値が正であればよい．これは $\lambda_1, \lambda_2, \cdots, \lambda_n$ がすべて正であることと同値である．ところで $\lambda_1, \lambda_2, \cdots, \lambda_n$ は $F(x_1, x_2, \cdots, x_n) = (A\vec{x}, \vec{x})$ なる行列 A を対角化したときの対角成分であり，これらは A の固有値である（定理 8.3 のあとの注意参照）．したがって，次の命題を得る：

命題 8.5. A を n 次対称行列とする．2 次形式 $F(x_1, x_2, \cdots, x_n) = (A\vec{x}, \vec{x})$ が正定値であるための必要十分条件は A の固有値がすべて正となることである．

なお 2 次形式が正定値であるかどうかを調べる方法として次の事実がよく知られている. 証明は省略する.

定理 8.5. $A = (a_{ij})$ を n 次対称行列とする. A に対し

$$A_r = \begin{pmatrix} a_{11} & \cdots & a_{1r} \\ \vdots & \ddots & \vdots \\ a_{r1} & \cdots & a_{rr} \end{pmatrix} \qquad (r = 1, 2, \cdots, n)$$

とおく. 2 次形式 $F(x_1, x_2, \cdots, x_n) = (A\vec{x}, \vec{x})$ が正定値であるための必要十分条件は

$$|A_r| > 0 \qquad (r = 1, 2, \cdots, n)$$

である.

▌ 8.7 複素内積

本書では行列の成分は特に断らない限り実数であるとしていたが, 内積以外の節では成分が複素数であるとしてもまったく同じ結果が成立する. しかしながら内積については成分が実数であるか複素数であるかでかなり様子が異なってくる. 内積に関して一番基本的な性質は第 5 章 5.1 節で述べた定理 5.3 であるが, これらがすべて成立するような内積を複素数を成分とするベクトルに導入することは不可能である. そこでどれかの条件を犠牲にしないといけないのであるが, 一番実用的であると考えられているのは (5.3) を次の条件で置き換えた内積である:

$$(\vec{a}, \vec{b}) = \overline{(\vec{b}, \vec{a})} \tag{8.12}$$

ただし $z = x + iy$ に対し $\bar{z} = x - iy$ である. 具体的に書けば, 複素数を成分とする n 項列ベクトル $\vec{a} = \begin{pmatrix} a_1 \\ a_2 \\ \vdots \\ a_n \end{pmatrix}, \vec{b} = \begin{pmatrix} b_1 \\ b_2 \\ \vdots \\ b_n \end{pmatrix}$ に対して

$$(\vec{a}, \vec{b}) = a_1 \bar{b}_1 + a_2 \bar{b}_2 + \cdots + a_n \bar{b}_n$$

と定義された内積である. このとき定理 5.3 の (5.3) 以外の性質はすべて成立する. また (5.6), (5.7) と数学的帰納法により (5.8) も成立することがわかる. なお, (5.6) は成立するが, (8.12) のため

$$(\vec{a}, k\vec{b}) = \overline{k}(\vec{a}, \vec{b})$$

となることに注意しよう.

■ 随伴行列 ■ 第 5 章 5.1 節において $(A\vec{x}, \vec{y}) = (\vec{x}, B\vec{y})$ が成り立つのはどのようなときかを考えたが, ここでは複素数を成分とするベクトル, 行列, および複素内積に対して同じ問題を考えてみよう. まず, 次のことに注意しよう.

n 項列ベクトル $\vec{b} = \begin{pmatrix} b_1 \\ b_2 \\ \vdots \\ b_n \end{pmatrix}$ が与えられたときに,

$$\vec{b}^* = (\overline{b}_1\ \overline{b}_2\ \cdots\ \overline{b}_n)$$

と表すと, $\vec{a} = \begin{pmatrix} a_1 \\ a_2 \\ \vdots \\ a_n \end{pmatrix}$ と $\vec{b}$ の内積は

$$(\vec{a}, \vec{b}) = \vec{b}^*\vec{a} \quad (1 \times n\ 行列と\ n \times 1\ 行列の積)$$

である. $(\vec{b} + \vec{c})^* = \vec{b}^* + \vec{c}^*$ や $(k\vec{b})^* = \overline{k}\vec{b}^*$ (k は複素数) が成り立つのはほぼ明らかであろう. さて話をもとに戻そう. A を $m \times n$ 行列, B を $n \times m$ 行列, $\vec{x}$ を n 項列ベクトル, $\vec{y}$ を m 項列ベクトルとする. そして A を $A = (\vec{a}_1\ \vec{a}_2\ \cdots\ \vec{a}_n)$ と列ベクトル表示する. さらに $\vec{x}$ の成分表示が

$\vec{x} = \begin{pmatrix} x_1 \\ x_2 \\ \vdots \\ x_n \end{pmatrix}$ であるとすると定理 5.2 より, $A\vec{x} = x_1\vec{a}_1 + x_2\vec{a}_2 + \cdots + x_n\vec{a}_n$

である．したがって，(5.8) より

$$(A\vec{x}, \vec{y}) = x_1(\vec{a}_1, \vec{y}) + x_2(\vec{a}_2, \vec{y}) + \cdots + x_n(\vec{a}_n, \vec{y}).$$

そこで，$\vec{z} = \begin{pmatrix} \overline{(\vec{a}_1, \vec{y})} \\ \overline{(\vec{a}_2, \vec{y})} \\ \vdots \\ \overline{(\vec{a}_n, \vec{y})} \end{pmatrix}$ とおくと，$(A\vec{x}, \vec{y}) = (\vec{x}, \vec{z})$ であることがわかる．

一方，定理 5.2 を用いると

$$\vec{z} = \begin{pmatrix} \overline{(\vec{a}_1, \vec{y})} \\ \overline{(\vec{a}_2, \vec{y})} \\ \vdots \\ \overline{(\vec{a}_n, \vec{y})} \end{pmatrix} = \begin{pmatrix} (\vec{y}, \vec{a}_1) \\ (\vec{y}, \vec{a}_2) \\ \vdots \\ (\vec{y}, \vec{a}_n) \end{pmatrix} = \begin{pmatrix} \vec{a}_1^* \vec{y} \\ \vec{a}_2^* \vec{y} \\ \vdots \\ \vec{a}_n^* \vec{y} \end{pmatrix} = \begin{pmatrix} \vec{a}_1^* \\ \vec{a}_2^* \\ \vdots \\ \vec{a}_n^* \end{pmatrix} \vec{y}$$

である．以上より，

$$B = \begin{pmatrix} \vec{a}_1^* \\ \vec{a}_2^* \\ \vdots \\ \vec{a}_n^* \end{pmatrix}$$

のとき $(A\vec{x}, \vec{y}) = (\vec{x}, B\vec{y})$ が成立することがわかる．

　一般に $m \times n$ 行列 A が $A = (\vec{a}_1 \ \vec{a}_2 \ \cdots \ \vec{a}_n)$ と列ベクトル表示されているとき，$n \times m$ 行列

$$\begin{pmatrix} \vec{a}_1^* \\ \vec{a}_2^* \\ \vdots \\ \vec{a}_n^* \end{pmatrix}$$

を A の随伴行列といい A^* と表す．上の議論から任意の n 項列ベクトル $\vec{x}$，m 項列ベクトル $\vec{y}$ に対し $(A\vec{x}, \vec{y}) = (\vec{x}, A^*\vec{y})$ である．随伴行列に関しては次の定理が成立する．証明は定理 5.4 と同様である．

定理 8.6. A, A' を $m \times n$ 行列, B を $n \times p$ 行列, k を複素数とするとき

(1) $(A + A')^* = A^* + A'^*$

(2) $(kA)^* = \overline{k}A^*$

(3) $(A^*)^* = A$

(4) $(AB)^* = B^*A^*$

(5) $(A^*)^{-1} = (A^{-1})^*$

注意　A の成分がすべて実数であるときは $A^* = {}^tA$ である. したがって, 特にこのときは, $\vec{x}, \vec{y}$ が複素数を成分とするベクトルであっても $(A\vec{x}, \vec{y}) = (\vec{x}, {}^tA\vec{y})$ が成立する.

■ 対称行列の固有値 ■　第 6 章 6.3 節で注意したように複素数を成分とするベクトルも固有ベクトルの仲間に入れると虚数でも固有値となる. そして複素数 λ が A の固有値であることと λ が A の特性方程式 $\varphi_A(\lambda) = 0$ の解であることとは同値である. このことを念頭に入れると定理 6.8 を証明することができる.

定理 6.8 の証明　A を実数を成分とする n 次の対称行列とする. そして, λ を $\varphi_A(\lambda) = 0$ の解とし, $\vec{v}$ を λ に対する A の複素数を成分とする固有ベクトルとする. すなわち $A\vec{v} = \lambda\vec{v}, \vec{v} \neq \vec{0}$ とする. すると

$$(A\vec{v}, \vec{v}) = (\lambda\vec{v}, \vec{v}) = \lambda(\vec{v}, \vec{v}) \tag{8.13}$$

ここで A は対称行列であるので上の注意により, 複素数を成分とする任意のベクトル $\vec{x}, \vec{y}$ に対して $(A\vec{x}, \vec{y}) = (\vec{x}, A\vec{y})$ が成立する. したがって, 特に

$$(A\vec{v}, \vec{v}) = (\vec{v}, A\vec{v}) \tag{8.14}$$

が成立する. ところが

$$(\vec{v}, A\vec{v}) = (\vec{v}, \lambda\vec{v}) = \overline{\lambda}(\vec{v}, \vec{v}) \tag{8.15}$$

であるので, (8.13), (8.14), (8.15) より $\lambda(\vec{v}, \vec{v}) = \overline{\lambda}(\vec{v}, \vec{v})$ が成り立つ. ここで $\vec{v} \neq \vec{0}$ であるので両辺を $(\vec{v}, \vec{v})$ で割ると $\lambda = \overline{\lambda}$ となり λ が実数であることがわかる.　　　　　　　　　　　　　　　　　　　　　　　Q.E.D.

8.8　定理 1.8 の証明

本節では第 1 章において証明をしなかった定理 1.8 を証明しよう．まず次の補題を証明する．

補題 8.1. △ABC において辺 AB を n 等分したときの分点を順に $P_1, P_2, \cdots, P_{n-1}$ とおき，各 P_j から辺 BC に平行な直線を引き，それらと辺 AC との交点をそれぞれ $Q_1, Q_2, \cdots, Q_{n-1}$ とおく．このとき $Q_1, Q_2, \cdots, Q_{n-1}$ は AC を n 等分する．

証明　n に関する数学的帰納法で示す．$n = 2$ のときは中点連結定理であり結論は成立する（演習問題 **1-7**）．$n-1$ までは結論が成立するとして n の場合を示す．

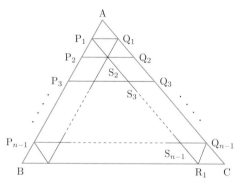

P_1 から AC に平行な直線を引き，それと辺 BC との交点を R_1 とする．さらに，線分 $P_2Q_2, P_3Q_3, \cdots, P_{n-1}Q_{n-1}$ と線分 P_1R_1 の交点をそれぞれ $S_2, S_3, \cdots, S_{n-1}$ とおく．ここで △P_1BR_1 に帰納法の仮定を適用すると

$$P_1S_2 = S_2S_3 = \cdots = S_{n-1}R_1 \tag{8.16}$$

が成立する．$P_1R_1 /\!/ AC$ であることと $P_2Q_2, P_3Q_3, \cdots, P_{n-1}Q_{n-1}$ がすべて BC と平行であることから四角形 $P_1S_2Q_2Q_1$，四角形 $S_2S_3Q_3Q_2$，$\cdots$，四角形 $S_{n-2}S_{n-1}Q_{n-1}Q_{n-2}$，四角形 $S_{n-1}R_1CQ_{n-1}$ はすべて平行四辺形である．したがって，演習問題 **1-2** より

$$P_1S_2 = Q_1Q_2, S_2S_3 = Q_2Q_3, \cdots, S_{n-1}R_1 = Q_{n-1}C$$

が成立する. すると (8.16) より

$$Q_1Q_2 = Q_2Q_3 = \cdots = Q_{n-1}C$$

を得る. 一方, $\triangle AP_2Q_2$ に中点連結定理を適用すると $AQ_1 = Q_1Q_2$ となるので $Q_1, Q_2, \cdots, Q_{n-1}$ は AC を n 等分していることがわかる.   Q.E.D.

この補題からただちに次の系を得る. これは定理 1.8 の特殊な場合であると考えられる.

系 8.5. $\triangle ABC$ において P を辺 AB の内分点とし, さらに内分比が整数比であるとする. P から辺 BC に平行な直線を引き, それと辺 AC との交点を Q とおくと

$$AP : AB = AQ : AC$$

が成立する.

証明 仮定より整数 k, l を用いて $AP : AB = k : l$ と表すことができる. 辺 AB を l 等分しその分点を順に $P_1, P_2, \cdots, P_{l-1}$ とすると $P = P_k$ である. 次に各 P_j から辺 BC に平行な直線を引き, それらと辺 AC との交点をそれぞれ $Q_1, Q_2, \cdots, Q_{l-1}$ とおくと $Q = Q_k$ であり, さらに補題 8.1 より $AQ : AC = k : l$ である.   Q.E.D.

定理 1.8 の証明 (1) AB の中点を M とし, 点 P が AM に含まれているときは $A_1 = A$, $B_1 = M$, 点 P が BM に含まれているときは $A_1 = M$, $B_1 = B$ とする. 次に A_1B_1 の中点を M_1 とし, 点 P が A_1M_1 に含まれているときは $A_2 = A_1$, $B_2 = M_1$, 点 P が B_1M_1 に含まれているときは $A_2 = M_1$, $B_2 = B_1$ とする. 以下同様の手続きにより $A_1, A_2, \cdots, B_1, B_2, \cdots$ を定める. すると各 A_j は線分 AP 上を $A, A_1, A_2, \cdots, P$ の順に並んでおり, 各 B_j は線分 BP 上を $B, B_1, B_2, \cdots, P$ の順に並んでいる. また A_j, B_j は線分 AB を 2^j 等分したときの隣り合った 2 つの分点である. これより特に A_jB_j の長さは AB の $1/2^j$ であり

$$0 \leqq AP - AA_j \leqq AB_j - AA_j = \frac{1}{2^j}AB \to 0 \quad (j \to \infty), \tag{8.17}$$

すなわち, $\lim_{j \to \infty} \mathrm{AA}_j = \mathrm{AP}$ が成立することがわかる.

次に各 $\mathrm{A}_j, \mathrm{B}_j$ から辺 BC に平行な直線を引き, それらと辺 AC との交点を
それぞれ $\mathrm{A}'_j, \mathrm{C}_j$ とおく. すると, $\mathrm{A}_j, \mathrm{B}_j$ が辺 AB を 2^j 等分したときの分点
であることから, 系 8.5 より

$$\mathrm{AA}_j : \mathrm{AB} = \mathrm{AA}'_j : \mathrm{AC}, \quad \mathrm{AB}_j : \mathrm{AB} = \mathrm{AC}_j : \mathrm{AC} \tag{8.18}$$

となる. また $\mathrm{A}_j\mathrm{B}_j$ の長さは AB の $1/2^j$ であるので (8.18) より $\mathrm{A}'_j\mathrm{C}_j$ の長さは
AC の $1/2^j$ であることがわかり, さらに (8.17) と同様にして $\lim_{j \to \infty} \mathrm{AA}'_j = \mathrm{AQ}$
が成立することがわかる. ゆえに (8.18) より $\mathrm{AP} : \mathrm{AB} = \mathrm{AQ} : \mathrm{AC}$ を得る.
また, これからただちに $\mathrm{AP} : \mathrm{PB} = \mathrm{AQ} : \mathrm{QC}$ であることもわかる.

次に $\mathrm{AP} : \mathrm{AB} = \mathrm{PQ} : \mathrm{BC}$ を示す. P から AC に平行な直線を引き, そ
れと BC との交点を R とおく. このとき上の結果から $\mathrm{BP} : \mathrm{AB} = \mathrm{BR} : \mathrm{BC}$
となる. これからただちに $\mathrm{AP} : \mathrm{AB} = \mathrm{RC} : \mathrm{BC}$ を得る. また四角形
PRCQ は平行四辺形であるので演習問題 **1-2** より $\mathrm{RC} = \mathrm{PQ}$ である. よって
$\mathrm{AP} : \mathrm{AB} = \mathrm{PQ} : \mathrm{BC}$ を得る.

(2) 対偶「PQ∦BC ならば $\mathrm{AP} : \mathrm{PB} \neq \mathrm{AQ} : \mathrm{QC}$」を示す. P から BC に平行
な直線を引き, それと AC との交点を Q' とおく. PQ∦BC なので $\mathrm{Q} \neq \mathrm{Q}'$
である. また (1) より $\mathrm{AP} : \mathrm{PB} = \mathrm{AQ}' : \mathrm{Q}'\mathrm{C}$ となるが, $\mathrm{Q} \neq \mathrm{Q}'$ なので
$\mathrm{AP} : \mathrm{PB} \neq \mathrm{AQ} : \mathrm{QC}$ であることがわかる.

(3) は (2) からただちに成立することがわかる.　　　　　　　　　　Q.E.D.

上に述べた証明では (事前に長さ 1 の線分が指定されているとき) 任意の線
分に対してその「長さ」を表す実数が必ず対応するということが前提となって
いる. 実は, この前提は, 平面図形の基本的性質としては第 1 章では述べな
かったが, アルキメデスの公理とよばれる次の性質を用いないと導き出すこと
ができない.

⑦ (アルキメデスの公理)　線分 AB と線分 CD が与えられている. このとき
直線 AB 上に点 $\mathrm{A}_1, \mathrm{A}_2, \cdots, \mathrm{A}_{n-1}, \mathrm{A}_n$ を

$$\mathrm{AA}_1 = \mathrm{A}_1\mathrm{A}_2 = \mathrm{A}_2\mathrm{A}_3 = \cdots = \mathrm{A}_{n-1}\mathrm{A}_n = \mathrm{CD}$$

かつ点 B が A と A_n の間にあるようにとることができる.

注意 ⑦の条件はアルキメデスの公理の「幾何学版」といえる。アルキメデスの公理は次のような「実数版」でもよく引用される：

「2つの正の数 a, b に対して $na > b$ となる自然数 n が存在する。」

今、線分 CD の長さが 1 であるとしよう。このときアルキメデスの公理を用いると任意の線分 AB に対してその「長さ」を次のようにして決めることができる。まずアルキメデスの公理により点 $A_1, A_2, \cdots, A_n, A_{n+1}$ を $AA_1 = A_1A_2 = A_2A_3 = \cdots = A_nA_{n+1} = CD$ かつ点 B が A_n と A_{n+1} の間にあるようにとることができる。なお、このとき $B \neq A_{n+1}$ であるとしてよい。次に A_nA_{n+1} を 10 等分し B が j 番目の線分上の点であるときは $a_1 = j - 1$ とする。ただし、B が j 番目の線分と $j+1$ 番目の線分の分点のときは $j+1$ 番目の線分に含まれると考える。次に B を含む線分をさらに 10 等分して同様の手続きにより a_2 を定める。以下順次同様にして、$a_3, a_4, \cdots$ を定めていく。すると

$$n.a_1a_2a_3\cdots$$

と表される実数が線分 AB の長さである。また、半直線 AB 上の B と異なる点 B′ に対し、このようにして定めた AB の長さと AB′ の長さが異なることもアルキメデスの公理から導き出すことができる。

アルキメデスの公理はもう 1 つの公理とともに「連続の公理」としてヒルベルトの公理系の最後に加えられている。ただヒルベルトは自身の著書『幾何学基礎論』においてアルキメデスの公理を用いずに定理 1.8 を証明している。残念ながら、そのためには線分の「長さ」に関してかなり踏み込んだ考察が必要であり、本書の水準を超えてしまうのでここではそれらについては割愛する

演習問題 8

8-1. 次のベクトルの組が 1 次独立であることを示し，さらにこれらのベクトルからシュミットの直交化法により正規直交系を構成せよ．

(1) $\left\{ \begin{pmatrix} 1 \\ 0 \\ -1 \end{pmatrix}, \begin{pmatrix} 1 \\ 1 \\ -1 \end{pmatrix}, \begin{pmatrix} 2 \\ 1 \\ 1 \end{pmatrix} \right\}$

(2) $\left\{ \begin{pmatrix} 1 \\ -1 \\ 1 \\ 0 \end{pmatrix}, \begin{pmatrix} 0 \\ 0 \\ 1 \\ 1 \end{pmatrix}, \begin{pmatrix} 1 \\ 1 \\ -1 \\ 0 \end{pmatrix} \right\}$

8-2. 次の対称行列を直交行列を用いて対角化せよ．

(1) $\begin{pmatrix} 4 & -1 & 1 \\ -1 & 4 & -1 \\ 1 & -1 & 4 \end{pmatrix}$ 　(2) $\begin{pmatrix} 5 & 2 & -1 \\ 2 & 2 & 2 \\ -1 & 2 & 5 \end{pmatrix}$

(3) $\begin{pmatrix} 7 & -2 & 1 \\ -2 & 5 & -2 \\ 1 & -2 & 7 \end{pmatrix}$ 　(4) $\begin{pmatrix} 1 & -1 & \sqrt{2} \\ -1 & 1 & \sqrt{2} \\ \sqrt{2} & \sqrt{2} & 0 \end{pmatrix}$

8-3. 次の 2 次正方行列に対するジョルダンの標準形を求めよ．

(1) $\begin{pmatrix} -1 & 4 \\ -2 & 5 \end{pmatrix}$ 　(2) $\begin{pmatrix} 6 & -5 \\ 2 & 0 \end{pmatrix}$ 　(3) $\begin{pmatrix} 1 & 1 \\ -1 & 3 \end{pmatrix}$

(4) $\begin{pmatrix} -5 & 6 \\ -4 & 5 \end{pmatrix}$ 　(5) $\begin{pmatrix} 4 & -5 \\ 2 & -2 \end{pmatrix}$ 　(6) $\begin{pmatrix} 5 & 1 \\ 1 & 5 \end{pmatrix}$

8-4. 2 次形式 $F(\vec{x}) = -2x_1{}^2 + 7x_2{}^2 + 6x_3{}^2 + 8x_1x_2 - 8x_2x_3 + 10x_1x_3$ について各問に答えよ．

(1) 対称行列 A で $F(\vec{x}) = (A\vec{x}, \vec{x})$ を満たすものを求めよ．

(2) F の標準形を求めよ．

(3) ノルムが 1 であるような 3 項列ベクトルの全体を S とする（つまり S は半径 1 の球面）．$\vec{x}$ が S 上を動くとき $F(\vec{x})$ の最大値と最小値を求めよ．

索　引

著　者

菊地　光嗣　　静岡大学工学部
中島　徹　　　静岡大学工学部
明山　浩　　　元静岡大学工学部
小野　仁　　　元静岡大学工学部
清水　扇丈　　京都大学人間環境学研究科

工学系の線形代数学

2009 年 3 月 30 日	第 1 版　第 1 刷　発行
2010 年 3 月 30 日	第 1 版　第 2 刷　発行
2011 年 3 月 30 日	第 2 版　第 1 刷　発行
2018 年 4 月 1 日	第 2 版　第 5 刷　発行
2020 年 4 月 10 日	第 3 版　第 1 刷　発行
2023 年 3 月 10 日	第 3 版　第 3 刷　発行

著　者　　菊地　光嗣　中島　徹
　　　　　明山　浩　　小野　仁
　　　　　清水　扇丈

発 行 者　　発田和子

発 行 所　　株式会社　学術図書出版社

〒113-0033　東京都文京区本郷 5 丁目 4 の 6
TEL 03-3811-0889　振替 00110-4-28454
印刷　二松堂（株）

定価はカバーに表示してあります.